U0394657

像物理学家一样思考

The Dancing Wu Li Masters

[美] 盖瑞·祖卡夫 (Gary Zukav) 著

廖世德 / 译

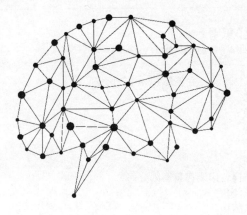

海南出版社

·海口·

The Dancing Wu–Li Masters: An Overview of the New Physics

By Gary Zukav

Copyright © 2001 by Gary Zukav and Linda Francis

版权合同登记号：图字：30-2021-058 号

图书在版编目（CIP）数据

像物理学家一样思考 /（美）盖瑞·祖卡夫
(Gary Zukav) 著；廖世德译. —— 海口：海南出版社，
2016. 11 (2024. 12 重印).
　　书名原文：The Dancing Wu–Li Masters: An Overview
of the New Physics
　　ISBN 978-7-5443-6770-7

　　Ⅰ.①像… Ⅱ.①盖… ②廖… Ⅲ.①物理学－普及
读物 Ⅳ.① O4-49

　　中国版本图书馆 CIP 数据核字 (2016) 第 222720 号

像物理学家一样思考
XIANG WULIXUEJIA YIYANG SIKAO

作　　者：［美国］盖瑞·祖卡夫（Gary Zukav）
译　　者：廖世德
策划编辑：李继勇
责任编辑：张　雪
装帧设计：黎花莉
责任印制：郄亚喃
印刷装订：三河市祥达印刷包装有限公司
读者服务：张西贝佳
出版发行：海南出版社
总社地址：海口市金盘开发区建设三横路 2 号　　邮编：570216
北京地址：北京市朝阳区黄厂路 3 号院 7 号楼 101 室
电　　话：0898-66830929　010-87336670
电子邮箱：hnbook@263.net
经　　销：全国新华书店
出版日期：2016 年 11 月第 1 版　2024 年 12 月第 11 次印刷
开　　本：787 mm × 1 092 mm　　1/16
印　　张：18.75
字　　数：300 千字
书　　号：ISBN 978-7-5443-6770-7
定　　价：39.80 元

目录 | Contents

部三 吾理（量子力学）

部四 无理（相对论）

序

1976年盖瑞·祖卡夫宣布本书写作计划的时候，我和艾雨·黄曾经在伊莎兰围着桌子看他起草大纲。当初没有想到他会在这份工作上得到这么大的乐趣。看着这本书逐渐完善，令人感慨良多。因为，祖卡夫在本书中坚持要将今天的以量子力学、相对论为代表的新物理学的演化重述一遍，使它成为清楚明朗的故事。这样坚持的结果，就是使本书的可读性升高了，而且还使读者接触到了物理学家们种种化腐朽为神奇的方法。简而言之，盖瑞·祖卡夫写了一本给行外人看的好书。

祖卡夫对物理学的态度与我很接近，我也是一个行外人。所以，我和他谈物理比和专业人士谈更让人兴奋，也更有趣。他知道物理是一种意图，意图与大于我们本身的一种实体融通，在一个无尽的追求中，要求我们寻找、塑造，并且摒除长久以来所怀有的偏见与思考习惯。

祖卡夫慷慨地给了我这个篇幅，要我对他的叙述有所补充。因为我们认识已经有三年，所以我必须稍微回想一下。

我最先想到的是一群鲸，我记得我们曾经在伊莎兰的悬崖上看到一群鲸飞跃着向南方游去。接下来我想到的是美丽的帝王蝶（Monarch butterfly），从第一天开始，这些蝴蝶就四处点缀着田野，然后像厚重的树叶一般，层层相叠，挂在树上，形成了一棵棵魔树，等待着生命的终曲。在鲸和帝王蝴蝶这两件事之间，我们（对物理学之事）一方面感觉不能夜郎自大，一方面又觉得轻松好玩。

在伊莎兰的时候，我感到了和会中的物理学家沟通的困难，这一点使我发现大部分的物理学家对量子力学的想法与我是多么不同。其实我的想法并不新，早在1932年，纽曼（John von Neumann）在他的《量子力学的数学基础》(*The Mathematical Foundations of Quantum Mechanics*)一书里就已经提出物理学家对量子力学有两种想法(我的想法不过是其中之一)这两种想法是:

　　一、量子力学不是处理客体的客观属性。量子力学处理的是由预备过程与观测过程界定的问题,其中涉及主体与客体,并且遵循一种新的逻辑。

　　二、量子力学处理的完全是客体属性。遵循的是旧的逻辑。当有观测行为时,这些属性是随机跳跃的。

　　当今在做研究的物理学家大部分所持的都是第二种想法。或许人格会决定科学的方向。我觉得心有"人心""物心"两种。好父母、心理学家、作家等必须"人"人,机师、工程师、物理学家等则倾向于"物"人。对于这样的物理学家而言,物理学已经变得很可怕;因为,今日的物理学是这么"无物"。爱因斯坦、海森伯曾经带给物理学极深的演化。然而,新的、同样深刻的演化,正等待着新一代更具胆识、更有整合能力的思考者。

　　大部分物理学家平常工作时都将量子工具视为当然。在这种情况下,既有一些"前锋"探测过下一代物理学的道路,也有一些"后卫"小心翼翼地维护着回归旧物理学的道路。对于后者而言,贝尔定理非常重要;但是贝尔定理在本书占这么重要的地位,并不表示它已经解答了当今量子物理学的一些问题。然而贝尔定理却接近了一个大部分物理学家都已建立的观点,那就是,量子力学是一种新的、不同的东西。

　　现在在这里对"完整的"(complete)理论与"最高的"(maximal)理论做个分辨是有用的。完整的理论预测一切事物,是物理学家追寻的。(严格说来,牛顿根本就不是物理学家。因为,他一直希望上帝常常给这个世界上发条。)最高的理论是尽可能预测事物,是量子物理学家追寻的。爱因斯坦与玻尔虽然多有争论,但是他们两人以不同的方式都同意,量子力学是不完整的,也不是最高的。他们真正争辩的是,一个不完整的理论是否可能成为最高理论。有一次爱因斯坦说:"啊!我们的理论太贫乏,没办法讲述经验。"玻尔就回答:"不是!不是!我们的经验太丰富,没办法用理论讲。"这就好比有的存在主义哲学家对于生命的无常深感绝望,有的却因此觉得充满活力一样。

　　量子力学的一些特质使我们产生这些争论。其中之一是它关切不存在的、潜在的事物。所有的语言都会讲到一点这种东西，否则文字就只能用一次。量子力学比古典力学更涉及概率。有的人认为这样会使量子论不可信，使它无法成为最高理论。所以，为了维护量子论，我们必须指出，量子力学虽然有不可决定性，但是对于个别实验却可以像古典力学一样，完全用是或否来表达。在大数量时，概率无须假设就可以归纳出一个规律。但是，关于古典理论与量子论的不同，我的讲法与现在的教科书不同。我宁愿说，只要有充分的数据，古典力学对一切未来的问题都可以提出是或否的答案；量子力学则留下一些问题不解，等待经验来回答。但是我在此地也要指出一个令人遗憾的倾向，那就是，量子力学也是因此否定了只在经验（不在理论）里发现的答案，譬如量子力学就否定局部电子动量的物理存在。我自己也有这种倾向。我们陷进我们的符号系统太深了。

　　会议进行了一个星期，大家还在谈量子逻辑的元素，原来我们想讨论的新的量子时间概念却未触及。不过这样反倒使我们比较容易进入第二组问题，这也是我现在在思考的问题。量子力学的特质在于它一些未解的问题。有的逻辑学家，譬如马丁·戴维斯（Martin Davis）说，这一点可能与哥德尔（Gödel）以降的一些不可解决的逻辑命题有关。我向来就比较清楚，现在我觉得他们是对的。共同的元素不过是反射，完全自觉的明确系统则为不可能。看来人类的研究工作是无尽头的，这种种观念我希望是成立的。盖瑞·祖卡夫这本书讨论的就是这些观念，他做得很好。

大卫·芬克斯坦（David Finkelstein）

于纽约

译 序

　　翻译，最忌讳译自己不熟悉的东西。对于物理，译者更是彻彻底底的行外人，但我最终还是动手译了这本书。这里面自然有译者不敢妄自菲薄的原因。

　　首先，作者以他没有物理学背景的身份写这本书，一开始就是**想写给行外人看的**。作者既然点出这样的目标，那么一般读者，包括译者在内，是不是看得懂这本书，便成了此一目标的试金石。可喜的是，本书不但清晰易读，并且还趣味盎然。于是，这就给了译者一个充分的理由来翻译这本书。我想，既然了解了一本书，为何不能翻译这本书呢？

　　其次，翻译这本书事实上译者有一种大热情。**任何关心生命终极意义的人都会喜欢这本书，任何对知识有好奇心的人都会喜欢这本书**。研究物理的人，在本书可以扬弃符号与数学，得到一种平常的、不是那么浓得化不开的理解。研究灵异学的人可以在本书看到一点点可能的科学解释，譬如心电感应。至不济，如果摆脱这一切"有所为"，纯然是为了趣味，读本书将更得其所哉。要言之，对于任何一个有生命力的人，期待精神进化的人，想换一种新方式追求生命意义的人，觉得传统宗教哲学的用语已经讲烂了的人……这本书将是一个起步，一种启发。

　　由于有这样的一份热情，并且在技术上可能，所以译者译了这本书。至于内容，我不必在此多做阐释。因为，本书说理清晰明白，一般智力的人可以轻易理解，不必译者在旁越俎代庖；至于那些学识渊博、生命体验丰富的读者，译者更不必班门弄斧。总之，每一个人都是独立的生命，每个人得其所得，每个人有每个人的过程，这就是书中所说的"如如"。"如如"当然是东方的观念，作者是借用的。不过读者在书中将看到现代物理学以另一种方式达到了相同的观念。如何达到，以及这达到的本身，十足扣人心弦！让我们一方面安于如如，另一方面在精神进化上奋力精进。

廖世德 谨识
于台北淡水

引 论

几年前，我的一个朋友邀请我参加位于加州伯克利的劳伦斯国家实验室的一次午后会议，这是我接触量子物理学之始。那个时候我与科学界没有任何联系，所以我就接受邀请，心里想去看看物理学家是什么样子。我很意外地发现，一、他们说的事我都了解；二、他们讨论的东西听起来就像神学。我几乎无法相信。物理学这一门学科不是我向来以为的那么无聊与枯燥，反之其实是丰富而深奥的，到最后甚至与哲学不可分。但是，说来难以置信，除了物理学家，一般人却不知道这种重要的发展。所以，随着我的物理学知识越来越丰富，兴趣越来越浓，我便决心与别人分享我的发现。这本书是我的礼物，一系列中的一本。

大体说来，就知识的偏好而言，人可以分为两种，一种喜欢用精准的逻辑程序探索事物，一种喜欢以不那么逻辑的方式探索事物。前者会对自然科学与数学感兴趣。他们如果没有变成科学家，那是因为教育背景的关系。如果他们选择科学教育，那是因为科学教育可以满足他们的科学心智。后者会对人文学科感兴趣。他们如果没有人文素养，那是因为教育背景的关系。他们如果选择了人文教育，那是因为人文教育可以满足他们的人文心智。

由于这两种人都很聪明，所以彼此都不难了解对方在研究什么东西。然而，我却发现这两种人在交流上有一个大问题。我的物理学家朋友曾经有很多次想向我说明物理学的概念。尽管每次他讲得口干舌燥，但我听完后依然感到抽象、深奥而难以掌握。可是等我了解了，我却又很惊讶地发现那概念其实是很简单的。反过来说，有时候我也尝试着向我的物理学家朋友解释一些概念。尽管我用的概念似乎还是模糊不清，缺乏准确度，但在我看来，我已竭尽全力将我所说的清晰地叙述了出来。所以我希望这是一本有用的"翻译"，帮助那些（像我一样）没有科学细胞的人，了解理论物理学里所发生的种种非凡的过程。当然，这本翻译和其他翻译一样，不比原作好。这原因在于翻译者的不足。但是，不论是好是坏，我担任翻译者的第一个资格，就是我不是物理学家（和你一样）。

为了补足我物理教育（以及人文教育）的不足，我要求并且得到了一群优秀物理学家的协助，本书的"后记"里面提到了他们的大名。其中有四位读过全部的原稿，其余的看了部分的原稿。我每完成一章，就把原稿寄给他们每一位，请他们看看观念与事实上有没有错误。

一开始的时候，我原来只希望利用他们的批评来改正内容。可是，我很快就发现他们对这一份稿子的关切已经超过我原先的期待。他们的批评不但体贴、透彻，总合起来还可以成为一份很重要的数据。我越是读这些资料，就越觉得必须与你们分享。所以，除了修正内容，我还把这些数据加在注释里面，以免与正文重复。一些会使正文变得太过专业，或者与正文不一致，或者与他人的评论不一致的评论，我都特别放在注释里面。这些评论如果放在正文，会使本书变得复杂、冗长。但是放在注释里，我就可以将这些观念包括在本书之内。本书从头到尾，凡是初次用到一些词汇，没有不在之前或之后立即加以说明的。但是注释里面我们没有这样做。这样，就给了注释完全自由的表达。当然，这也就是说，注释里面有一些词汇是完全不解释的。内文尊重你在这个庞大而令人激奋的领域新来乍到的身份，可是注释并不。

然而，如果你读了这些注释，你会听到当今全世界最好的四个物理学家对这本书所说的话。这个机会难得。这些注释强调、说明、解释、刺激正文所有的一切。难以描述的是，这些注释表现出一种咄咄逼人的精准。科学家修正他们的同行著作上的瑕疵时，即使他们的同行没有受过训练（譬如我），即使著作并非专业的（譬如本书），仍然追求这种咄咄逼人的精准。

本书所说的"新物理学"一词，指的是量子论与相对论。量子论从1900年普朗克的量子理论开始；相对论从1905年爱因斯坦的狭义相对论开始。至于旧物理学，指的是牛顿的物理学。那是他三百年前建立的。"古典物理学"指的是"解释实相的方式总要使物理相的每一个元素，在理论里都有一个元素与之对应的物理学"。所以，古典物理学包括牛顿物理学与相对论。因为这两者都是以这样一对一的方式结构起来的。可是量子力学不然。这也是量子力学之所以独特的原因。这一点我们以后会讨论到。

读这本书的时候，请你对自己温柔一点。本书所说的故事很多都是丰富而样貌多变的，全部都是迷惑人的东西。读这本书好像读《战争与和平》《罪与罚》《悲惨世界》一样，没有办法一次学尽里面的东西。我建议你是**为了让自己愉快才读这本书，而不是为了学里面的东西**。本书前有目录，后有索引，所以你大可自由翻阅，对哪一个题目有兴趣，就读哪一个。此外，如果你让自己享受这本书，可能比决心在里面学东西记得还要多。

最后一点，本书并非讨论物理学与东方哲学的书。本书里面，"物理"这个诗意的架构确实有助于这样的比拟，可是本书讨论的却是量子物理学与相对论。未来我希望能够写一本书专门讨论物理学与佛教。但是，若以"物理"这个东方意味的观点看，我这本书确实已经包含了东方哲学与物理学的相近之处。这些相近之处对我而言，很明白，很重要。但我总得顺便提一下，以免造成各位的损失。

祝
读书快乐！

盖瑞·祖卡夫

于旧金山

科学的基本观念本质上大都很简单，通常都可以用人人皆知的语言来表达。

—— 爱因斯坦（注一）

用普通语言来说明事物，即使是对物理学家而言亦是观察理解程度的指标。

—— 海森伯（注二）

长期而言，如果你没有办法使大家了解你在干什么，那么你做的事就没有价值。

—— 薛定谔（注三）

第 1 章
大苏尔的大礼拜

物理

每当我告诉朋友我在研究物理学时，他们都会摇摇头，说："哇！真难。"大家对"物理学"这门学科普遍都有这样的反应。物理学家在做什么和大家认为他们在做什么之间，就是横亘着这一道墙。两者之间差距很大。

这种情形有一部分要怪物理学家自己。如果你不是物理学家或希腊人，那么你听他们的行话就会像是在听希腊语。虽然他们对一般人说的是英语，可一旦被问及他们在做什么时，他们听起来又像是科孚人在说话了①。

可是在另一方面，这种情形一部分也要怪我们。大致上说来，我们已经不再想去了解物理学家 (还有生物学家等) 到底在做什么。这样我们就害了自己。这些人从事的，其实是非常有意思的历险，不会那么难理解的。不错，有时候，一讲到他们"如何"做事，的确就要惹来一场专业说明。如果你不是专家，这一场说明就要使你酣睡。可是，物理学家做的事其实很简单。他们寻思宇宙是什么东西做成的，如何运作，我们在宇宙中做什么，如果宇宙要往某处去，那么会是哪里。简单地说，他们做的事情与我们夜晚仰望星星没有两样。每当星星满天的晚上，我们抬头看见浩瀚的宇宙，心里就会感到震慑，但同时又知道自己也是其中的一部分。物理学家就是做这种事。这些聪明的家伙做这种事而且还有报酬。

不过，不幸的是，大部分人一想到"物理学"，就联想到一面黑板，上面写满了不知名的数学不可解的符号。事实上，物理学并非就是数学。在本质上，物理学只是单纯地对事物的情状感到惊奇，只是种对事物为何如此这

---

① 科孚，希腊西北部的一个海岛——译注

般（有的人说是不得不然）的兴趣。数学是物理学的"工具"。除去数学，物理学纯然只是法术。

杰克·萨法提（Jack Sarfatti）是物理与意识研究会的物理学指导。我常常跟他谈起写这样一本书的可能——没有术语和数学的牵累，而仍然能够表达那些推动现代物理学的、令人心动的发现。所以，当他请我参加他与迈克尔·墨菲（Michael Murphy）在伊莎兰研究所策划的物理学会议时，我就接受了。我接受是因为我心里有一个目的。

伊莎兰研究所（这是学一个印第安部落的名字）在北加州。北加州海岸是力与美奇异的结合。其中，大苏尔（Big Sur）和圣路易斯 - 奥比斯波（San Luis Obispo）之间的太平洋海岸公路更是无出其右。从大苏尔向南，伊莎兰研究所位于这条公路约半小时的路程之上；一边是公路和海岸山脉，一边是崎峻的悬崖，俯瞰太平洋。一条河流从其间蜿蜒流过，隔开了北边的三分之一和南边的三分之二。北边的这一边有一幢大房子（就叫作"大房子"），那是会员聚会和客人落脚的地方。旁边另有一栋小房子，是迪克·普莱斯（Dick Price，与墨菲同为伊莎兰的创办人）一家人住的地方。南边的这一间房子是做饭、开会、职员与宾客住宿、洗热温泉的地方。

在伊莎兰吃晚餐是一种多维度的经验。烛光、有机食物、一种有感染力的自然气氛，这种种元素便是伊莎兰经验的精华。有两个人正在吃饭，我和萨法提加入了他们的谈话。这两个人一个是大卫·芬克斯坦，叶史瓦大学（Yeshiva University，在纽约）的物理学家；另一个是艾尔·忠良·黄[①]，他是太极拳师傅，在伊莎兰开办了一家工作室。这样的伙伴再好也没有了。

我们的话题很快就转到物理学上面。

"我在台湾学 physics，"黄说，"我们叫作物理，意思是'有机能的各种形态'。"

这个观念立刻吸引了饭桌上的每一个人。

这个观念在餐厅内渗透，心灵的光一盏一盏地亮了。"物理"不只诗意而已。这个会议若是要给物理学下什么定义，这个就是最好的了。这个定义掌握到一种东西，一种我们想用一本书来表达的活生生的质素。没有这种东西，物理学将成为枯燥乏味的东西。

---

① El Chungliang Huang，译音——译注

"让我们来写一本物理的书!"我听到自己大声叫着,观念和能量立刻开始流动,我以前所做的种种计划一下子就从窗外飞走了。现在,从能量聚集的地方出现了一番景象,那是物理师傅在跳舞。此后的几天以及离开伊莎兰以后,我们就一直在寻找到底物理师傅是什么东西,他们又为什么要跳舞。我们又兴奋又肯定地感觉到我们已经找到了一个通道;关于物理学,我们想说的事情在这个通道里将要顺畅地流动。

汉语和英语

中文和西方语言不一样,不用字母。中文每一个字都用图案写成,这些图案都是线条画。(有时两个或两个以上的图案并合,又构成不同的意思。)所以中文很难翻译成英文。翻译者必须又是诗人,又是语言学家,才可能翻译得好。

譬如说,"物"可以是"物",也可以是"能","理"就非常诗意。"理"的意思是"全面的秩序"或"全面的法则",但"理"又指"有机形态"。木纹是理,树叶表面上的有机形态是理,玫瑰花瓣的质地也是理。简言之,physics 的中文"物理"意思就是"有机能的各种形态"("物/能"+"全面的秩序/有机形态")。这真是不凡;因为中文"物理"反映了一种世界观。建立西方科学的诸位人士(伽利略和牛顿)不会了解这种世界观,可是 20 世纪但凡重要的物理学理论却都指向这样的世界观。问题已经是"他们是怎么知道的",不再是"他们是否还有所不知"。

英文几乎怎么念意思都不会变。我一直到大学毕业五年,才知道"Consummate"当形容词用的时候,重音在第二音节,念成"Con-SUM-mate"(意指"使臻至最高程度,使完善")。想到自己以前常常说什么"CONsummatelinguists"(完美的语言学家)、"CONsummatescholars"(完美的学者)等,我就懊恼。那个时候好像都有人忍着不笑出来。我后来才知道这种人都是读字典的。可是我的烂发音并不曾使别人听不懂我的话。因为,在英文里,一个字的音调变化并不会改变这个字的意思。"NO"音调上扬("no?"),音调下降("no!"),音调不变("no…")——根据字典上说——意思都是"否定、拒绝、反对"。

可是中文不然。中文大部分都是一个音节有好几种音调①。音调不一样，就是不一样的字，写法就不一样，就有它自己的意思。因此，一个音节以各种音调发音，在生疏的西方人听起来，是很难分辨的。但是对中国人而言，这种种的音调却构成明确的字，各有笔画和意思。可是英文是一种无调语言，所以中文若是译成英文，笔画虽然不同，在英文里写法和发音却可能都一样。

譬如说，中文有八个以上的字，在英文里拼法和写法都是"Wu"。黄忠良拣出五个"Wu"，每一个都接上"理"（Li），变成五个"Wu Li"。

第一个 Wu Li 意指"各种形态的有机能"。这就是中文所说的"物理"（"物"指"物"或"能"）。

第二个 Wu Li 意指"吾理"（"吾"指"我"或"我的"）。

第三个 Wu Li 意指"无理"（"无"指"空"或"无有"）。

第四个 Wu Li 意指"握理"（"握"指"手作拳状"或"卷手持物"）。②

第五个 Wu Li 意指"悟理"（"悟"指"领悟"或"我的心"）。

如果我们站在纺织师傅的后面看他纺织，那么，我们最先看到的并不是布，而是各种颜色的丝线。他用专家的眼光拣取这些丝线，引入梭子里面，然后开始编织。这时我们就会看到丝线开始密合交织，出现了一块布。等一下，布上面还有图案！

准此，黄忠良以这样的方式，在他的认识论织布机上织出了这样一张美丽的缀锦：

PHYSICS=Wu Li

Wu Li=Patterns of Organic Energy

Wu Li=My Way

Wu Li=Nonsense

Wu Li=I Clutch My Ideas

Wu Li=Enlightenment

---

① 譬如按汉字注音符号，一个音有四声——译注

② "握"正确拼音 wò，此处作者拼音有误——编注

对于这样一个丰富的比喻，引起会议中的物理学家们的共鸣。现在，我们终于找到呈现高等物理学根本要素的载体了。会议的一个礼拜将要结束的时候，伊莎兰的每一个人都在谈"物理"。

一边发生这些事情，一边我就去找"师傅"的意思。翻字典没有用。字典找得到的定义都意味着"控制"；这跟我们"跳舞的物理师傅"的意象不合。这一来，因为黄忠良是太极拳师傅，我就跑去问他。

"人家用这两个字来叫我。"他说。对黄忠良而言，黄忠良就是黄忠良，没有别的东西。

那个礼拜几天以后，我又跑去问他，心里希望这一次能得到足以琢磨的答案。

这一次我得到的答案是："师傅就是比你先开始的人。"

物理师傅

我的西方式教育使我没办法接受这样一个非定义的定义。所以，我就去找他的书来看。他的书，书名叫《抱虎归山》（*Embrace Tiger，Return to Mountain*），是阿兰·瓦兹[①]写的序。序里面有一段话讲到黄忠良。我就在这段话里面找到了我要的东西。阿兰·瓦兹说：

> 他从中心下手，不从边缘下手。这种技艺，他先传授一种基本原理，然后才论及细节。他不愿意太极拳变成一二三四、二二三四的运动，使学生变成机器人。传统上……都是用背诵教学。这给人一种印象，以为学太极拳主要的部分很无聊。在这种方式之下，学生可能年复一年不知道自己在做什么。（注一）

这就是我要找的"师傅"的定义。师傅教的是精华。精华懂了，他才教一些必要的东西来扩大这一种了解。他要等到学生对花瓣落地感到惊奇，才讲起重力。要等到学生说："好奇怪！两个石头同时往下丢，一个轻，一个

---

① Alan Watts，1915—1973，英国哲学家、作家、演说家，因以西方人的身份介绍推广东方思想而出名，有 25 本著作出版，涉猎极广——编注

重，却同时落地！"才讲到一些定律。要等到学生说："应该有一种比较简单的方法来表达这一点。"才讲到数学。

物理师傅就是这样与他的学生共舞。物理师傅什么都没教，可是学生却学到了东西。物理师傅总是从中心着手，从事物的"心"开始。我们这本书就是采用这种方式。有一些人深具慧心，他们想了解高等物理学，可是不懂物理学术语，有时甚至不懂物理数学。这本书就是为这样的人写的。《像物理学家一样思考》是一本精华之书——量子力学、量子逻辑、广义相对论、狭义相对论的精华，外加一些指明物理学未来走向的新观念。当然，未来怎么走又有谁知道？我们只知道我们今天想的事情明天就会成为过去。所以，本书处理的不是知识。知识素来即是过去式。本书处理的是想象力。这个想象力即是物理，即是物理学的复活。

最伟大的物理学家阿尔伯特·爱因斯坦就是一个物理师傅。1938 年，他说：

物理学的观念乃是人类心灵自由创造出来的。不论多像，都不是由外在世界一手决定的。我们努力地去了解实相，可是我们这种努力就像一个人想了解密闭的手表里面的机械结构一样。我们看得到表面、时针、分针，我们还听见了里面的嘀嗒声。可是我们打不开表壳。如果我们很有天分，我们可能构想出一幅机械画面，其中的机械就负责他所观察到的那些东西的运转。可是他永远也不会知道他的机械是不是唯一的。他永远也没有机会把他的机械与真正的机械做个比较，他甚至无法想象这种比较可能产生什么意义。（注二）

大部分人都认为物理学家是在解释这个世界。有的物理学家也自认为是这样。可是，物理师傅知道，他们只是在和世界共舞。

我问黄如何设计课程。

"每一课都是第一课，"他告诉我，"我们每一次打拳，都是第一次。"

"但是你当然不是每一课都重新开始，"我说，"第二课必然要以第一课为基础，第三课必然以第一课和第二课为基础，依此类推。"

"我说每一课都是第一课，"他说，"意思并不是我们忘了第一课学到的东西，而是，我们做的事情永远都是新的，因为我们永远都是第一次做这件事情。"

这又是师傅的另一个特征了。师傅不管做什么事情,都是用第一次的热忱做。这就是他那无限的精力的泉源。他教(或者学)的每一课都是第一课。他每一次跳舞,都是第一次跳舞;永远都是新的,有个人风格的,活的。

前哥伦比亚大学物理系主任、诺贝尔物理学奖得主伊西多·拉比(Isidor I.Rabi)说:

> 学生做实验的智力内涵……也就是开创新领域的创意和能力……我们教得不够深入……我个人的看法是这种事你要自己来。你之所以做实验是因为你的哲学使你想要知道答案。生命太短,不能因为别人说一件事很重要就去做。这样也太辛苦了。你必须自己去感觉事情……(注三)

不幸的是,大部分的物理学家都不似拉比。事实上,大多数物理学家一辈子都在做别人说是很重要的事。这就是拉比的意思。

这种情况使我们都产生一种误解。对大部分人而言,他们口中的"科学家"事实上是"技师"。技师是受过高度训练的人,他的职业是应用已知的技术和原理,他处理的是已知的事物。科学家则是追寻自然界真实性质的人,他处理的是未知的事物。

简而言之,科学家是发现,而技师则是应用。然而,科学家到底是发现事物还是"创造"事物,事实上已经不再那么清楚。有很多人认为"发现"事实上就是一种创造。如果是这样的话,那么科学家、诗人、画家、作家就不是那么截然有别了。事实上,科学家、诗人、画家、作家可能都是一个族类。这个族类天生有一种才能,能够将我们视为平常的事物用一种新的方式提出,进而打破了我们的划地自限。凡是特别表现了这种才能的人,我们就叫他天才。

大部分的"科学家"其实只是技师。这是事实。根本上新的事物他们没有兴趣。他们的视野比较狭窄。他们的精力都用在将已知事物应用出来。他们往往把鼻子埋在一棵树的树皮上,所以很难跟他们讨论树林。神秘的氢光谱实验就很能说明科学家和技师的不同。

白光,譬如太阳光,照进三棱镜里面以后,就会产生一种最美丽的现象,那就是,从棱镜另外一边出来的,不是白光,而是所有彩虹的颜色:

红、橙、黄、绿、蓝、靛、紫。这是因为白光原本就是由这些色彩构成的缘故。白光是一种组成物，可是红光就只含有红光，绿光只含绿光，依此类推。三百年前，牛顿就在他的名著《光学》(*Optiks*)里面论及这种现象。这一种色彩的铺陈叫作白光谱。我们若是对白光谱做光谱分析，就会现出一个完整的光谱。因为，凡是我们的眼睛看得到的色彩，白光都有(有一些我们看不到的，譬如红外线、紫外线，白光也有)。

钠光谱

可是，并不是每一次光谱分析都会产生完整的光谱。譬如，假设我们拿化学元素钠，使它发光，然后照到棱镜里面。这个时候，我们得到的就只有一部分的光谱。

假设有一个暗室，里面有一个物体。此时如果我们看得到这个物体，这个物体就是在发光。譬如说，如果这个物体看来是红色的，那么它就是在发红光。光，是由"激动"的物体发出来的。所谓刺激钠，意思并不是说给它Super Bowl[1] 的入场券。刺激钠意思是为它加一点能量，其中一个方法就是加热。我们将激动的(白热的)钠放出来的光照到棱镜或分光器里面，这时我们得到的就不是白光全部的色彩，而是其中的一部分。就钠而言，我们得到的是两条细细的黄光。

我们也可以反过来将白光对着钠气照射，从而产生钠光谱的反面景象。我们可以从这个反面景象看到钠气吸收了白光的哪些部分。白光通过钠气，再通过分光器以后，还是会产生全部彩虹的颜色，只是少了白热的钠所发出的两条黄光。

这两种方式不论是哪一种，钠光谱的形态都很明确。可以是在原本完整的光谱上只由黑线构成，也可以是只由色线构成而没有其他部分。但不论是哪一种情形，形态永远一样。[2] 这一个形态就是钠元素的指纹。每一种元素发出(或吸收)的颜色都是一定的，同理，每一种元素的分光形态也是一定

---

① 美国职业足球每年 1 月的"全国足球联盟"冠军赛。

② 可是，实际上有一些色线并没有在吸收光谱上出现，因为这些色线代表的是高能量状态之间的转变状态。

的，永远不变。

氢是最简单的元素。氢"好像"只有两个组成部分，其一是一个质子，带正电；另一是一个电子，带负电。我们只能说"好像"，因为从来没有人看过氢原子。如果有氢原子存在，那么一个针尖上就有几百万个。氢原子这么小是计算出来的。所谓"氢原子"，是一种"手表内部"的思维。我们只能说，唯有假设这种实体存在，才能够圆满地解释我们观察到的一些现象；如若不然就很难解释，并且无法摒除"魔鬼做的"这种解释。这种解释就是有人能够"证明"。（就是因为有这种解释，才促使伽利略、牛顿、笛卡儿创造了如今成为现代科学的那些学说。）

物理学家一度认为原子是这样构成的：原子的中心是核子，恰如太阳系的中心是太阳一样。原子的质量绝大部分都在核子，其中包含带正电的粒子（质子），以及大小差不多但不带电的粒子（中子）。（各种元素里面只有氢核子没有中子）好像行星绕日一样环绕核子的是电子。电子若与核子比较，几乎等于没有质量。每一个电子都带有负电。电子的数量又与质子相等，所以正电和负电彼此抵消。因此整个原子是不带电的。

这个用太阳系来比拟原子的模型是卢瑟福（Ernest Rutherford）在1911年创立的。可是这个模型的问题，在于电子与原子核的距离事实上比行星和太阳之间大很多。用卢瑟福的话来说，如果拿原子与原子里面的粒子（绝大部分都在核子上面）相比，那么原子所占的空间实在太大了，环绕核子的电子相形之下，"好像大教堂里的苍蝇"。

这一幅熟悉的原子图画我们大部分人都是在学校里学的，通常还是强迫的。不幸的是这一幅图画已经过时，所以你忘了算了。当今的物理学家如何设想原子我们以后再讨论。此地要说的是，这个行星模型如今虽然已经过时，却是因为有这个模型做背景，我们才解决了一个最难的问题。以下我们就说明这件事。

氢是最简单的元素，可是氢光谱的光线就有一百条以上！其他元素当然就更多了。我们若将氢气光照到分光器里面，我们将得到依一定形态排列的一百多条色线。[①]问题在于："氢原子这么简单的东西，只有一个质子与一个

---

① 大部分情形，一张氢光谱照片只表现十条左右的光线。正确说来，要拍摄氢光谱，每一组氢光谱所需的实验设备都要不一样才可以。理论上每一组原子光谱的线条都是无限的。但

电子两个组件，为什么竟然产生这么复杂的光谱？"

关于光，有一种想法认为光是一种波，从而认为每一种色彩就像声音一样，频率都不一样。声音也是波，不同的声音频率就不一样。德国物理学家索末菲（Arnold Sommerfield）本身钢琴弹得很好。有一次他开玩笑地说，氢原子既然能够发生一百种以上的频率，那么必定比钢琴还要复杂！因为钢琴只能发生 88 种频率。

玻尔的原子模型

1913 年，丹麦物理学家玻尔（Niels Bohr）提出了一个非常合理的学说，使他得到了诺贝尔奖[①]。他的学说跟物理学上的大部分观念一样，基本上是很简单的。玻尔不从"理论上已知"的原子结构着手。他从他"真正知道"的着手，也就是说从原始的分光资料着手。玻尔推测，电子与原子核的距离并非随随便便，而是有一定的轨道，或者说有一定的"外壳"。这些外壳（理论上数量无限）与原子核之间都有一定距离，每一个都带有一定数量的电子，不会超过。

假设一个原子的电子数量已经超过第一层外壳能够容纳的数量，超过的就会挤到第二层。如果原子的电子数超过第一层和第二层外壳能够容纳的数量，超过的就会被挤到第三层；依此类推：

外壳层	1	2	3	4	5	……
电子数	2	8	18	32	50	……

玻尔这里的数字是依照氢原子计算出来的。氢原子只有一个电子；所以，依照他的理论，这个电子与原子核将一直维持最近的距离。换句话说，这个电子会一直在第一层外壳上面。这就是氢原子的最低能量状态。不论是哪一种原子，其最低能量状态物理学上都叫作"基态"。氢原子如果受到刺激，它的电子就会跳到外壳上来。跳到第几层，跳多远，要看我们加给它多

是事实上，每一组光谱的线条由于在高周带太过接近，所以都挤在一起了。

① 在 1922 年——译注

少能量而定。原子只要确实加热了(热能),它的电子就会跳得很远,一直跳到某一层外壳上面。能量越小,跳的距离越小。然而,这个电子(只要不再加热)随时都会回到里面的外壳;最后便回到第一层。电子由外面的外壳跳回里面的外壳时会放出能量,这就是光。这个时候,它放出的能量即等于向外跳时吸收的能量。玻尔发现,氢原子回返基态(第一层外壳)一路上所有可能的跳跃方式,其数目即等于氢光谱上色线的数目。

这就是玻尔对这一个"大钢琴"的奥秘著名的解说。假设在氢原子里面,电子只跳跃一次就从外面一路上回到最里面的外壳,那么它就释出某一定数量的能。这在氢光谱上就是一条线。假设电子从外向内小小跳跃一下,那么它就释出某一个小小的能量。这在氢光谱上又是另一条线。如果电子是由第五层回到第三层,这又是另一条线。如果是从第六层回到第四层,再从第四层回到第一层,这就是另外的两条线,依此类推。这样,我们就可以解释整个氢光谱现象了。

换一个方式,假如我们不用热而是用白光刺激氢原子,这样产生的便是我们前面说过的吸收现象。每一个电子由里面的壳向外面的壳跳的时候,所需要的能量都是一定的,不多也不少。由第一层外壳向第二层跳时,需要某一个能量,但也只需要这一个能量。由第五层跳到第七层也是一样,依此类推。电子每次由里面的壳向外面的壳跳所需要的能量都是一定的,不多也不少。

我们用白光照射氢原子的时候,我们给它的是一个备有各种能量的超市。可是它并不能全部都用,只能用其中一定的量。譬如说,如果电子由第一层外壳跳到第四层,它就会从我们给它的包裹之中拿掉其中的一包。它拿掉这一包以后,就会在原本完整的白光谱上形成一条黑线。从第三层跳到第四层是另一条黑线。从第一层跳到第二层,再从第二层跳到第六层,又是另外两条黑线(跳跃的方式各式各样)。

总归一句话,如果我们用白光对着氢气照射,然后再通过棱镜,所得的结果便是我们熟悉的白光谱,只不过上面有一百条以上的黑线罢了。这些黑线每一条都对应了氢原子由内往外跳时的某一个能量。

白光谱上面这些黑线构成的形态,正好就是我们将氢气光直接照到棱镜上所得到的形态——只是黑线换成了色线,而其余部分则完全消失。当然,这些色线都是电子回返内层外壳时造成的。在这个过程中,电子释出的能量即等于它最初往外跳时所吸收的能量。玻尔的理论使物理学家得以计算出氢原子发光的频率。这样计算出来的数字与实际观察的情形一致。大钢琴的奥秘就这样解决了！

玻尔于1913年发表这个理论。不久，一群物理学家就把这个理论应用在其他元素上面。在电子数很多的原子，这种计算过程是很复杂的。而且，关于原子现象的性质，物理学家的问题并没有因此完全得到解答。可是，物理学家却由这个工作得到了许多知识。

就像这样，这些应用玻尔的理论，甚至做进一步发展的物理学家，大部分都是"技师"。玻尔则是"科学家"，是新物理学家的创始人。

但是，这并不是说技师不重要。技师与科学家形成一种合作关系。玻尔如果没有充分的分光数据任他使用，就不可能构成他的理论。这些分光资料，都是实验室里无数工作累积的结果。此外，以玻尔一个人的力量亦不足以进一步充实他的理论。技师将他的理论应用在其他元素上，因而为他做了这件工作。技师是科学界里面很重要的人，然而，因为我们这本书讲的是物理师傅，而不是技师，所以从现在开始，我们凡是讲到"物理学家"，指的都是兼为科学家的物理学家；换句话说，就是那些不为"已知"事物所限的人或物理学家。就我们对物理师傅有限的了解而言，物理师傅就是从这些人里面出来的。

凡是讨论物理学的书都有一些无法克服的难题。第一，要讲的东西太多，就算是写20本都写不完。而且，每一年出版的"新"材料也很多，所以即使是物理学家也都没办法与整个物理学领域齐头并进。我们最多只能在阅读上"节食"，在某一方面跟上潮流而已。相对于本书收入的材料而言，没有收入的当然更多。关于物理学，不管你学了多少，总是有一些"新"的你不知道。物理学家同样有这个问题。

第二，如果没有数学，想要完全了解物理学是不可能的。然而，我们这本书却没有数学。数学是一种高度结构的思考方式，物理学家用这种方式来看世界。有一种说法，物理学家将这个结构强加在自己所看的事物之上；另外一种看法则说，世界只有透过这个结构呈现才最完整。然而，不管前者还是后者，数学都是物理学最简洁的表达。可是，大部分物理学家只要没有数学就没有办法把物理学说清楚。数学固然使他们简洁，可是也使他们难以捉摸。这就是我们要写《像物理学家一样思考》的原因。我们大部分都是用文字来说明事情，这终究是一个事实。

然而，我们必须记住，不管是数学还是英文 ①，都是语言，这一点很重要。因为，语言用于传达资讯是很有用的工具，可是如果用来传达经验，就没有用。语言只能"谈"经验。物理师傅知道经验的说明只是说明，不是经验。"说明"只是"谈"经验。

这样说来，这本书讲既然只是"关于"物理，所以容纳的也就只有一些说明。这本书无法容纳经验。可是这并不是说读这本书无法得到物理经验，而是说如果你得到了，那是因为你自己，而不是因为这本书。譬如说，量子力学告诉我们，我们并不如我们以为的那样与世间万物隔开。粒子物理学则告诉我们，"世间万物"并不是呆呆地坐在那里，什么事都不做。世间万物是一个灿烂的领域，不断地在创造、转化、消灭。我们如果能够全盘掌握新物理学的种种观念，就会得到不平凡的"经验"。譬如说，研究相对论，我们会知道时间和空间不过是一种心灵的建构。这就是不凡的经验！这种种经验每一个都会造成我们重大的改变，使我们不再像以前一样看世界万物。

物理学没有单独一项的经验，因为物理学的经验一直在变。相对论与量子力学虽然普遍不为非物理学家所知，可是也已经半个世纪了。今天，整个物理学界都因预期而震动，整个气氛非常兴奋。物理学家都感觉到激烈的变化即将到来。大家都认为，不久的将来我们将看到新理论进场，与旧理论相合，就我们的宇宙赋予我们一个更大的观点，最后扩大我们对自己的看法。

物理师傅就在这一切当中活动。这样跳着，那样跳着。有时候跟着重节奏，有时候轻快而优雅，永远自在地流动。有时候他们变成舞蹈，有时候舞蹈变成他们。千万不要把他们跳哪一种舞和他们跳舞这一件事混为一谈——这是物理师傅吩咐的。

---

① 因原著是以英文写作，所以就以英文为例——译注

第❷章

爱因斯坦不喜欢

新物理学与旧物理学

量子力学指的并不是有人在量子先生的车房修汽车。量子力学是物理学的一个分支。物理学有很多分支。不过，大部分物理学家都相信，他们终有一天会建立一个全面的观点，来融合物理学所有的分支。

按照这个看法，原则上，我们终将发展一个理论来说明一切事物；而且说明得太好了，到最后终于再也没有东西好说明。当然，这并不意味我们的说明必然反映了事物真正的情形。一如爱因斯坦所说，我们还是打不开这个手表。不过，真实世界（手表内部）的每一件事情，到最后将由我们最终的超理论一个前后一致的要素来解说。我们最后将会有一个理论，内部一致，而且一切观察得到的现象都能解释。爱因斯坦说这种情形是"知识的理想极限"（ideal limit of knowledge）。（注一）

这种想法一头撞进量子力学，仿如汽车一头撞进大家都知道的一道墙一样。对于量子力学的发展，爱因斯坦本人就有极大的贡献，可是他却用了大半生的时间来反对。为什么？问这个问题好比站在深渊边缘，脚下仍然是牛顿物理学坚固的土地，可是眼睛看到的深渊底下却是一片虚空。我们要大胆地跃入其中的新物理学，才能回答这个问题。

量子物理学在 20 世纪初硬闯舞台。物理学会议从来没有一次决议要分出一支物理学叫作"量子力学"。但是这件事任何人都没有选择的余地。要有的话，或许就是怎么叫它。

"量子"就是东西的量，并且这个量都有一定数量。"力学"研究的是运动。所以，量子力学研究的是量的运动。量子论说，大自然事物是以微量片段进行的（这些一定的微量是为 quanta），量子力学就是研究这个现象的。

量子力学并没有取代牛顿物理学，而是包含了牛顿物理学。牛顿物理学在它本身的限度之内仍然有效。在钱币的一面，我们可以说我们对自然界有了重大的发现；可是换到另一面，我们也可以说我们是发现了以前的理论的限度。我们发现，我们素来看自然界的方法不够大，不足以解释我们观察到的一切现象。所以我们不得不发展一个比较具有包容力的观点。爱因斯坦说：

> ……创造新理论不是拆掉旧谷仓，就地盖起摩天大楼。创造新理论像爬山。一方面视野越来越大，越来越新，一方面又发现我们的起点与它四周繁杂的环境有原先预想不到的关系。可是我们的起点还在，还看得见，只是越来越小。我们冒险往上，除去障碍之后得到了一个广大的视野。我们的起点在这个广大视野中变成了一个小小的部分。(注二)

牛顿物理学用在大规模的现象上仍然适用，可是用在亚原子领域之内就失效了。亚原子领域是看不见的宇宙。我们四周一切事物的"纤维"（结构）即是由这些小宇宙构成，这些小宇宙隐藏其下，着床其上。量子力学即是研究亚原子领域的结果。

牛顿物理学

牛顿的时代（17 世纪后期），亚原子领域完全只是一种思维。"原子是建造自然界的积木，无可分割"的观念，早在公元前大约四百年就有人提出，可是一直到 18 世纪后期却仍然还是观念。之后，物理学家发展出观察原子现象的技术，这才"证明"了原子的存在。当然，他们证明的其实只是一件事，那就是，原子的存在虽然只是理论，却最能够说明当时的人做出来的实验资料。此外，他们又证明原子并非不可分割；原子本身由更小的粒子构成。这些粒子就是电子、质子、中子等。物理学家给这些粒子标上"基本粒子"的名称；因为，他们相信他们终于找到了建筑宇宙最终的积木。

基本粒子论是古希腊一个观念最新的翻版。让我们想象一个完全用砖块砌成的大城市。这个城市的房子有大有小，有各种样子。每一栋房子，每一条街道所用的砖块就是那几种。我们只要用"宇宙"代替"城市",用"粒子"代替"砖块",我们得到的就是基本粒子理论。

但是,基本粒子的研究,却把(对物理学家而言)最具破坏性的发现送到物理学家面前,这个发现就是,牛顿物理学在极小事物领域之内无效!这个天摇地动的发现一直到今天还在改变我们的世界观。量子力学实验一再产生的结果,牛顿物理学事先既无法预测,事后又无法说明。然而,牛顿物理学虽然无法解说微观领域的现象,可是(虽然宏观由微观组成)对于宏观现象却一直解说得很好!这一点可能是人类在科学上最深刻的经验。

牛顿的法则以日常生活的观察为基础。量子力学以亚原子领域的实验为基础。牛顿的法则预测的是事件。这些事件事关棒球、脚踏车等实际事物。量子力学预测的是或然率。或然率事关亚原子现象。我们没有办法直接观察亚原子现象。我们的感官无法察觉这种现象。我们不但从来没有看过原子(更别说电子),也没有摸过、听过、闻过、尝过。①

牛顿的法则描述的事件非常简单,容易了解,容易想象。量子力学描述的或然率却无法形成概念,难以用视觉想象。因此,要了解这种现象,我们需要的方法虽然不一定要比我们平常了解事物的方法艰深,可是一定要不一样。读者切切不要企图在心里想出完整的量子力学事件。(物理学家确实曾经想出部分的图像,可是这些图像是否有价值却有疑问。)读者要做的是敞开思想,完全不用视觉想象任何东西。量于力学的创始人海森伯(Werner Heisenberg)说:

> 以数学建构的量子论法则很清楚地告诉我们,我们平常的直觉概念无法应用在最小粒子之上而毫无疑义。我们用来说明平常物体,譬如位置、速度、颜色、大小等,的文字或概念一旦用在基本粒子上,就不明确,就有问题。(注三)

一般人以为,我们只有在脑筋里对事物有一个图像,才算了解事物。可是这是牛顿一派看待世间万物方式的副产品。我们如果想要超越牛顿,就要

---

① 已经适应黑暗的眼睛能够察觉个别的光子。除此之外,我们的感官能够察觉的就只有亚原子现象的效应,譬如照相感光板上的痕迹,测量器上面指针的运动等。

先超越这个观念。

牛顿对科学有很伟大的贡献。第一个是运动定律。牛顿说，假设有一个物体依直线前进，那么，除非有一样东西（一个"力"）在其上作用，否则这个物体将永远依直线前进。而若有外力作用，这个物体的方向和速率将按照这个力的幅度与方向而改变。除此之外，每一个作用力都同时产生一个相等而相对的反作用力。

今天凡是学过物理学还是泡过撞球场的人都很熟悉这些概念。但是，如果我们能够设想到三百年前，我们就会知道这些概念有多么不凡。

第一，牛顿的第一运动定律违反了当时公认的权威——亚里士多德的看法。按照亚里士多德的看法，运动的物体总有一个自然的倾向要回归静止状态。

第二，牛顿的运动定律说明的事件在 17 世纪是无法观察的。牛顿当时必然只能观察日常生活。而日常生活里面，运动的物体到最后总是回归静止状态。这是因为摩擦的关系。譬如，如果我们推动一部车子，这部车子会与它身上通过的空气摩擦，与轮子碾过的地面摩擦，与轮子环绕的轮轴摩擦。所以，这部车子除非一直在下坡路上走，否则早晚会静止下来。我们尽可以把这部车子做成流线型，给轮子加润滑油，行走平滑的路面，但这一切只是减少摩擦而已；车子终究还是会停下来，并且显然是自己停下来的。

牛顿当然没有机会看到太空人在太空中活动的影片，不过他的运动定律早就预测了太空人在太空中运动的情形。假设太空人手中有一支铅笔，那么如果他把这支铅笔放掉，这支铅笔会停在原地不动。推一下，铅笔便往推的方向一直前进，一直到碰到墙壁为止。如果没有墙，那么，原则上铅笔将一直前进——一直前进。（这时太空人一边也会往反方向运动，但是因为他的质量比较大，所以比较慢。）

第三，牛顿的前提是 "Hypotheses non fingo"（我不杜撰假说）。他的意思是，他的定理是依据扎实的实验证据建立的。他说的一切是否成立，他自己的规范是，任何人都可以重复他的实验并且得到相同的结果。可以由实验证明的，就是真的；不能由实验证明的，就是可疑的。

对于这个立场，至少教会是鄙视的。因为教会 1500 年来所说的事情都是无法用实验证明的。所以牛顿的物理学实际上对教会的势力直接构成了挑战。(牛顿发现他的定理的时候,教会的势力早已受到马丁·路德的挑战。牛顿本人非常虔诚,教会的论点亦不在那些实验的方法,而是在于牛顿的观念发展出来的神学结论。这个结论必然涉及上帝是创世者,或者是人居于创造的主要地位的问题。)当时的教会势力非常大。宗教法庭曾经逮捕伽利略。因为,他宣称地球绕日而行,并且又由这个想法推衍出令人难以忍受的神学思想。宗教法庭强迫他撤销他的看法,否则便要监禁他,甚至不只如此。牛顿是在这以后不久出生的。这件事使很多人感受极为深刻,其中一个便是现代科学的另一个创立者——法国人笛卡儿。

一部大机器

17 世纪 30 年代,笛卡儿到凡尔赛宫的皇家花园游玩。皇家花园当时以复杂的自动机器闻名。花园里的水流动的时候,就有音乐响起;接着海精灵跑出来玩耍,巨大的海神举着三叉戟凶猛地前进。不论这之前笛卡儿心中是否已经存有这个观念,反正后来"宇宙及其中的一切都是自动机"已经成为笛卡儿的哲学。这个哲学,他用数学来支持。从他的时代到 20 世纪初,很可能就是因为他,我们的祖先便开始认为宇宙是一部大机器。三百年来,他们发展的科学就是要了解这部大机器怎么运作。以上是牛顿对科学的第一个贡献。

牛顿的第二个贡献就是他的重力定律。重力是非常重大的现象,可是我们却视为当然。譬如说:假设我们手里有一个球,我们只要把球放掉,球就会往下掉到地上。为什么会这样?地又没有升上来把球拉下去,可是球就是拉到地上了。旧物理学无法解释这种现象,遂称之为"超距作用"。对于这种现象,牛顿跟大家一样迷惑。在他著名的《自然哲学的数学原理》(*Philosophiae Naturalis Principia Mathematica*)这本书里面,他说:

> ……我没有办法从现象里面找到重力的原因;我无法构成假设……但是重力确实存在;这就够了。重力依照我们先前说过的法则作用,并且非常充分地说明了天体所有的运动……(注四)

牛顿清楚地感觉到重力的本质是无法理解的。他写信给古典学者本特利 ① 说：

一个物体可以不经任何媒介，经过真空，而对远处的另一个物体产生作用，在我看来都觉得太荒谬了，更别说其他人。我相信，他们虽然在哲学上也有思考能力，可是一定都想不到。(注五)

简而言之，远处的作用是知其然，而不知其所以然。

牛顿的看法是，把苹果向下拉的力量，就是使月亮留在轨道上环绕地球、行星留在轨道上环绕太阳的力量。为了考验自己的看法，他用自己的数学计算月亮和行星的运动，然后再和天文学家观察所得比较，两者居然吻合！原来天上的物体和地上的物体都是由一样的法则统御。牛顿阐明了这一点，由此一举甩脱了两者基本上有差异的假定。他建立了一个理性的、天上的力学。素来属于诸神或上帝的识界，如今已在凡人的理解力之内。牛顿的重力定律并没有解说重力(这要等到爱因斯坦的广义相对论)，可是确实将重力的种种效应纳入了一个严格的数学公式。

牛顿是第一个发现自然界里面大统一场经验法则的人。他从自然界千变万化的现象汲取一些统合的抽象概念，然后再用数学表达这些概念。就是因为这样，牛顿对我们影响才这么大。他告诉我们，宇宙的现象有一些理性可以理解的结构。他给了我们历史上最有力的工具。在西方，我们已经把这个工具——如果不是明智的——发挥到了极致。结果有正面也有反面，非常可观，对我们的环境造成了巨大的冲击。这个故事就是从牛顿开始的。

中古时代以降，第一个将物理世界量化的是伽利略。从石头掉落到垂吊物(譬如他的教堂里的大吊灯)的摆动等，他测量这一切事物的运动、周期、速度、久暂。笛卡儿发展了很多现代数学里的基本技术，并且将宇宙描绘成一部大机器。牛顿定出了这一部大机器运转的法则。

这些人碰到了经院哲学(scholasticism)的痛处。经院哲学是12到15世纪之间的中古思想体系，本来一直想把"人"摆在舞台中央，或者至少回到舞台上，借此向他("人")证明，在一个由不可测的力量统御的世界的里面

---

① Richard Bentley，1662—1742，古典学术史上的伟大人物，博学而敏锐——译注

他不需要是一个旁观者。但是牛顿等人完成的却是相反的主张，这或许是历史上最大的讽刺。麻省理工学院的科学家魏曾邦（Joseph Weizenbaum）论及计算机的时候说：

> 科学向人承诺的是力量……可是人一旦屈服于这个承诺的诱惑，后来的代价就是苦役和无力感。力量如果不是自由选择的力量，就等于不是力量。（注六）

为什么会这样？

牛顿的运动定律说明的是运动的物体发生的事。知道了这些运动定律，那么，我们只要知道一个运动物体起初的情形，我们就能够预测它的未来。起初的情况知道得越多，我们的预测就越准确。同样地，我们也可以回溯（在时间上反预测）一个物体过去的历史。譬如说，如果我们知道地球、太阳、月亮现在的位置，就能够预测未来某一个时候地球相对于太阳和月亮的位置。这又使我们预先知道季节、日食月食的时间等。同理，我们也可以反过来计算出过去某一个时候地球相关于太阳和月亮的位置，再过去什么时候曾经发生同样的现象。

没有牛顿物理学，就没有太空计划。探月太空船必须在地球的发射位置与月球的相对登陆地点距离最短的时候准确发射，因为这时太空船飞行的路线最短。但是，地球和月球都在绕轴心自转而又同时在太空中前进。此时，地球、月亮、太空船的运动都要仰赖计算机计算，这时候其中的力学就是牛顿在"自然哲学的数学原理"所提出的力学。

但是，实际上，想要知道事件初始阶段的所有情况是很困难的。譬如说把球向墙上丢再弹回来这个运动好了。这个运动看似简单，其实却复杂得惊人。想要知道这个球什么时候弹落在哪里，别的不说，球的形状、大小、弹性、动量，丢球的角度，空气的密度、压力、温度、湿度等都是必知的要素。丢球的运动是这样，换了更复杂的运动，就更难以得知所有的情况，更难做准确的预测了。然而，按照旧物理学，原则上只要数据足够，我们就能够准确地预测事件如何进行。只是因为实际上这个工作太过庞大，所以我们没办法完成而已。

依据事物现有的知识以及运动定律预测未来的能力，使我们的祖先拥有了前所未有的力量。然而这一切里面却带有一个令人丧气的逻辑。因为，如果自然律决定了事件的未来，那么，过去的某个时候，只要数据足够，显然我们也可以预测现在；而那个时候显然也可以在更早的一个时候预测。一句话，如果我们接受牛顿物理学的机械式决定论，也就是说，如果宇宙真是一部大机器的话，那么宇宙从创造出来开始启动那一刻起，要发生什么事早就已经注定。

根据这个哲学，我们原来好像拥有自己的意志，也有把生活事件的方向改变的能力，可是我们没有。一切——包括"我们拥有自由意志"这个幻觉——从一开始就已经决定。宇宙是早就录好的录音带，播出的方式也是唯一的方式。科学发达以后人的地位比之于发达以前渺小到无足轻重。这部大机器在盲目地运转，其中的一切事物不过只是齿轮。

量子力学的创立人玻尔说：

> ……在量子力学里面，我们处理的事情并不是要武断地排斥原子现象只是一种详尽的分析，而是要认识这种分析"原则上"[①]已经遭到排除。(注七)

譬如说，假想有一个物体在太空中运动，这个物体有位置与动量，两者都可以测量——这是旧物理学的例子。(动量是物体大小、速度、方向三者汇合的一个数字。)我们既然可以断定这个物体某时的位置与动量，那么要计算这个物体未来某时在什么地方就不是很难的事了。假设有一架飞机从南向北飞，时速两百里。那么，如果这架飞机不改变方向和速度的话，一个小时以后将在北方两百里处。这是牛顿的物理学。

但是，量子力学令我们大开眼界。量子力学发现牛顿物理学不适于亚原子现象。在亚原子领域之内，我们绝对无法同时知道粒子的位置与动量。我们可以概略地知道，但是，越知道其中之一，就越不知道另一。我们若是精准地知道其中之一，就完全不知道另一。这就是海森伯的不确定原理。不确定原理不管多么难以置信，却是已经实验一再证明的。

当然，想象着一个运动的粒子，却说无法同时测量它的位置与动量，实在令人难以理解。这违背了我们的"常识"。然而，量子力学现象与常识矛

---

① in principle，玻尔的原著以斜体字强调——译注

盾的不止这一件。事实上，常识的矛盾便是新物理学的核心。这些矛盾一再地告诉我们，世间万物不只是我们以为的那样。

我们既然无法同时知道亚原子粒子的位置和动量，我们能够预测的事情也就不多。所以，相应地，量子力学就不预测也无法预测特定的事件。量子力学预测的是或然率，所谓或然率，是一件事情可能发生或不会发生的机会。量子论预测微观事件或然率的准确度，相当于牛顿物理学预测宏观事件的准确度。

牛顿的物理学说，"如果现在是这样、这样，那么下一步就会那样、那样"。量子力学则说，"如果现在是这样、这样，那么下一步那样、那样的或然率是……（它计算出来的数字）"对于我们"观察"的粒子，我们永远没有办法知道会发生什么事。我们肯定的只是它依某些方式行为的或然率。我们最多只知道这些；因为，牛顿物理计算式不可少的位置与动量这两项数据，我们事实上都无法确切知道。我们只能透过实验，选择其中一项来做精确的测量。

牛顿物理学的课题在于，统御宇宙的法则是理性的理解力可以触及的。我们可以利用这些法则扩展我们对周围环境的知识，并因而扩展我们对于环境的影响力。牛顿本人是教徒。他认为他的定律即是彰显上帝的完美。然而，除此之外，事实上牛顿的定律还使人向理想迈进了一步。牛顿的定律提高了人的尊严，证明了人在宇宙中的重要性。中古时代以后，一种科学的新领域（自然哲学）像清风一般使这种精神复活了。然而，讽刺的是，自然哲学到最后竟然是把人贬到机器齿轮的地位，而这部机器的机能早在制造出来的时候就已经决定。

量子力学与牛顿物理学相反。量子力学告诉我们，我们自以为知道什么东西统御亚原子层次的事件，可是其实不然；量子力学告诉我们，我们绝不可能肯定地预测亚原子现象，我们只能预测它的或然率。

是我们创造了实相吗

然而，在哲学上，量子力学的意义实在令人心智动摇不安。因为，依照量子力学，我们不只是影响实相，而且，在某种程度上，我们还"创造"了实相；因为，我们只能知道粒子的动量与位置两者之一，无法同时知道两者——这是事物的本质——所以我们"必须选择"其中一样来决定。就形而上学而言，这就相当于说，因为是我们选择了其中一项来测量，所以是我们"创造"了它。这种情形换一种说法就是，譬如粒子，因为是我们想测定位置，所以我们才创造了有位置的粒子；如果不先有一样东西占有我们想测定的位置，则我们便无法测定位置。

"我们进行实验以测定粒子的位置之前，粒子是否已经带着位置存在？""我们进行实验以测定粒子的动量之前，粒子是否已经带着动量存在？""我们想到粒子，测量粒子之前，粒子是否已经存在？""我们实验的粒子是不是我们创造出来的？"——量子物理学家思考的是这一类的问题。这种种可能性无论听起来是多么难以置信，却是诸多量子物理学家已经承认的。

普林斯顿的一位著名的物理学家惠勒（John Wheeler）说：

> 在一种我们尚不熟知的意义上，宇宙是不是参与者的参与"造成"的呢？……参与是关键的行动。量子力学提出的"参与者"是无可争议的概念。这个概念打倒了古典理论的"观察者"。观察者站在厚厚的玻璃墙后面，安然地看着事物进行，不参与其中——量子力学说，这是办不到的。（注八）

这样，西方物理学家的话与东方的神秘主义者就很接近了。

牛顿物理学与量子力学是一对欢喜冤家，彼此捉弄着对方。因为，牛顿物理学根据统御诸现象的法则，以及了解这些法则以后所得到的力量而成立；但是一旦面对宇宙这部大机器，最后却导向人的无力感。量子物理学根据未来现象最少的知识（我们受到限制，只能知道或然率）而成立，但是最后却导向"我们的实相只是我们创造的"的可能性。

客观性的神话

旧物理学与新物理学还有一个基本的差异。旧物理学认为我们之外存有一个外在世界。由此又进一步认为我们可以观察、度量、思考这个外在世界，而且不会因此而改变它。伽利略的历史地位，就是来自他不倦不厌（并且成功）地将外在世界量化（测量）的成就。这个量化的过程本身就有很大的力量。

根据旧物理学，这个外在世界对我们，对我们的种种需要是毫不关心的。譬如落体加速度。我们只要找到其中的一种关系，那么，不管丢的是什么物体，谁丢这个物体，在哪里丢，结果都一样。一个人在意大利得到这一种结果，另一个人一百年后在苏俄也是得到这一种结果。不论是谁做这个实验，是怀疑的人，是相信的人，是好奇的旁观者，结果都一样。

这样的事实使哲学家相信，物理的宇宙完全无视其中的住民，毫不在意地前进，做着它应该做的事。譬如说，如果我们把两个人从同样的高度向下丢，那么，不论他们的重量是否一样，他们都同时落地。事实上，如果把他们两人换成石头，结果还是完全一样。我们测量他们的落差、加速度、撞击力，方法可以和我们测量石头的落差、加速度、撞击力完全一样。

"但是人和石头不一样啊！"你会说，"石头没有感情和看法，可是人有。这两个人，一个可能很害怕，一个可能很生气。他们的感受在这件事里面难道都不重要吗？"

是的，实验对象的感受一点都不重要。假设我们把这两个人再抓到塔上（这一次他们挣扎了），从塔顶丢下。那么，即便他们这一次狂怒了，他们落下来的加速度、时间依旧和上一次一样。这部大机器是不具人格的。也正是这样不具人格，才使科学家想要追求所谓"绝对的客观"。

"'外面'的外在世界与'里面'的'我'相对"这样的假设，便是科学"客观"概念的根据。（这种知觉方式把别人放在"外面"，使"里面"非常孤单）根据这个观点，自然界——以它的种种变貌——就在"外面"。科学家的任务在于尽可能客观地观察"外面"。客观地观察，意思是说，观察者毫无成见地观察他所观察的事物。

可是，三百年来我们都没有注意到一个问题，那就是，一个人要是带着这种态度，他当然就是有成见了。他的成见就是"要客观"。"要客观"就是"不要有既定的看法"。但是，没有看法是不可能的。看法是一种观点。我们可以没有观点的观点就是一种观点。研究实相的这一部分，而不研究那一部分，这个选择本身就是研究者主观的表现。这个选择，如果没有别的，起码也会影响他对实相的知觉。但是，我们研究的就是实相，所以这个问题就棘手了。

换上新物理学。量子力学很清楚地告诉我们，要想观察实相而不改变实相是不可能的。假设我们在观察一项粒子撞击实验。那么，我们不只没有办法证明我们不看它时结果还是一样，而且，我们目前所知的一切还进一步告诉我们不会一样。因为，我们得到的结果已经受到我们在寻找结果的影响。

有一些实验显示光是一种波，又有一些实验显示光是一种粒子。如果我们想表明光是一种波，我们就选择显示光是一种波的实验来做；如果我们想表明光是一种粒子，我们就选择显示光是一种粒子的实验来做。就是这样。

根据量子力学，客观这种东西是没有的。我们没有办法把自己从图画中抹掉，我们是自然界的一部分。我们在研究自然界的时候，自然界就是在研究自己。我们逃不脱这个事实。物理学已经变成心理学的分支，或者另辟蹊径了。瑞士心理学家卡尔·荣格说：

> 心理学的常规说，如果我们不能意识到内在的状况，这个状况形之于外，就变成命运一类的东西。这就是说，如果个体一直不曾分裂（没有跳出来看自己的能力），不曾转而意识到自己内在的矛盾（内心的冲突），世界就必然要由冲突中行动（冲突就会强行成为外在的行为），从而分裂成对立的两边。①

荣格的朋友，诺贝尔物理学奖得主沃尔夫冈·泡利（Wolfgang Pauli）也这么说：

> 人类的心灵，在一种外向的意义之下，似乎是由一个内在中心向外移转，然后进入物理的世界。（注十）

如果他们说得对，那么物理学便是意识结构之学了。

亚原子粒子

从宏观层次下降到微观层次——我们称之为极小事物领域——是一个两

---

① 括号内为胡因梦小姐的诠释。荣格的话这样解释，读者会比较清楚。谢谢她——译注（注九）

步过程。第一步是原子层次，第二步是亚原子层次。包括用显微镜，我们看得到的东西里面，就是最小的物体也都含有几百万个原子。有一个棒球，假设我们想看见它的原子，我们必须把这个棒球放大成地球那么大才行。棒球如果像地球那么大，它的原子才像葡萄那么大。如果把地球想象成里面都是葡萄的玻璃球，就差不多是充满原子的棒球的样子。这是原子层次。从原子层次向下降就是亚原子层次。我们在这个层次发现的是构成原子的粒子。亚原子层次与原子层次差距之大，相当于原子与木棍、岩石等事物的差距。如果原子像葡萄那么大，那么我们根本还看不到原子核。像房间那么大，也看不到。想要看见原子核，原子必须像 14 层的大楼那么大！然而在 14 层楼那么大的原子里面，原子核也只不过相当于一粒盐巴那么大。又由于原子核的质量约等于电子的 2000 倍，所以绕行原子核的电子就相当于这一栋大楼里的一粒灰尘！梵蒂冈圣彼得大教堂的圆顶，直径相当于 14 层楼高。请你想象这个圆顶的中心有一粒盐巴，圆顶外缘有几粒灰尘绕行的情形。这就是亚原子粒子的规模。牛顿物理学就是在这个领域，在这个亚原子领域，证明为不足。这时就需要量子力学来解说粒子行为了。

但是，灰尘是粒子，亚原子粒子却不是粒子。灰尘和亚原子粒子不只大小不同，灰尘是一样"东西"，一个"物体"，可是亚原子粒子却不能视为"东西"。所以我们必须放弃"亚原子粒子是一个物体"的观念。

量子力学认为亚原子粒子只是一种"存在的倾向"，一种"发生的倾向"。至于这种倾向有多强，则用或然率来表达。亚原子粒子就是"量子"，意思是指某种东西的量。至于是什么东西，则是思维之事。有很多物理学家甚至认为连问这个问题都没有意义。寻找宇宙最后的"材料"只是为一个幻象而起的宗教战争。在亚原子领域之内，质和能总是一直在互换。粒子物理学家太熟悉质变能、能变质的现象，所以总是用能量单位来测量粒子的质量。[①] 既然亚原子现象"会在某种条件之下明显起来"的倾向即是或然率，这就把我们带到统计学上了。

---

① 但是，严格来说，依照爱因斯坦的广义相对论，质即是能，能即是质。有其一，就有另一。

统计学

由于连我们眼睛所能见到的最小的空间里面，都有几百万、几百万的亚原子粒子，所以用统计学处理这些粒子就很方便。统计学说明的是群体行为。统计学没有办法告诉我们一个群体里的个体行为如何。但是，统计学可以依据反复的观察，很精确地告诉我们群体作为一个整体行为如何。

譬如说，人口成长的统计学研究可以告诉我们，过去几年来每一年有多少小孩子出生，也可以预测未来几年会有多少小孩子出生。但是统计学没有办法告诉我们哪一个家庭会有小孩出生，哪一个家庭不会。假设我们想知道一个路口的交通情形，只要在路口设置仪器，就可以收集到一些数据。这些数据会告诉我们，某一段时间之内有多少部汽车向左转，但是没有办法告诉我们是哪几部汽车向左转。

气体动力学

牛顿物理学也使用统计学。譬如气体体积与压力的关系，讲这个关系的叫作玻意耳－马略特定律；这个定律的发现者之一玻意耳（Robert Boyle）与牛顿是同一时代的人。玻意耳－马略特定律像单车打气筒定律一样简单。玻意耳－马略特定律说，假设有一个容器装有一定量体积的气体，那么在常温下，假设这个气体的体积减去一半，那么压力就增加一倍。

现在，让我们想象有一个单车打气筒，抽把抽到最上面。这个打气筒不是接在轮胎上，而是接在气压计上面。现在，因为抽把上面没有压力，因而打气筒的圆柱体内部也没有压力，所以气压计的读数是零。但是，此时打气筒里面的压力实际上并不是零。因为我们是活在一个空气海洋（大气）的底部。从我们的身体往上好几英里厚的空气，在海平面这个高度，在我们身上形成平均每平方英寸 14.7 磅（约每平方厘米 1 公斤）的压力。我们的身体之所以不会瘫痪，就是向外维持每平方英寸 14.7 磅压力的缘故。单车打气筒压力计上读数为零的时候，实际情况其实是这样。所以，为了精确起见，在压抽把之前，我们姑且将压力计上的读数设定为每平方英寸 14.7 磅。

现在，我们把抽把向下压到一半，圆柱体内部的体积现在变为原来的一半。因为软管是接在压力计上的，所以气体没有漏掉。这时压力计上的读数变为原来的两倍，或者说，变为每平方英寸29.4磅。现在把抽把再往下压一半，到达原来2/3的地方。这时圆柱体内部的体积变为原来的1/3，压力计上的读数也变为原来的3倍（约每平方厘米3公斤）。这就是玻意耳－马略特定律：在常温下，气体的压力与体积成反比。体积如果减为一半，压力就变为两倍；体积减为1/3，压力就变为3倍；依此类推。

如果我们想解释为什么会这样，我们就要用到典型的统计学。唧筒里面的空气（气体）是由几百万个分子组成的。这些分子不断在运动。不论什么时候，这些分子总有几百万个在撞击唧筒壁。一次一次个别的撞击我们检测不到，可是这几百万次的撞击所产生的整体效果，就造成了唧筒壁上的"压力"。假如我们把唧筒圆柱体的体积减为一半，我们就会把这些气体分子挤到原来的一半空间里面，因此在每平方英寸的唧筒壁上造成双倍大的撞击。这一切的整体效果就是"压力"变为双倍。若是把空气分子挤到原来1/3的空间，我们就使撞击每平方英寸唧筒壁的分子变为3倍，于是唧筒壁上的压力也变为3倍。这就是气体动力理论。

换句话说，压力是大量分子运动的集体行为造成的结果，是个别事件集合而成的。每一个个别事件都是可以分析的，因为，依照牛顿物理学，每一个个别事件理论上都按照一定的定律发生。原则上我们可以算出唧筒内部每一个分子的路径。旧物理学就是这样使用统计学的。

量子力学也使用统计学。但是量子力学与牛顿物理学之间却有一个很大的差异，那就是，在量子力学里面，我们没有办法预测个别事件。这就是亚原子领域的实验教给我们的第一课。

所以，量子力学只关心集体行为。量子力学避而不谈集体行为与个别事件之间的关系，因为，个别的亚原子事件没有办法准确地断定（不确定原理），而且——一如我们在高能粒子所见——经常在变。量子物理学放弃御个别事件的法则，直接阐明统御集体事件的统计式法则。量子力学能够告诉我们一群粒子将要如何行为，但是说到个别粒子，量子力学只能说这个粒子"可能"如何行为。或然率是量子力学的特性。

因为这样，量子力学才成为处理亚原子现象的理想工具。譬如一般的放射性衰变现象（夜间手表指针发亮等）好了。放射性衰变现象是由不可预测的个别事件组成的可预测的全体行为。假设我们把1克的镭锁在时间保险柜里面，1600 年以后再打开来看。这时我们看到的是不是还是 1 克的镭？不是！我们只看到半克的镭。这是镭原子按着一个速率自然消散的缘故。所以每 1600 年就消失一半。此时，物理学家就说镭的"半衰期"是 1600 年。假设我们把镭再放回保险箱，1600 年后再打开，那么原来的镭就剩下 1/4。反正每 1600 年全世界的镭就剩下一半。但是，我们怎么可能知道哪一个镭原子会消散，哪一个不会呢？

或然率

我们不可能知道。我们可以预测一块镭一个小时之内会有多少原子消散，但是绝对无从知道是哪一个原子会消散。我们所知的一切物理学法则，没有一个可以支持这种拣选。哪一个原子会衰变纯粹只是偶然。但是不论如何，镭总是按照一定的日程，准确地以 1600 年的半衰期衰变。量子理论省略了个别镭原子消散的法则，直趋诸镭原子作为一个整体消散的统计式法则。新物理学是这样使用统计学的。

由不可预测的个别事件构成可预测的整体（统计）的行为，另外一个很好的例子就是光谱色线的彩度不断的变化。还记得，根据玻尔的理论，原子的电子所在的外壳与核子的距离是一定的。一个氢原子，在正常的情形下，它的单一个电子一直是在距离核子最近的外壳上（这叫作基态）。如果我们刺激这个电子（给它增加能量），它就会往外跳到外面的外壳上。我们加的能量越多，它就往外跳得越远。不再刺激它，它就往回跳到比较接近核子的外壳，到最后就回到最内层的外壳。每次跳回来，电子就会释出能量。这个释出的能量相当于它往外跳时吸收的能量。这些释出的能量群（光子）就构成了光。这个光经过棱镜的扩散——在氢这个情形上——就形成一个一百条左右色线的光谱。氢电子从外面的壳跳到里面的壳的时候，放出的光就组成了氢光谱的色线。

不过，我们前面没说的是，氢光谱里面，有些色线比其他色线鲜明。并且，鲜明的色线就一直鲜明，暗淡的色线就一直暗淡。色线的鲜明度之所以不同，是因为氢电子回返基态的时候，并不是永远采取同样的路线。

譬如，第五层外壳比起第三层外壳，可能是中途站。电子跳回第一层外壳之前，在第五层外壳停留的比在第三层外壳停留的多。这样的话，由几百万激动的氢原子所产生的光谱上，电子由第五层跳回第一层的一条光谱线，就比第三层跳回第一层的一条光谱线来得鲜明。

换句话说，在这个例子里面，激动氢原子的电子中途在第五层停留的或然率很高，在第三层停留的或然率比较低。再换另一种方式说就是，我们知道有一些电子会在第五层停留，并且，在第三层停留的电子比这个少。但是，同样地，我们依然无法知道哪一个电子会在哪一层停留。我们能够描述一个全体的行为，但是无法预测组成这个行为的个别事件。

这样，我们就触及了量子力学的主要哲学问题，那就是："量子力学到底在说明什么东西？"用另一种方式说，量子力学用统计学说明全体行为，并且（或者）预测个别行为的或然率。然而是什么东西的全体行为和（或）或然率？

量子力学哥本哈根解释

1927 年秋天，研究新物理学的物理学家在比利时布鲁塞尔集会。这个问题就是他们讨论的问题之一。他们的结论后来被称之为"量子力学哥本哈根解释"（Copenhagen Interpretation of Quantum Mechanics）。[①] 这一次会议之后虽然也有人找出别的解释，但是，哥本哈根解释却是一个标志，标示了新物理学的出现是看待世界的一种共同的方法。一直到现在，在用数学形式提出的解释里面，量子力学的哥本哈根解释还是最通行的。但是这还不够。牛顿物理学被证明不足在物理学界造成的不安还不止于此。在布鲁塞尔开会的物理学家，他们的问题并不在于牛顿物理学是否适用亚原子现象（这一点已知道不适用），而是用什么来代替牛顿物理学。

哥本哈根解释是第一个有系统说明量子力学的体系。爱因斯坦在 1927 年反对量子力学，一直到辞世还是反对。但是，他和所有的物理学家一样，不得不承认量子力学用于说明亚原子现象的优越。

然而，哥本哈根解释事实上却说，量子力学讲些什么并不重要（哥本哈

---

① 玻尔与爱因斯坦著名的辩论就是在这一次第五届苏威会议（Solvay Congress）发生的。"哥本哈根解释"这个名称反映出玻尔"来自哥本哈根"及其一派思想的影响力。

根解释说，量子论讲的是经验与经验之间的关联，是一种情况之下会观察到什么东西，另一种情况又会观察到什么东西），重要的是，量子力学不论在什么实验状况之下都有效。这是科学史上最重要的阐述。量子力学哥本哈根解释开展的统合工作是一个里程碑。可是当时没有人注意。我们的心灵理性的部分——科学为其典型——终于又和另一部分一起现身了。这另一部分，18世纪以来我们就一直忽视，那就是我们的非理性面。

传统上，科学对于真理的观念总是依附在"外边"一处的绝对真理——也就是一个独立存在的绝对真理——之上。我们在近似值上越接近这个真理，据说我们的理论就越真实。我们尽管没有办法直接知觉真理——好像爱因斯坦所说，没有办法打开手表一样——可是我们仍然可能建立完整的理论，使绝对真理的每一面在我们的理论中都有一个元素与之对应。

但是，哥本哈根解释排除了这种实相与理论一一对应的观念。这一点我们前面已经说过，只是说法不一样罢了。量子力学放弃统御个别事件的法则，直接说明统御集体行为的法则，这种做法是非常实际的。

实用主义哲学

实用主义哲学就有点像是这样。心灵只能处理观念；除了观念，要使心灵与其他任何东西产生关系是不可能的。所以，如果我们认为心灵可以思考实相，那是错误的。心灵只能思考心灵关于实相的观念（至于实相实际上是否是这样则属于形而上学问题）。所以，一件事情是否为真，问题不在它与绝对真理多么一致，而是在于它与我们的经验多一致。哥本哈根解释之所以特别重要，在于科学家一直想要建立一个完整一致的物理学，但终于由自己的发现而不得不承认，想要完全理解实相确实超出理性思考的能力。但是，爱因斯坦却无法接受这一点。"这个世界最不可理解的，"他说，"就是这个世界可以理解。"（注十一）可是大局已定。新物理学的根基不在"绝对真理"，而在"我们"。①

---

① 实用主义哲学是美国心理学家威廉·詹姆斯（William James）创立的。最近，斯塔普一直在强调量子力学哥本哈根解释的实用面。斯塔普是加州劳伦斯伯克利国家实验室的理论物理学家。但是，除了实用的部分，哥本哈根解释也说，量子论在某一个意义上已经是完整的；再也没有什么理论能够更详细地说明亚原子现象。哥本哈根解释的一个基本的要点是玻尔的

斯塔普（Henry Pierce Stappe）说：

（量子力学哥本哈根解释）基本上就是在摒除"自然界可以用基本时空实相的方式理解"的认定。根据新的观点，能够完整描述原子层次自然界的，是或然率；并且这个或然率指涉的不是潜匿的微观时空实相，而是感官经验的宏观对象。这个理论的结构不是钻入并且栖止于根本之处的微观时空实相，而是反过来栖止在形成社会生活基础的具体感官实相之上……这种实用的说明方式与企图窥探"后面的情景"然后告诉我们"真正发生"了什么事的方式是不一样的。（注十二）

脑分割分析法

（回溯起来）脑分割分析法是了解哥本哈根解释的另一种方法。我们的脑分为两半，由一个组织在颅腔中间连接起来。医生要治疗某种脑疾病，譬如癫痫，的时候，有时候会动手术把两边的脑分开。从接受这种手术的人所做的报告，以及医生的观察，我们发现了一个非常重要的事实。大体说来，我们的脑两边的机能不同，两边看世界的方式不一样。

左脑用线性方式知觉世界。左脑将感官输入的数据组成线上的点，各点前后相随。譬如说，语言就是左脑的一个机能。语言是线性的（你现在在读的文字就是从左到右排成一条直线）。左半球的机能是逻辑与理性的。"因果"的概念就是左半球创造的。一件事之所以引发另一件事，是因为这件事常常在另一件事之前发生。这样比较起来，右脑知觉的才是完整的形态。

动过脑分割手术的人事实上有两个脑。分别测试的结果发现，左脑记得讲话和使用文字，可是右脑不行。然而，右脑却能记住歌词！左脑对感官输入的数据会质疑，右脑对自己接受的数据却比较自由地接受。粗略地说，左半球是"理性的"，右半球是"非理性的"。（注十三）

在生理上，左半球控制右边的身体，右半球控制左边的身体。这样看

互补原理。实际上已经有一些历史学家认为哥本哈根解释即等于这个"互补"。但是，斯塔普对量子力学的实用解释只是概括地、一般性地讲互补，而哥本哈根解释却是特别强调。

来，文学和神话与右手(左脑)相关，而具有理性的、男性的、决断的特性；左手(右脑)具有神秘的、女性的、接受的特性，这一切就不是巧合了。中国人几千年前就讲过这种现象(阴阳)，但是没有人知道他们当时就在做"脑分割手术"。

我们的社会整个反映了一种脑左半球(也就是理性、男性、决断)的偏颇。这种社会不太能够滋育脑右半球那种特性(直觉、女性、接受)。"科学"的发达是一个标志，标示的是左半球的思考方式开始晋为西方人主要的认知模式，而右半球的思考方式则降为地下(地下精神)。这个地下精神一直到弗洛伊德发现"潜意识"以后才重新出头。当然，这个"潜意识"他称之为黑暗、神秘、无理性(因为这是左脑看右脑)。

虽然1927在布鲁塞尔集会的物理学家没有办法想到这一点，可是哥本哈根解释事实上无异于承认脑左半球思考能力有限。此外，哥本哈根解释也是重新承认长久以来在理性的社会饱受忽视的精神面。物理学家毕竟还是人，对这个宇宙毕竟还是会感到惊奇。敬畏是一种非常独特的了解方式——尽管这种了解方式难以言表。"惊奇"这种主观经验对于理性的心灵就是一个信息；这个经验告诉理性的心灵说，除了理性，惊奇的对象还有别的方式可以知觉并理解。

下一次如果再对什么事情感到敬畏，且让这个感觉在你心里自由回荡，不要想去"了解"。这时你就会发现自己其实是"了解"的，只是说不出来罢了。其实，这时你就是用右脑在直觉的知觉事情。我们的右脑并没有因为长久不用而萎缩，只是我们聆听右脑之声的技巧，因为三百年的忽视而迟钝了。

物理师傅两种方式都用；理性与非理性、决断的与接受的、男性的与女性的都用。他们不排斥这个，也不排斥那个。他们就是跳舞。

这就是量子力学。下一个问题是："量子力学如何操作？"

牛顿物理学的舞蹈课	量子力学的舞蹈课
可以用视觉想象	无法用视觉想象
以平常的感官知觉为依据	以亚原子粒子的行为与无法直接观察的系统为依据
说明"事物"说明空间里的个别物体，以及个别物体在时间中的变化	说明"系统"的统计式行为
预测事件	预测或然率
认为"外面"有一个客观的实相	认为除了经验别无客观实相
我们可以在不改变一件事情的情况下观察这件事情	我们观察一件事情就会改变这件事情
依据"绝对真理"，这才是"情景背后"自然界真正的东西	只是正确的串联经验而已

各种形态的有机能

（新旧物理学）

第 ③ 章

活的？

有机与无机

当我们说物理就是各种形态的有机能时，我们注意的是"有机"这两个字。有机，意思是"活的"。大部分人都认为物理讲的是死的东西，譬如钟摆、撞球等。这是大家普遍存有的观点，即使物理学家也不例外。其实不然。

为了要探讨这个观点，我们姑且假设有一个人，名叫津得微（Jim de Wit）。这个年轻人永远都是混沌冠军。

"物理讲的是死的东西，"津得微说，"这样讲不对。这一点我们在讨论落体时已经讲得很清楚。有些落体虽然是人，可是在真空里加速度还是一样。所以物理学照样适用于生物。"

"可是这个例子不对，"我们说，"要不要掉下去，石头没得选择。我们丢石头，石头就掉下去；我们不丢石头，石头就不掉。可是人不一样。人能够选择。除非意外，人通常不会有掉下去的动作。为什么？因为人知道掉下去会受伤。所以，换句话说，人会处理'信息'（掉下去会受伤），然后对这个信息做'反应'（不要掉下去）。这些事情石头都不会做。"

"好像是这样，"津得微说，"可是事实上不是这样。譬如说，用旷时摄影术拍摄植物，我们就知道植物跟人一样，对刺激有反应。植物也会趋乐避苦；渴望感情而不可得，也会无精打采。唯一不一样的地方只是植物的反应比我们慢，慢到我们一般的知觉感觉不到，所以才认为植物毫无反应。"

"那么，如果植物有反应的话，我们又凭什么那么有把握石头乃至于山没有反应？它们也有可能因为速度实在太慢，所以即使用旷时摄影术来拍，也要几千年曝光一次才拍得出来。当然，这一点无法证明，可是也没办法否

39

定。活和死之间不是那么容易分辨的。"

"说得好,"我们心里想,"可是从实际的观点来看,我们观察不到惯性物质对刺激有反应,然而人有反应却毫无问题。"

"又错了!"津得微好像看得到我们内心一样,他说,"每一个化学家都可以证明大部分的化学物质(这些化学物质都是从岩石这一类地面的东西而来)都对刺激有反应。譬如说,在完整的条件之下,钠会对氯起反应(因而形成氯化钠——盐),铁会对氧起反应(因而形成氧化铁——锈),等等。这就好比人肚子饿的时候会对食物有反应,孤独的时候会对他人的感情有反应一样。"

"好吧,不错,"我们承认,"可是用人的反应来比喻化学反应并不恰当。化学反应要不就是发生,要不就是不发生,没有介乎其中的情况。两种化学物质配得对,就发生反应;配得不对,就不会发生反应。可是人复杂多了。"

"假设有一个人肚子很饿,然后我们拿东西给他吃。这个时候他可能会吃,可是也可能不会吃,看情况而定。如果他吃了,他可能吃饱,也可能不吃饱,看情况而定。假设他虽然很饿,可是约会已经迟到,那他是吃还是不吃?如果他的约会很重要,他可能不吃就走了。设若他虽然肚子很饿,可是摆在他眼前的食物有毒,那么他就是再饿也不可能吃。人的反应与化学反应的差别,就在于人有这个处理信息并对信息起反应的过程。"

"当然,"津得微笑着说,"但是我们又怎么知道我们的反应不是和化学反应一样,事先已经严格决定,只不过比较复杂而已?我们可能并不比石头自由,但是我们却欺骗自己说我们不像石头,我们有自由。"

这场辩论这样就辩不下去了。津得微使我们看到了成见的任性与随意。我们当然愿意认为因为我们是活的,石头是死的,所以我们是活的,石头是死的。但是,我们却没有办法证明自己的看法,也没有办法否定他的看法。我们没有办法清楚地证明我们与无机物不同。在逻辑上,这就表示我们可能必须承认我们不是活的。这当然很荒谬。所以,唯一可行的办法就是承认"无生命的"物体可能是活的。

其实,有机与无机之间的差别本是一种概念的偏见。一旦我们深入探讨量子力学,这种差别更是站不住脚。根据我们的定义,一件东西若是能对信息起反应,那么这件东西就是有机的。可是,随着量子力学的发展所收集的证据,却证明亚原子"粒子"不断地在做决定。这是让物理学的新来者吃惊的发现！还不只这样，亚原子粒子还是根据别处的决定做决定的。亚原子粒子似乎可以"立即"知道别处的决定，而这个别处却可以远如银河那么远！重要的在于"立即"这两个字。这边的一个亚原子粒子为什么能够在那边的一个亚原子粒子做决定的时候，"同时"知道那边的粒子做了什么决定？所有的证据都使人不再相信量子粒子真的是粒子。

（依照传统的定义）从心灵上来想象，粒子是局限于一个空间地区的东西，不会扩展出去，不是在这里就是在那里，不可能在这里同时又在那里。

假设这边有一个粒子与那边的一个粒子在交通（用叫的、挥手、传电视画面等），这是需要时间的。即使是千分之一秒，也是时间。如果这两个粒子分属两个银河，那么交通的时间就要几个世纪。如果这边这个粒子要在那边那个粒子发生事情的时候同时知道发生什么事，它就必须在那边。但是，如果它在那边，它就不可能在这边。如果两地同在，它就不是粒子。

这就表示这个粒子可能完全不是粒子。而且，这个表面上是粒子的粒子还在一种动态而紧密的方式之下，与其他的粒子有关。这一个动态而紧密的方式，正好就符合我们"有机"的定义。

有一些生物学家相信，单个植物细胞内部就带有产生整株植物的能力。同理，量子力学产生的哲学意义，在于宇宙中的一切事物（包括我们自己）看似各自独立存在，其实皆属于一个含摄一切的有机形态的一部分，各个部分彼此既非相离，也不与这个有机形态相离。

普朗克

谈到"粒子"的决定以及做决定的"粒子"，我们要从 1900 年普朗克（Max Planck）发现的一件事谈起。1900 年公认是量子力学诞生的一年。当年的 12 月，普朗克很勉强地向科学界提出一篇论文，可是这篇论文却使他声名大噪。他自己并不喜欢这篇论文含带的意义。他希望他的同事能够为他做一件他做不到的事，也就是用牛顿物理学来解释他的发现。可是他心里知道，他的同事没有办法，谁都没有办法。他感觉到，他的论文将要改变科学的基础。他的感觉没有错。

普朗克到底发现了什么，使他这么不安？普朗克发现的是，自然界的基本结构是"粒状"的。套用物理学家的话就是，自然界的基本结构是片断式的。

片断式

"片断式的"是什么意思？

譬如说一个城市的人口。一个城市的人口显然只能以整数的人来变动。一个城市的人口不论是增加还是减少，其最低限度是 1 人。它不可能增加 0.7 人。它可能增加或减少 15 人，但不可能增加或减少 15.27 人。在物理学的辩证里，人口量的改变只能是不连续地增加或减少。这就是片断式的改变。不论是变大还是变小，都是跳跃式的；而最小的跳跃就是一个人。大体上，关于自然界的过程，这就是普朗克所发现的事情。

普朗克是一个保守的德国物理学家。他无意损毁牛顿物理学的基础。可是，他因为想解决一个能量辐射的问题，无意间推动了这一次量子力学革命。

普朗克原先是在追寻东西变热的时候为什么会有那些行为。换句话说，他想知道物体变热的时候为什么比较亮，温度升高或降低的时候颜色为什么会变。

古典物理学统合声学、光学、天文学等诸领域的时候很成功。古典物理学差不多已经喂饱了科学家的胃口。古典物理学解开了宇宙谜题的封口线，可是却又用紧密的包装把它包起来。古典物理学对这个现象无法提出合理的解释。套一句当时的话，这个现象是笼罩在古典物理学地平线的一片"黑云"。

在 1900 年，物理学家描绘的原子好比李子一般，中间是核子，上面粘着突出的小弹簧（这个模型还在行星模型之前）。每一个弹簧的上端都是一个电子。假设我们"推动"原子，譬如给它加热，就会使电子在弹簧尾端摇摆（振荡）。科学家认为，这时电子就是在释出放射能，这就是热物体发亮的原因（也就是加速的电荷创造了电磁放射线）。（电子带有负电，摇摆的时候就开始加速，起先朝一个方向，然后再转到另一个方向。）

物理学家认为，给金属的原子加热会使原子激动，使其电子上下摇摆。这个过程就会放出光。他们的理论说，推动原子（也就是给原子加热）的时候，它吸收的能量就会由摇摆的电子放射出来。（如果你跟你的朋友讲这个理论，而他对"摇摆的电子"不以为然的话，你就用"原子振荡器"来代替好了。）

这个理论又说，原子吸收的能量会平等地分配给它的振荡器（电子），并且，以高频率振荡（摇摆）的电子放射能量也比较有效率。

不过，不幸的是，这个理论却不成立。这个理论证明了一些事情，然而这些事情却是错误的。第一，它"证明"一切热的物体放出的多是高频光（蓝、紫），低频光（红）比较少。换句话说，根据这个古典理论，即使是中等热度的物体，也会像白热的物体一样，放出强烈的蓝白光，只是总量较少罢了。可是这一点错了，中等热度的物体放射的，主要是红光。第二，这个古典理论"证明"高热物体会无限量放出高频光。这一点也错了。高热物体放出的高频光有一定的量。

不过我们现在别管什么高频光、低频光。我们等一下就会解释这些名词。此处要讲的是，普朗克钻研的是古典物理学最后的几个大问题之一，也就是古典物理学对于能量辐射问题的错误预测。物理学家戏称这个错误是"紫外线之祸"。

"紫外线之祸"听起来好像摇滚乐团的名字，却反映了大家关切的一个事实，那就是，高热的物体并不像这一古典理论预测的一般，以紫外线光（1900年当时所知频率最高的光）的形式放射大量的能量。

普朗克研究的现象叫作黑体辐射。黑体辐射是由无反射的、完全吸收的、平直（非光滑）的黑色物体发出的。由于黑色即是毫无颜色（不吸收光也不反射光），所以黑色物体没有颜色——除非我们给它加热。一个黑色物体如果亮起来，发出一种颜色，我们就知道那不是它自己发出或吸收那种颜色，而是我们加于其上的能量的缘故。

说"黑体"，并不一定是指黑色的固体。假设我们有一个金属盒子，盒子上除了一个小洞，完全密封。现在如果我们从小洞向盒子里面看，我们会看到什么？什么都没有；因为，里面没有光。（小洞会跑进一点光，但是不多。）

现在我们在这个盒子上加热，一直加到变红为止。现在我们再向洞里面看。我们看到了什么？我们看到了红光。（你看，谁说物理很难？）普朗克研究的就是这种现象。

在1900年，所有的物理学家都认为，激动的原子之上的电子开始摇摆以后，就连续不停地释放能量，一直到能量逐渐耗尽之后才开始"下跌"，最后能量完全失散。可是普朗克却发现激动的原子振荡器不是这样的。原子振荡器不论是吸收或释放能量，这个能量的量都是一定的。原子振荡器不会一路连续而顺畅地释放能量，然后像发条一样萎缩下去。原子振荡器发射能量的时候，是一阵一阵"喷"出来的；每喷一次，能量水平就降低一次，一直到最后完全不再振荡为止。简单一句话，普朗克发现自然界的变化是"爆破式的"，而不是连续的、平直的。[①]

提出"能束"和"量子化振荡器"的物理学家，普朗克是第一人。他感觉到自己的发现非常重大，与牛顿的发现一样重大。他的感觉是对的。"量子力学"从他以后虽然还要经过 27 年以后才成形，可是物理学的哲学与范式本来就不曾一样过。时至今日，我们已经很难了解普朗克的量子论在当时是多么大胆。哈佛大学的物理学教授吉耶曼（Victor Guillemin）说：

（普朗克）所做的必然是一个激烈的，看似荒谬的假设，因为，依照传统的法则以及常识，大家都认为原子振荡器一旦推动之后，就逐渐地、顺畅地放射能量，然后它的振荡运动才逐渐停止。可是普朗克不得不假定振荡器的放射线是一阵一阵喷出来的，他不得不设想每一个原子振荡器运动的能量既无法推动，也无法逐步减灭。振荡器的能量只能以一次一次跃动的方式改变。能量在振荡器与光波之间来回转换的时候，振荡器必然不只释出放射能，同时也吸收能，方式是不连续的、分立的，一"束"一"束"的……他发明 quanta（量子）这个词来称呼这种能束；讲到振荡器的时候，他就说振荡器是"量子化的"。"量子"这个沛然的概念就这样进入了物理科学里面。（注一）

普朗克不但是量子力学之父，也是普朗克常数的发现者。[②] 普朗克常数恒常不变。物理学家用普朗克常数计算各种光线频率（色彩）之能束（量子）的大小。（一种色彩，其光量子的能量等于这种光的频率乘以普朗克常数。）

---

① "……量子假说已经导向一种观念，那就是，自然界有的变化不是连续式的，而是爆破式的。"——《物理学知识的新途径》（*Neue Bahnen der physikalischen Erkenntnis*），马克斯•普朗克，1913 年。F.d'Albe 译，《哲学》杂志，1914 年，28 卷。

② $h=6.63 \times 10^{27}$ 尔格秒，尔格，计算功的单位。以 1 达因之力，作用于物体，使其作用点移动 1 厘米之功，谓之 1 达因厘米，以此为计功之绝对单位，称为尔格——译注

个别色彩里面，凡是属于同一色彩的能束，能量都一样大。譬如红光，只要是红光的能束，大小都一样。绿光的能束都一样大，紫光的能束也都一样大。但是，紫光的能束比绿光大，绿光的能束比红光大。

换句话说，普朗克发现，光的能量是一小捆一小捆吸收或放出来的。而且，低频光，譬如红光，的捆比高频光，譬如紫光，小。这就说明了热物体之所以那样放射能量的原因。

现在，假设我们把一个黑色物体放在低热源上面加热。这个黑体最先亮起来的颜色将是红色。因为，在可见光的光谱里面，红光的能束最小。但是，随着热度的增高，能量也跟着增加。这样，这比较高的能量就能够把比较大的能束摇下来。比较大的能束也就制造了频率比较高的光，譬如蓝光、紫光等。

然而，随着温度的增高，为什么热金属亮度的增加在我们看起来是那么稳定？热金属亮度的增加其实是不稳定的。亮度不论是上升或下降都有"步伐"，只是这步伐都小到无可想象，所以眼睛看不出来。所以，自然界的这一面若是大规模的——或者说，以宏观层次来看，就隐晦不彰。然而，在亚原子领域，这一面却是自然界的一个性质。

我们这样讨论能束的放射与吸收，如果使你想起玻尔，那就对了。然而玻尔却还要13年以后，才达到他的"电子有一定的轨道"的理论。这个时候，物理学家已经放弃"李子上有摇摆的电子"的原子模型，改用行星模型。这是电子环绕核子而行的模型。[①]

1905年的爱因斯坦

可是从1900年普朗克发现量子，到1913年玻尔分析氢光谱之间，物理

---

① 玻尔认为，自然界安排的电子轨道与核子的距离都是一定的。并且，电子吸收能量的时候，会从最接近核子的轨道（原子的"基态"）向外面跳，最后又回到最里面的轨道；在这个回返的过程当中，电子释出的能束与向外跳时所吸收的能束相等。玻尔认为，供给电子的能量小（低热），它所吸收的能束就小。譬如红光就是。供给电子的能量大（高热），电子吸收的能束就大，就跳得远。回返最低能量状态的时候，释出的能束也就大，譬如蓝光、紫光。所以，金属在低热状态发红光，在高热状态发蓝白光。

学界诞生了一位卓越的物理学家。很少有人具有他那种力量，这个人名叫阿尔伯特·爱因斯坦。26 岁那一年（1905 年），爱因斯坦一连发表了五篇论文，都很重要。其中有三篇成了物理学发展的轴心，在相当大的程度之上，也是西方世界发展的轴心。这三篇论文，第一篇讲光的量子本质，第二篇讲分子运动，第三篇开展狭义相对论。第一篇使他得到 1921 年诺贝尔奖。第三篇所讲的狭义相对论我们以后再讨论。①

现在先讲他关于光的理论。爱因斯坦说，光是由微粒构成的；一束光就好比一连串子弹。这些"子弹"叫作光子。他的观点与普朗克相似，但事实上是超越了普朗克。普朗克发现能量是以能束来吸收和释出的。他说的是能量吸收与释放的"过程"。爱因斯坦则将能本身的量变理论化。

光电效应

爱因斯坦为了证明自己的理论，提到一种现象，叫作光电效应。光撞击金属表面的时候，会从金属的原子上面撞出电子，电子便向外面飞出去。我们只要有适当的设备，就能够计算这些电子的数目，及其行进的速度。

他的光电效应理论是说，每一次有一颗子弹，或者说光子，撞击到一颗电子的时候，光子就会像撞球撞到另一颗撞球一样把电子撞开。

爱因斯坦依据莱纳德（1905 年得诺贝尔奖）的实验建立他的革命性理论。莱纳德的实验显示，在光电效应里，光一撞击到金属，金属里的电子就立刻开始流动。我们一打开光，立刻就产生电子。然而，根据光的波动理论，金属要有光波的撞击，其中的电子才会开始振荡。然后要移动的速度够快，才会脱出金属表面。这就要好几次振荡才行。这就像推秋千一样，要推好几次才可能高过横杆。简单地说，光波动理论预测的是电子延缓式的发射，而莱纳德的实验显示的却是电子立即发射。

爱因斯坦用光粒子理论来解释光电效应里面这种电子立即发射的现象。每次一有光的粒子——也就是光子——撞到一颗电子，就立刻把这颗电子打出它的原子之外。

---

① 这三篇论文各篇都处理一个基本的物理学常数。其一，h，普朗克常数（光子假说）；其二，k，玻尔兹曼常数（布朗运动分析）；其三，c，光速（狭义相对论）。

除此之外，莱纳德还发现，如果我们将撞击光束的强度降低（使光束暗一点），那么弹出的电子数目也就跟着减少，但速度不变。可是，如果改变撞击光束的颜色，速度就变了。

这一点爱因斯坦也用了一个新的理论来说明。根据他的新理论，每一种颜色，譬如绿色，的每一个光子能量都是一定的。降低绿光光束的强度只是减少其中的光子数而已。剩余的光子每一个能量仍然一样。所以，不论是哪一个绿光光子，只要它撞击到一个电子，它就会用绿光光子该有的能量把它撞开。

关于爱因斯坦的理论，普朗克说：

……能的射线减少的时候，光子（能"滴"）并不会跟着变小；它的大小不变，不过彼此相随的间隔较大而已。（注二）

爱因斯坦的理论同时也证明了普朗克革命性的发现。高频光是由高能光子组成的，譬如紫光；但低频光则不然，譬如红光。所以，紫光撞击电子的时候，就会使电子以高速弹出；红光撞击电子的时候，就会使电子以低速弹出。这两种情形不论是哪一种，凡是增加光的强度，弹出的电子数就增加；凡是降低光的强度，电子数就减少。只有改变撞击光的颜色，电子的速度才会改变。

简而言之，爱因斯坦用光电效应告诉我们，光由粒子或说光子构成；并且，高频光的光子能量比低频光的光子多。他这一个发现是一项重大的成就。唯一的问题是，102 年前，已经有一个英国人，名唤托马斯·杨（Thomas Young），证明光是由波构成的。包括爱因斯坦在内，没有人能够证明他错。

波，波长，频率，振幅

从这里，我们开始讲到波了。粒子之为物，它的存在只限于一个地方。波之为物，却是会传播出去。下面我们画出几种波：

这几种波里面，我们只关心最右边的一种。下面我们把这种波画详细一点：

波　　　波的波动　　　波浪　　　数学波

◎图1

"波长"指的是两个相邻的波峰之间的距离。无线电波最长的超过6英里（约9.66公里）。X射线大约只有十亿分之一厘米长。可见光的波长大约都在八十万分之一到四十万分之一厘米之间。

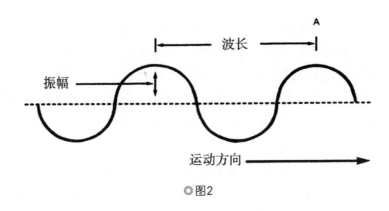

◎图2

"振幅"指虚线以上波峰的高度。下图的三种波振幅都不一样。其中中间的一种振幅最大。

"频率"是指一秒钟之内通过某一定点（前图中A）的波峰数。假设波按照箭头的方向前进，每一秒有一个波峰通过A，那么这个波的频率就是每秒一周。假设每秒有10.5个波峰通过A，那么这个波的频率便是每秒10.5周。假设通过A的波峰数是10,000，频率便是每秒10,000周，依此类推。

波长乘以频率即等于波速。譬如说，假设波长是2英尺（约61厘米），频率是每秒1周，那么这个波就是每秒移动一个波长（2英尺），所以它的波速便是每秒2英尺。如果波长是2英尺，频率是每秒3周，因为这个波每秒移动3个波

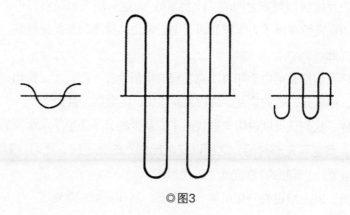

◎图3

长，所以它的波速便是每秒 6 英尺（约 183 厘米）。

这一点都不复杂。譬如说，如果我们知道一个人每秒跑几步，每一步多长，我们就能算出他跑得多快。假设他的步伐长 2 英尺，每秒跑 3 步，他就是每秒跑 6 英尺。我们只要把步伐换成波长，这个方法一样可以施之于波。

但是如果说到光，虽然我们也可以将光波长乘以频率，因此得出光波速。可是这样做却没有必要了。因为，物理学家已经发现，在真空里面，光速"永远"都是每秒 30 万公里。其实，凡是电磁波——包括光在内——莫不皆然。所有光波（蓝、绿、红等）的速度，莫不与无线电波、X 射线等一切电磁射线一样。光速是一个常数，在物理学里用字母 c 来代表。

"c"常数（大约）是每秒 30 万公里，永远不变（如此才叫"常数"）。光不论是往上照还是往下照，高频还是低频，波长是长还是短，向我们照来还是从我们这边照出去，速度都一样，永远都是每秒 30 万公里。爱因斯坦就是根据这个事实，建立了他的狭义相对论。这一点我们以后再讨论。

只是，根据这个事实，我们只要知道频率和波长之一，就可以同时知道另一个。因为，频率和波长两者的乘积恒是真空里每秒 30 万公里。两者之一大，另一个就小。譬如说，假设两数相乘等于 12，而其中之一是 6，那么我们知道另一个必然是 2。如果其一是 3，那么另一个必然是 4。

同理，光波的频率越高，波长必然越短；频率越低，波长必然越长。换句话说，高频光波长短，低频光波长长。

现在让我们回到普朗克发现的事情。普朗克发现的是，光量子的能量随着频率的增加而增加。频率越高，能量越高。能量与频率成正比。所以，普朗克常数是能量与频率之间的"比例常数"。这一层关系虽然简单，却很重要。普朗克常数在量子力学里面居于中心地位。频率越高能量越高，频率越低能量越低。

现在我们把波动力学和普朗克发现的事情合在一起，于是得出：高频光波长短，能量高，譬如紫光；低频光波长长，能量低，譬如红光。

这样，我们就得以说明光电效应了。紫光的光子将电子从金属表面的原子击出，使它飞走的时候，之所以速度比红光的光子快，是因（高频的）紫光光子能量比（低频的）红光光子的能量高。

但是，以上所说的一切虽然非常合理，然而我们却忽略了一个事实，那就是，我们是用波动的术语（频率）在说粒子（光子），用粒子的术语在说波动。这，当然一点都不合理。

现在，如果以上的几页你都了解，那么，恭喜你！你已经精通本书最难的数学。其实，只要你明白波长与频率之间的关系，与波共舞是很容易的。

绕射

波是爱玩的造物，爱跳自己的舞。譬如说，在某些情况下，波会在转角转弯。这叫作绕射。

现在假想我们乘着直升机在一个海港上空飞行。这个港口可以容纳两艘

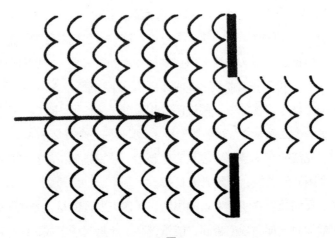

◎图4

航空母舰同时通过。海面并不平静，风浪从外海向着港内直吹。这时从直升机上面往下看，就会看到海浪形成这样的图形：

除了港口，防波堤显然挡住了所有的波浪。通过港口的浪则继续向港内前进，一直到消失为止。

现在再假想港口很小，只容小艇进出。这时从直升机向下看，看到的情形就大不一样了：现在，波浪不是直直进入港口的，而是进入港口以后，在港口周围扩散出去。情形差不多就像其中是一个池塘，而我们往池塘中央丢了一个石头一样。这就叫作绕射。

为什么会有绕射？为什么港口变小会使港内的波形成半圆形扩散出去？

将港口大小与波浪的波长做个比较就会知道答案。在第一种情况里面，港口比波浪之波峰间的距离大了很多，所以海浪就循着直线向港内直直前进（直线传播）。这是波的一般情况。

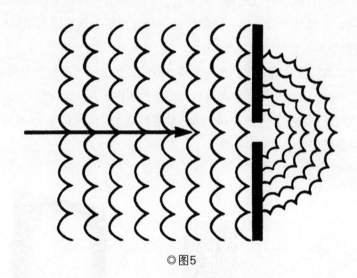

◎图5

第二种情形，港口与海浪的波长差不多一样大，甚或比较小。这就会造成图中的情形。这就是波在这种情形下特有的形态（绕射）。

波从一个开口通过的时候，只要这个开口很小，小到比波的波长小，波就会绕射着通过这个开口。

因为（根据光波论）光就是一种波动现象，所以光波应该一如海浪，有上面两种情形。实际情形也是如此。现在假设我们用一张纸，如下图般切一个开口，然后再在纸的后方置一个光源。这样，它就会在墙上照出这样的投影：

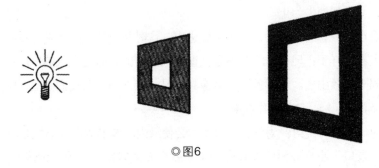

◎图6

这种情形与海浪进入港口类似。这个实验里面，开口的宽度比之光的波长大上几百万倍，所以光就直直通过开口，循着直线投射在墙上，照成一个图案，形状与开口一样。请你特别注意，投影上面亮区与暗区的界线非常清楚。

现在再做一个实验。我们在纸上切一道缝，宽度差不多相当于光波的波长。这次实验，光绕射了。这次亮区与暗区的界限模糊了，亮区在边缘地带逐渐溶入暗区。这一次光束不是循直线前进到墙上，而是像扇子一样扩散出去。这就是绕射光。

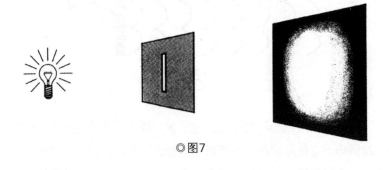

◎图7

以上先说要点，下面就说说故事。

双缝实验

1803 年,托马斯·杨(认为自己)一举解决了"光的本质"这个问题。他做了一个实验,非常简单,可是情节起伏甚大。他在光源(他在一张幕上开一个洞,让太阳光通过这个洞作为光源)前面拉起一张幕,上面有两条垂直的细缝。这两条缝都可以用东西遮起来。

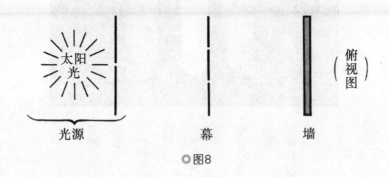

◎图8

幕的另一边是一面墙;阳光穿过细缝之后,将照射在这一面墙上。现在,第一个实验是,遮住一条缝,开放光源。这时光照在墙上出现了这样的情形:

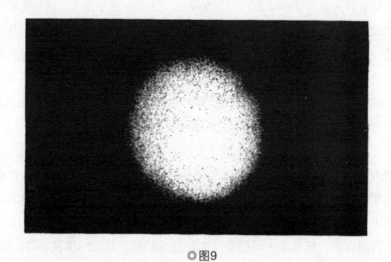

◎图9

可是,当托马斯·杨把两条缝全部开放的时候,他创造了历史。原来以为墙上的光将是两条缝的总和,其实不然。墙上照出来的是光带与暗带交替的景象。其中，中间的光带最亮。中间光带的两边是暗带；然后又是光带，可是比中间的光带暗；然后又是暗带，依此类推，如下图：

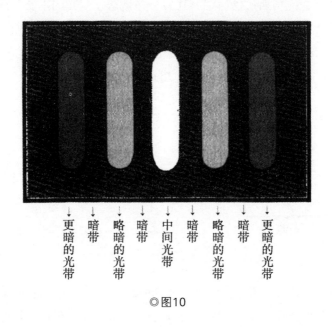

更暗的光带　暗带　略暗的光带　暗带　中间光带　暗带　略暗的光带　暗带　更暗的光带

◎图10

为什么会这样？

答案很简单。然而就是因为答案简单，这个实验才伟大。这种光带与暗带的交替出现，是波动力学里面众所周知的一种现象，叫作干涉。从两条细缝绕射出来的光波彼此互相干涉，就产生干涉现象。这种波有时候彼此重叠，彼此增强，有时候互相抵消。

波峰与波峰重叠的地方，光就增强（这就是光带）。波峰与波谷相遇的地方，由于彼此抵消，所以就没有光照到墙上（这就是暗带）。

这就好比我们把两块石头同时丢到池塘里一样。我们可以从石头入水的地方看到水波扩散的情形。这两个石头制造的水波会互相干扰。彼此的波峰相遇的地方，水波变大；一方的波谷与另一方的波峰相遇的地方，水波消失。

简而言之，托马斯·杨的双缝实验显示的是，光必然像波一样；因为，只有波才会有干涉现象。但是，这样一来就形成一种现象，那就是，爱因斯坦用光电效应"证明"光像粒子一样，托马斯·杨用干涉现象"证明"光像波一样。然而，波不可能是粒子，粒子不可能是波。

事情刚开始！由于爱因斯坦已经"证明"光是由光子组成，所以我们现在就用光子来做托马斯·杨的双缝实验。(这有人做过)[1]假设我们有一支光枪，一次只能发射一个光子。实验一切如前，唯一的不同是这次只开一条缝。现在我们发射光子，光子穿过细缝，打到墙上。此时我们(用照相图版)同时记下"弹着点"。我们发现，这些弹着点刚好都在如果两条缝同开时的暗区。换句话说，如两条缝同开，暗区里记录不到光子。

为了更加确定起见，我们又做了一次实验。可是这一次是两条缝同开。结果一如我们所料，前一次实验的弹着点地区这一次实验记录不到光子。双缝同开，出现干涉现象时，这个地区正好在暗带之上。

问题是，第一次实验的时候，光子怎么知道另外一条缝没有开？想一想这个问题。双缝同开的时候，墙上照出来的"总是"光带与暗带互相交替。这就是说，有一些地区光子是从来不去的(否则就不会有什么暗带了)。如果只开一条缝，就不会有干涉现象，暗带也消失了。这时整面墙都是亮的，其中包括双缝同开时的暗区。

为什么？我们只开一条缝，然后发射光子穿过这一条缝的时候，光子怎么"知道"自己一定会射到双缝同开时暗带的地方？换句话说，光子怎么知道另外一条缝没有开？

"量子论最大的奥秘，"斯塔普说，"在于'信息为什么传得这么快'。"粒子怎么会知道有两条缝？不管什么地方发生了什么事，为什么都会有信息收集起来，用以决定此地将要发生的事？（注三）

这个问题没有人能够回答。但是有些物理学家，譬如瓦尔克(E. H. Walker)认为，这可能是因为光子是"有意识"的。

一切量子力学过程可能都与意识有关……因为，凡是事情发生了，每一件都是一次或一次以上量子事件的结果。这个宇宙"住"着无数意识上极为分立、通常是非思考的实体。这些实体数量几近无限，负责宇宙细部的运

---

[1] 我们这样在双缝实验里假设粒子相的时候，如果不同时假设无定点性，那么我们将违反其中的不确定关系。

作。(注四)

瓦尔克这些话不管对不对,只要真有光子(光电效应已经"证明"有光子),那就可见双缝实验里的光子不论如何都"知道"这两条缝是不是开着,并且也依它所知行动。荣格的因果关联律——"同步"——可能是这种"知道"的另一种解释。

讲到这里,我们就回到了起点:一件东西如果有能力处理信息,并据之行动,这件东西就是"有机的"。所以,说到光子,我们别无他途,我们只有承认,光子——是为能量——能够处理信息并据之行动。所以,不管听起来多么奇怪,光子是有机的。这一来,因为我们自己也是有机的,所以,研究光子(以及其他能量量子),就有可能使我们知道一些我们自己的事情。

波粒二象性

波粒二象性是传统因果论的结束。因为,根据因果论,如果我们知道事情的初始状况,我们就可以预测事件未来的情况;因为,我们知道统御事件的法则。但是,在双缝实验里面,我们所知道的只是,对于单个光子,我们虽然知道它的初始状况,但是无法预测它以后会怎样。

譬如说实验一(只开一条缝),光子通过细缝之前,我们已经知道它的起源(灯)、速度(每秒30万公里)、方向。依照牛顿的运动定律,我们可以预测光子落在照相图版上面什么地方。现在姑且假设我们已经计算出来。

然后我们再来看看实验二(双缝都开)。同样地,光子通过细缝之前我们已经知道它的起源、速度、方向。并且初始条件和实验一完全一样。在同一地发射,以同样的速度前进,射到同样的地方,所以方向也与实验一是一样。唯一的不同只是实验二是双缝都开。现在,让我们再用牛顿的运动定律计算光子落在照相图版之处。

因为在这两个实验里,我们使用的数字、公式都一样,所以我们算出来的答案也一样,也就是说实验一光子撞击的地方与实验二一样。但问题就在这里。因为,事实上实验二的光子撞击地方与实验一并不一样。实验一的光子落下的地方在实验二是黑带。换句话说,尽管实验一和实验二的光子的初始条件都一样,并且亦为我们所知,这两个光子却落在不同的地方。

所以，我们无法预先判断个别光子的路径。我们的确能够事先判断墙上的波形。可是现在我们有兴趣的是个别的光子，而非诸光子合起来的波形。换句话说，我们知道一群光子会产生什么波形以及在波形中怎么分布，但是我们没办法知道哪一个光子会落在什么地方。关于个别光子，我们充其量只能说在某一地发现它的可能性（或然率）多大。

波粒二象性是量子力学里最棘手的问题。物理学家喜欢用有条有理的理论来说明事物，如果办不到，他们也喜欢用有条有理的理论来解释为什么办不到。波粒二象性正好不是有条有理的情况，所以事实上正是由于这种情况没有条理，才逼迫物理学家发现崭新的方法来知觉自然界。这些新的认知架构，比起旧的来说，与人的切身经验符合多了。

对于我们大部分人而言，生活很少是黑白兼具的。但是波粒二象性是一个标志，标示的是传统上"只能是其中之一"这种看待世界的方法已经告终。物理学家已经不再能够接受"光只是粒子或者只是波"这种命题。因为，物理学家已经"证明"光两者皆是，视我们如何看它而定。

爱因斯坦当然知道自己的光子论与托马斯·杨的波动说矛盾，而且自己也没有办法证明波动说错误。他认为有"阴影波"在引导光子。"阴影波"只是一种数学的存有，实际上并没有这种东西。现在有一些物理学家依然用这种观点看待光的波粒二象性。可是在大部分物理学家看来，这个解释太牵强了。这个解释看似合理，事实上不曾说明什么事情。

概率波

由于波粒二象性，才促成我们对于新发现的量子论有了初步的了解。1942 年，玻尔和克拉默斯（H.A.Kramers）以及斯莱特（John Slater）提出了一个看法，认为波粒二象性里面的波是一种"概率波"。概率波是一种数学的存有。物理学家可以利用概率波预测事件发生或不发生的或然率。后来，他们三人的数学经过证明是错误的，可是这个观念的本身却很合理。这个观念和前人提出的观念都不一样。后来，"概率波"这个观念以不同的形式（数学结构）发展成量子力学特有的质素。

按照玻尔他们设想的来看，概率波是一个全新的观念。概率（或然率）并不新，可是概率波却是新的。概率波说的是不论如何已经在发生，可是还没有成真的事物。概率波说的是事物发生的"倾向"。这种"倾向"即使从未成为真实事件，它的存在仍然自然天成，其存在的方式则未能阐明。概率波是这些倾向的数学目录。

概率波与传统的或然率完全不同。在赌桌上掷骰子的时候，从传统的或然率，我们知道掷到我们要的数字的机会是六分之一。可是，玻尔、克拉默斯、斯莱特的概率波绝不只是这样。

海森伯说：

> 概率波意指事物的倾向。以往亚里士多德的哲学里有一个"潜能"（potentia）的概念；概率波即是这个概念一种量的讲法。它引介了一种位于事件之观念与事件之间的东西。这种奇异的自然实在正是介乎可能与实在之间。（注五）

1924 年，普朗克发现量子引发了物理学的地震效应。量子使爱因斯坦发现光子，光子造成波粒二象性，波粒二象性又导向概率波。牛顿物理学顿成昔日之物。

物理学家发现，他们处理的能不知如何总是在处理信息（这使它变成有机），然后又难以言说地用一定的形态（波）呈现自己。简而言之，物理学家发现他们处理的是物理——也就是种种形态的有机能量。

第 **4** 章

事情是这样的

量子力学的程序

量子力学是一种程序，一种看待实相特定部分的特定方法。量子力学只有物理学家才用。依循量子力学这个程序的好处在于，只要我们按照一定的方法做实验，我们就能预测事物产生某些结果的"或然率"。量子力学的目标不在于预测会发生什么事，而在于预测发生各种结果的可能性。物理学家当然也希望自己也能够比较准确地预测亚原子事件；可是，到目前为止，在他们的能力建构范围之内，量子力学是亚原子现象唯一成立的理论。

但是，或然率和宏观事件一样，仍然有一定的规律可循。道理完全一样。我们只要对一个实验的初始条件够了解，就可以用严格的发展规律，计算发生某一结果的可能性多大。

譬如说，在双缝实验里，我们没有办法计算单个光子将撞击在照相图版的什么地方。但是，只要我们有适当的准备，最后又能做适当的测量，那么我们确实能够精确地计算光子落于某处的或然率有多大。

现在，假设我们算出这个光子落在 A 区的或然率是 60%。那么这是不是说这个光子还是可能落在它处？不错，这个可能性的或然率是 40%。

（问一问津得微）在这种情况之中，到底是什么东西在决定光子落于何处？量子论的答案是，纯粹的偶然。

关于量子力学，这个纯粹的偶然正是爱因斯坦反对的项目之一。他之所以从来就不认为量子力学是基本的物理理论，这只是其中一个理由。"量子力学令人感受深刻，"他在给玻恩（Max Born）的信中说，"……可是我相信上帝不掷骰子。"（注一）

40 年后，贝尔（J.S.Bell）证明他应该是对的。可这是另一个故事，后面再说。

预备区

量子力学程序的第一步是，依照一定的规则预备一个物理系统（实验仪器）。这个系统叫作预备区。

第二步是，预备另一套物理系统，用以测量实验的结果。这一套系统叫作测量区。理想上来说，测量区应该远离预备区。当然，对一个亚原子粒子而言，稍微宏观一点距离就已经是很远了。

现在我们就依循这个程序来做双缝实验。首先，我们在桌上放置一个光源，再放一张幕，上面有两条垂直细缝。两者稍微隔开一点距离。这些仪器所在的地方就是预备区。接下来我们在幕的另一边放一张照相图版。这里是测量区。

第三步是将预备区的仪器（光和幕）以及我们知道的事情翻译成数学术语。测量区的仪器（照相图版）亦然。

要做这一步工作，我们必先有一些置放仪器的规则。这就表示在实际操作上我们必须给设置仪器的技师精确的指示。譬如说，我们必须告诉他光和幕之间确切的距离、光的频率与强度、幕上两条缝的尺寸、两者的相对位置、相对于光源的位置等。测量区的仪器亦然。譬如说照相图版要放在哪里、要用哪一种底片，如何冲洗等。

这一切实验设计的规则全部翻译成量子论的数学语言之后，我们再把这些数字全部输入一个方程式里面。这个方程式表达的是一个自然因果发展的形式。请注意，这一句话只说有一个发展的形式，并没有说什么在发展，因为，从来没有人知道是什么在发展。量子力学哥本哈根解释之所以说量子论是完整的理论，其原因在于量子论在每一个可能的实验情况里都有效（亦即可以组织经验，建立其间的关系），而不是说它可以详细地说明事情怎样进行。[①]

---

① 哥本哈根解释的核心是互补论。根据互补论，当就各个可能的波函数做选择的时候，其选择的自由度相当于（至少是包括）一组各种可能的实验布置的自由度。此所以量子论才能够涵盖每一种可能的实验情况或安排。

（爱因斯坦不满的就是量子论不能充分解释事物。因为，量子论只处理群体行为，而非个别事件。）

量子论预测群体事件的时候，确实如物理学家所说的一样有效。譬如说双缝实验，量子论在双缝实验里就准确地预测了光子记录在 A 区或 B 区或 C 区的或然率。

量子力学程序的最后一步，当然就是做实验得出结果。

被观察系统与观察系统

要应用量子论，物理世界必须分为两个部分。一个是被观察系统，一个是观察系统。被观察系统和观察系统与预备区和测量区不一样。"预备区"和"测量区"这种术语讲的是实验仪器的物理组织。"被观察区"和"观察区"则与物理学家分析实验的方式有关。（顺便一提，"被观察"系统也只有与观察系统互动的时候才能观察。并且，就算是这样，我们能够观察的也只限于测量仪器上显示的事情。）

在双缝实验里，光子就是被观察系统。我们在这个实验里捕捉到光子从预备区进行到测量区。凡是量子力学的实验，被观察系统四周的环境就是观察系统——这个环境包括研究这项实验的物理学家。被观察系统若是行进的时候不受打扰（"独自传播"），就会按照一个自然的因果律发展。这个因果发展律叫作薛定谔波方程式。薛定谔波方程式里面所放的数据，就是将实验仪器显示的数据，翻译成量子论数学语言之后的数据。

这些已经翻译成量子论数学语言的实验规则，每一组都相当于物理学家所说的一个"可观测对象"。只要我们所翻译的实验规则得到满足，那么可观测对象就是实验的要点，并且物理学家也认为这是一种固定的，已经决定的性质。对于一个测量区，我们翻译成数学语言的实验规则可以有好几组。每一组相应于一种可能的结果（也就是光子落于 A 区的可能性、落于 B 区的可能性、落于 C 区的可能性等）。

测量区与预备区里面每一组可能的状况，其实验规则在数学里都相当于一个可观测象。[1]一个可观测象，在经验的世界里，则是实验规则可能（在我

---

① 设若 A 和 B 各是一组实验规则，A 和 B 皆可以翻译成一个相应的理论描述 A 或 B，（转下页）

们的经验中）发生的事件。

作为关联物的光子

换句话说，预备区与测量区之间的被观察系统所发生的事，要用数学来表达成两个可观测对象（生产与检测）之间的关联。然而，我们知道双缝实验里的被观察系统是一个粒子——光子。用另外一种说法来说就是，这两个可观测对象之间的关系竟然是一个光子。这和"基本粒子"这种积木观差太多了。几百年来，科学家一直想把实在界化约成再也无法分解的实体。可是，当他们已经这么接近目标的时候（光子的确非常"基本"），却发现基本粒子没有自己的存在。想一想这多么令人惊讶！

斯塔普在为原子能委员会写的论文里说：

……基本粒子不是一种独立存在的、无可分析的实体。本质上，基本粒子是一组向外探触他物的关系。（注二）

不只这样，物理学家为这样的"一组关系"构筑出来的数学图像，反过来竟然与真正的（物理的），会运动的粒子的图像很相像。[①]统御这样的一组关系运动的方程式，正是统御真实粒子运动的方程式。

斯塔普说：

可观测对象之间的长程关联拥有很有意思的性质。统御（长程关联）这一种效应的传播之运动方程式，即是自由运动粒子的方程式。（注三）

其实自然界里事物并没有什么"关联"。在自然界里，事物就是事物，没有别的，不过是周期罢了。"关联"只是我们用来描述我们所"知觉"的

（接上页）分别对应于一个可观测象。可观测象在数学里是 A 或 B。在我们经验世界里，则是符合一定规则的情形下可能（在我们的经验里）发生的事情。

　　① 这时的粒子用波函数来表示。波函数（经过正确的平方，得到一个概率函数之后）几乎已经具备概率密度函数所有的性质；独缺一样，那就是正性质。

事物的概念。只有人才会有"关联"这个概念，只有人才会有"关联"这两个字。因为，只有人才会用概念和文字。

"关联"是一种概念。亚原子粒子即是种种关联。如果我们不创造概念，就不会有什么概念——其中当然包括"关联"这个概念。一句话，如果我们不在这里创造粒子，根本不会有粒子！[①] 独自发展的被观察系统是量子力学的基础。"独自发展"这句话所说的"独自"指的是我们将预备区与测量区分隔之后所创造的那种"孤立"。我们说这种状态是"孤立"的，但是，事实上又有哪一样东西是孤立的呢？或许只有宇宙整体例外。（它能孤立于什么东西之外呢？）

事实上我们所创造的"独自"只是一种理想。有的人有一种观点，认为只有量子力学才能使我们从根本无可分割的整体里面，将光子理想化出来，然后我们才能研究光子。然而，事实上却是因为我们研究光子，才使光子与根本无可分割的整体孤立了。

光子不曾独自存在。真正独自存在的只有种种关系的网络（各行各色的形态）形成的一个无可分割的整体。个别的实体不过是一种理想，是我们创造的一种关联。

简而言之，依照量子力学所说，物理的世界：

> ……不是由独立存在的、无可分割的实体筑起的结构，而是各个要素之间的关系形成的网络。其中各个要素的意义整个来自它自身对于全体的关系。（注四）

这样的新物理学听起来像极了古老的东方神秘主义。

---

① 从实用的观点看，除非借用概念，否则我们无法说明世界。然而，就算在概念的世界里面，粒子也不见得有独立的存在。粒子只是在理论里用波函数表示出来的东西。而波函数只有在粒子与（宏观的）他物的关联中才有意义。

"桌子""椅子"等宏观物体的确有某种直接经验意义。这就是说，我们直接按其条件组织我们的感官经验。这种经验因为是这样，所以我们相信这些物体有其持续性的存在，在时空中有明确的位置。此一位置合乎逻辑地独立于其他物体。然而，一旦深入粒子这一层次，这个"独立存在"的概念就化为乌有了。从实用的观点来看，"粒子层次上的独立实体"这个概念有其限度。此一限度重点在于，即便是桌子、椅子这些工具，对我们而言也只是关联性的经验而已。

动态地（亦即随着时间而变化地）显示可能性即是预备区和测量区之间发生的事情。这种事情是根据薛定谔波动方程式产生的。只要是在这种种可能性发展的过程当中，不管是什么时候，我们都可以判定其中一个发生的或然率。

光子落在 A 区是一个可能性，光子落在 B 区是另一个可能性。然而，一个光子却不可能落在 A 区的同时又落在 B 区。诸种可能性之一成真，其他可能性成真的或然率就降为零。

一个可能性怎么样才会成真？一个可能性之所以成真，是因为"我们去测量"的关系。因为，测量干涉了可能性发展的过程。换句话说，测量干涉了被观察系统在孤立状态中发展的过程。被观察系统里面有种种潜势。这种种潜势都是孤立状态的被观察系统的一部分。我们一干涉（由薛定谔波动方程式统御的）被观察系统，就会使其中一种成真。譬如说，只要我们在 A 区检测光子，光子落在 B 区等其他地方的可能性就没了。

波函数

预测区和测量区之间种种可能性发展的过程，必须用一种特别的数学实体来表示，这种数学实体物理学家叫作"波函数"。因为，这种函数在数学里看起来一如波动，不断变化而又增生。要言之，薛定谔波动方程式统御了（预备区和测量区之间的）被观察系统（这里的例子里是一个光子）在孤立中发展的过程。这个过程以数学的波函数来表示。

波函数是数学上虚构的东西，用来表示被观察系统一旦与观察系统（测量仪器）互动之后，被观察系统的种种可能性。被观察系统从离开预备区一直到与观察系统互动之间，不论什么时候，其波函数的形式都可以经由薛定谔波动方程式来计算。

概率函数

波函数计算出来以后，我们可以再做一个简单的数学运算（将其振幅平方），得出另一个数学实体，叫作概率函数（专业一点，就叫作概率密度函数）。这个概率函数告诉我们的是某一个时候各个可能性发生的概率。这种可能性以波函数表示。波函数用薛定谔波动方程式来计算，处理的对象是可能性；概率函数以波函数为基础，处理的对象是或然率。

可能与或然不一样，譬如夏天下雪，事情可能，但不怎么或然。若是在南极，那么夏天下雪不但可能，而且甚为或然。

波函数与概率函数的差别在于，一个被观察系统的波函数就是一份数学式的目录。这一份数学式的目录亦即一种物理描述，说明我们测量一个被观察系统的时候，这个被观察系统可能发生什么事。概率函数则告诉我们这些事件真正发生的概率多大。概率函数说，"这件事（或那件事）有发生的机会"。

本来，被观察系统一直快快乐乐地依照薛定谔波动方程式在产生各种可能性，可是等到我们一进行测量，也就是想看看有什么事发生的时候，我们就干涉了被观察系统独自发展的过程。这时，所有的可能性——除了一个——的或然率便变成零。然后，这个可能性——也就是除掉的这一个——的或然率就变为一，这意思就是说这个可能性成真了。

波函数的发展过程有一定的准则，这个发展过程我们用薛定谔波动方程式来计算。由于概率函数以波函数为基础，所以，可能发生的事情的概率必然也是依据薛定谔波动方程式按一定的过程发展的。

因为这样，我们才能够准确地预测事件的或然率。但是我们无法预测事件的本身。我们想要什么结果，我们可以算出这个结果的或然率。可是，我们一旦做了测量，真正的结果就可能是我们要的那一个，也可能不是我们要的那一个。光子可能落在 A 区，也可能落在 B 区。根据量子论，哪一个可能性成真纯属偶然。

讲到这里，我们再回到前面的双缝实验。在这一个实验里，我们无法预测光子会落在什么地方。我们只能计算光子最可能落在何处，第二可能落在何处，依此类推。[①]

现在假设我们在第一条缝和第二条缝都放一个光子检测器，然后再从光源发射光子。发射以后，第一条缝或第二条缝早晚总会有一个光子通过。这

---

① 符合规则——只要是可以规划为密度函数的规则——的或然率我们都可以预测。不过，严格说来，我们并不能完全地预测或然率。我们只能预测两个状况（一开始的预备状况和最后的检测状况）之间的转移或然率。这两个状况都用一个连续函数 X 及 P（位置与动量）来表示。

时这个光子有两个可能：一个是通过第一条缝，第一个检测器启动；另一个是通过第二条缝，第二个检测器启动。这两个可能性不论是哪一个，每一个都已经包含在这个光子的波函数里面了。

姑且让我们说我们检查检测器以后，发现第二个检测器启动了。我们一知道光子在第二条缝通过，也就同时知道它不在第一条缝通过。换句话说，那个可能性已经不再存在。这样，这个光子的波函数也就变了。

测量之前，这个光子的波函数的图标有两个隆起：一个表示光子通过第一条缝，第一个检测器启动；另一个表示光了通过第二条缝，第二个检测器启动。

我们一检测到光子通过第二条缝，光子通过第一条缝的可能性即不再存在。这时，图示里面表示这个可能性的隆起遂变为直线。这种现象叫作波函数崩塌。

量子跃迁

照物理学家这么说，波方程式似乎表现了两种发展模式，很不一样。一种是顺畅的、动态的。我们可以预测这种发展，是因为这种发展符合薛定谔波动方程式。另一种是突兀的、中断的（又来了，这三个字）。这种发展模式就是波函数崩塌。波函数的哪一个部分会崩塌纯属偶然。从第一种模式转移到第二种模式叫作量子跃迁。

量子跃迁不是舞蹈。量子跃迁是，除了实现的那一个，波函数其余的发展对象全部崩塌。情形如此，被观察系统数学上的表示，遂如实地从一种情况跳到另一种情况。此时我们看不到介乎这两种情况之间的发展过程。

在量子力学实验里，被观察系统从预备区进行到测量区而完全不受干扰的时候，是依照薛定谔波动方程式发展的。这期间，凡是其中可能发生的事都会显示为发展中的波函数。但是，被观察系统一旦与测量仪器（观察系统）互动，这种种可能性之一便实现为真，其余的则完全消失，不再存在。从这种多面的潜势转为单单只有一个实现，就是量子跃迁。

量子跃迁也可以说是从一个理论上无限维度的实在，跃向一个三个维度的实在。因为，被观察系统在受到观察以前，事实上它的波函数一直向着许多数学维度增生。

以双缝实验里的光子的波函数来说好了。这个光子有两个可能性：一个是通过第一条缝，第一部检测器启动；另一个是通过第二条缝，第二部检测器启动。这些可能性，每一个都要用一个存在于3个维度与1个时间的波函数来表示。这是因为我们的实在界本来就有3个维度——长、宽、高——和1个时间的缘故。描述物理事件而想要准确，我们就必须说明它在何时何地发生。

要说明一件事情何处发生需要3个"坐标"。假设有1间空房子，里面飘浮着1个隐形气球。现在，如果我们想指出这个气球的所在，我们就必须说："从某一个角落，沿着某一面墙走5米（第一维度），接着背墙向外走4米（第二维度），那个地方向上3米（第三维度），气球就在那里。"每一个可能性都存在于3个维度和1个时间里。

所以，如果一个波函数说的是2个粒子的可能性，1个粒子3个维度，那么这个波函数便存在于6个维度里。如果一个波函数说的是12个粒子的可能性，那么这个波函数便是存在于36个维度里！①

但是，36维空间我们的眼睛是看不到的，因为我们的经验仅限于三维空间。不过，36个维度是这种情况的数学表达。

此处我们思考的要点在于，在量子力学实验里，我们一旦做了测量——也就是，被观察系统一旦与观察系统互动——我们就会将多维度的实在化约成3个维度的实在，以便与我们的经验兼容。

譬如说，假设我们计算一个从4个点检测光子的波函数，这个波函数便是一个4件事同时存在于12个维度的数学实在。原则上，就算是表示无限事件同时存在于无限维度的波函数都是可以计算的。但是，一个波函数不论多么复杂，只要我们一做测量，我们立刻就会把这个波函数化约成一种与三维实在兼容的形式。这种形式也就是经验实在的唯一形式，瞬间不离，随时可见。

---

① "一个系统包含n个粒子"这种状态每次都用一个3n维度空间的波函数表示。个别观察这n个粒子的每一个，它的波函数便化约成一种特殊形式——亦即n个波方程式的产物；这n个波方程式每一个都是三维空间。所以，波函数里面维度的数量是由系统里面的粒子决定的！

现在，我们就要问问题了："波函数到底是什么时候崩塌的？所有为被观察系统而发展的可能性，除了一个，其余的到底是什么时候消失的？"

到目前为止，我们都说波函数是有人看着被观察系统的时候崩塌的。不过这只是种种看法之一（只要讨论到这个问题，任何主张都是一种看法）。有人说，波函数是在"我"看着被观察系统的时候崩塌的。还有人说，波函数是在我们做测量（即使是用仪器）的时候崩塌的。照这个说法，我们在不在现场观看都不要紧。

设若实验的当时没有人牵涉其中，整个实验完全自动进行。光源发射光子以后，这个光子的波函数包含光子通过第一条缝，第一部检测器启动的可能性，也包括通过第二条缝，第二部检测器启动的可能性。

现在姑且假设第二部检测器记录到光子。

若是根据古典物理学，光源发射的光子确实是一个粒子。这个光子从光源行进到第二部检测器检测到它的那一条缝。我们虽然不知道这个光子转移时的位置，可是只要我们知道方法，我们自可断定。

然而根据量子力学，事情却并非如此。光源和幕之间并没有一种叫作光子的真实粒子在行进。光子要到第二条缝实现了一个光子才有所谓光子。那个时候之前，有的只是一个波函数。换句话说，在这之前，有的只是光子在第一条缝实现或者在第二条缝实现的可能性。

依照古典的观点，光源和幕之间确实是有一个粒子行进，通过第一条缝的可能性是 50 / 50，通过第二条缝的可能性也是 50 / 50。但是依照量子力学，检测器启动以前没有光子，有的只是一个潜势在发展。光子在这个潜势里面会走向第一条缝，也会走向第二条缝。这就是海森伯听说的"介乎可能与实在之间的一种奇异的物理实在"。（注五）

这样说已经是最清楚的了。将数学翻译成白话的确不再那么精确，可这不是问题。把数学学好一点，依循薛定谔波动方程式，我们看这个现象会比较清楚。不过，不幸的是，看清楚以后反而伤脑筋了。

问题在于我们已经习惯于简单地看世界。我们习惯于认为一件东西要不就是在那里，要不就不在。不管我们看着或者没看着都一样。我们的经验告诉我们物理的世界是坚固的、真实的，与我们相互独立。不过，量子力学却（轻描淡写地）说不是这样。

假设有一个实验师，他完全不知道实验是全自动的。他走进屋子里想看看哪一部检测器记录了光子。他看着观察系统(检测器)的时候可能看到两件事情。一个是他可能看到第一部检测器检测到光子。另一个是他可能看到第二部检测器检测到光子。所以，观察系统(现在的观察系统是实验师)的波函数有两个隆起，分别属于两个可能性。

若从量子力学上来说，这两种情况在实验师观看检测器之前都是存在的。但是一旦他看到第二部检测器启动，第一部启动的可能性就消失了。这时，测量系统的波函数上面的这一个部分也就跟着消失。于是，对实验师而言，第二部检测器记录了光子就是他的实在。换句话说，原来的观察系统因为实验师的关系变成了被观察系统。

现在，假设主控实验的物理学家进来核对实验师的观察所得。他想知道实验师在检测器上面看到什么东西。对于实验师，这时就有两种可能性。一个是实验师看到第一部检测器记录了光子，一个是实验师看到第二部检测器记录了光子。依此类推。[①]

到了这一地步，波函数分裂为两个隆起(每个各代表一个可能性)的情形，已经从光子发展到检测器、实验师、主控者身上。这种可能性的增生便是薛定谔波动方程式统御的发展过程。

若是没有人的知觉，这个宇宙便循着薛定谔波动方程式不断发生极多的可能性。然而，有了人的知觉，这知觉的效应就立即而且巨大。有了人的知觉，代表被观察系统的一切可能性，除了一个，立刻全部塌缩。而这例外的一个便实现为实在。没有人知道为什么所有的可能性会有一个成真而其余的消失。这种现象只有一个规律，而这个规律却是统计的规律。换句话说，这个现象纯属偶然。

测量理论

光子、检测器、实验师、主控者等的波函数分裂为两部的情形，叫作

---

① 若要看数学上对这种情况简明的表达，在测量理论里，从光子(系统，S)到检测器(测量仪器，M)到实验师(观察者，O)这整个过程可以用一个数学的"句子"表达如下：$(\Psi_S^1 + \Psi_S^2) \otimes \Psi_M \otimes \Psi_O \rightarrow \sum(\Psi_S^1 \otimes \overline{\Psi}_M^1 \otimes \overline{\Psi}_O^1) + \sum(\overline{\Psi}_S^2 \otimes \overline{\Psi}_M^2 \otimes \overline{\Psi}_O^2)$。

"测量问题"，有时候又叫作"测量理论"。[①] 假设光子的波函数有 25 个可能性，那么，测量系统、实验师、主控者的波函数也就都有 25 个隆起。这以后我们才有一个知觉，然后波函数才崩塌。从光子到检测器，到实验师，到主控者……我们可以一直这样持续下去，到最后就是整个宇宙。又是谁在看着宇宙呢？换句话说，宇宙是如何实现的呢？

这个问题的答案不过是在绕圈子。谁在实现这个宇宙？答案是：我们在实现这个宇宙。因为我们是宇宙的一部分，所以宇宙（和我们）都在自我实现。

这样的思想方向与佛教心理学的某些层面实在很接近。物理学对未来的意识模式必然会有重大的贡献，这就是其中之一。

量子力学的形而上学

量子力学哥本哈根解释也说了，只要量子力学在所有可能的实验状况里成立（正确的组织经验，建立其间的关系），我们就不必"躲在后面偷窥到底发生什么事"。我们没有必要知道光是如何显示为粒子又显示为波。我们只要知道光是这样的，利用这种现象预测或然率就够了。换句话说，量子力学已经统一了光之为粒子与波的这两种特性。可这是有代价的，那就是，量子力学不描述实在。

凡是想描述"实相"，这种努力到最后都会转移到形而上学思维的领域。[②] 这并不是说物理学家不做形上思维。很多物理学家都做形而上学思维，譬如斯塔普就是。

他们是这样推论的，波函数是量子力学基本的理论量。波函数对可能发生什么事做一种动态的（波函数会随着时间改变的）描述。不过，波函数到底描述了什么东西？

根据西方思想，这个世界基本上分为两面，一是物质，一是观念。物质面与外在世界有关。外在世界大部分皆视为由坚硬而无反应的材料构成，譬

---

① 这里提出的测量理论主要是纽曼（John von Neumann）1932 年所讨论的测量理论。

② 其实，波函数就是物理学家对于实在界的描述。唯一的问题在于如何解释波函数，以及波函数是否是所有可能的描述里面最好的（或者只是唯一适合物理学家用语的一种）。

如岩石、金属等。观念面则是我们主观的经验。历史上，调和两者便是宗教的一个课题。主张这种种看法的哲学有唯物论（这是说，尽管我们有一些别的什么印象，可是这个世界是物质的世界）、唯心论（虽有种种表象，可是这个世界是观念的世界）。问题是，波函数呈现的是哪一面？

依照斯塔普阐释的正统量子力学观，答案是，波函数呈现的东西既有观念的特性，也有物质的特性。[1]

譬如说，波函数所代表的被观察系统在预备区和测量区之间独自传导的时候，会依照一定的规律（薛定谔波动方程式）发展。符合因果律的时间性发展都是物质特性。所以不论波方程式代表的是什么东西，这个东西就有物质相。

然而，波函数代表的被观察系统一旦（在我们做测量的时候）与观察系统互动，就会顿然跳到一种新的情况。这种"量子跃迁"式的转移都是观念特性。观念（譬如事物的知识）的变化可以是中断式的，并且实际上也是中断式的。所以不论波动方程式代表的是什么东西，这个东西就有个观念相。

严格说来，波函数代表的是量子力学实验里的被观察系统。用普通的话来说就是，波函数所描述的，已经是物理学家所能探索的最根本层次（亚原子）的物理实相了。依据量子力学，波函数已经是那个层次的物理实相"完整"的描述。大部分物理学家都认为，除了波函数，想对经验之下的次结构有更完整的描述已经不可能了。

"等一下！"津得微说（他是从哪里冒出来的？），"波函数的描述由坐标（3、6、9等）和时间构成。这怎么会是实相的完整描述？我的女朋友跟一个吉卜赛人跑去墨西哥，想想看我心里的滋味如何？这种事波函数要怎么说？"

这种事波函数什么都不说。量子论所谓的波函数是"完整的描述"指的

---

[1] 波函数既然是我们了解自然界的工具，当然就是我们思想里的东西。波函数代表物理系统的某些规则。就科学家与实验师所同意者言，规则是客观的，然而规则却离不开思想。再说，一个物理系统可以符合许多组规则；一组规则亦有多个物理系统符合。这些特性都是观念的特性。这时，波函数虽说是客观的，可是也以同样的程度表现了观念。

可是，这些规则翻译成波函数之后，波函数却是依循一定的规律（薛定谔波方程式）发展的。这就是物质面了。那发展的东西所描述的只是或然率而已。你可以认为或然率描述的是存在于思想之外的事物，也可以认为是只存在于思想之内的事物。因为这样，所以波函数呈现的就兼具观念与物质的特性了。

是物理实相的描述。不论我们怎么看、怎么想，感觉又如何，波函数只有尽可能完整地描述我们是何时何地做这件事的。

由于我们认为波函数是物理实相的完整描述，又由于波函数描述的东西既近似物质，又近似观念，所以物质实相必然又近似物质，又近似观念。换句话说，这个世界必然不是表面上看起来的模样。不论听起来多么不可置信，正统量子力学的观点得到的正是这个结论。物理世界"看起来"是完全的实存（substantive，意即由"材料"构成）。但是，就"实存"这两个字通常的意义（百分之百物质，百分之零观念）而言，物质世界既然有观念相，就不是实存的。斯塔普说：

> 量子力学坚决地认为，对于经验之下的次结构，要有比量子力学更完整的描述是不可能的。如果这个态度是对的，那么就实存这一个词通常的意义而言，实存的物理世界是没有的。这里的结论并不是一个保守的结论，说什么"可能"没有实存的物理世界；这里的结论是，根本没有实存的世界。（注六）

可是这意思也不是说这个世界完全都是观念。量子力学哥本哈根解释并没有走到"幕后才是实相"的地步。不过哥本哈根解释的确是说这个世界不是表面所见的模样。哥本哈根解释说，我们所知觉而认为是物理实相的，实际上是我们对它的认知构造。这个认知构造看起来或许是实存，但是讲到物理世界的本身，量子力学哥本哈根解释则直截了当地下结论说"不是"实存。

这个说法乍看之下实在违背常理，偏离经验，于是我们便想斥之为象牙塔知识分子的产物。但是，我们实在不应该这么鲁莽。理由如下：

第一，量子力学是一个合乎逻辑，前后一致的体系。它不但内部一致，而且也与一切已知的实验一致。

第二，我们平常对于实相的观念与实验证据不合。

第三，这样看世界的不只物理学家，很多人都有这种看法，物理学家不过是初来乍到。印度教和佛教徒大部分看法近似。

所以，就是排斥形而上学的物理学家显然也难以规避。讲到这里，我们与最先下海描述"实相"的物理学家接头了。

到目前为止，我们的讨论都是根据量子力学哥本哈根解释进行的。但是，无可避免地，这个解释也有瑕疵。它的瑕疵在于测量问题。一个观察系统进行的那种检测，必须先使被观察系统的波函数崩塌，变成物理的实相之后，才能进行。否则"被观察系统"就只是一大堆不断繁殖的、依照薛定谔波动方程式所产生的可能性，而不会有物理的存在。

但是，埃弗莱特（Hugh Everett）、惠勒（John Wheeler）、格雷厄姆（Neill Graham）提出一个理论，用最简单的方法解决了这个问题（注七）。他们说，波函数是真正的东西。波函数所代表的可能性全都是真的，"全部都会发生"。但是，依照量子力学正统的解释，一个被观察系统的波函数所含的可能性只有一个会实现，其余的则全部消失。但是埃惠格（埃弗莱特、惠勒、格雷厄姆）理论说，这些可能性其实"全部"都实现了，只不过是在与我们并存的其他世界实现的罢了！

讲到这里，让我们再回到双缝实验。光源发射光子，光子可能通过第一条缝，可能通过第二条缝。第一条缝和第二条缝各置一个检测器。不过我们这次再加一个实验程序，这个程序是：如果光子通过第一条缝，我就上楼；如果光子通过第二条缝，我就下楼。这一来就有两个可能，一个是光子通过第一条缝，第一部检测器启动，我上楼；另一个是光子通过第二条缝，第二部检测器启动，我下楼。

根据哥本哈根解释，这两个可能性是互相排斥的。因为，我不可能同时上楼又下楼。

但是，根据埃惠格理论，波函数"崩塌"的时候，宇宙便分裂为二。我在其中一个上楼，在另外一个下楼。我有两个版本，各干各的事，不知彼此。他们（也就是我们）的路途不会交会，因为这两个世界从原来的世界分裂为二之后，就永远各成实相的一个分支了。

量子力学的多重世界解释

换句话说，若是根据量子力学哥本哈根解释，薛定谔波动方程式的发展，产生了无数不断繁殖的可能性。但是，若是根据埃惠格理论，那么薛定谔波动方程式的发展则产生了无数不断繁殖的"实相的分支"。这个理论要说得恰当的话，就叫作"量子力学多重世界解释"。

理论上，多重世界解释的好处是它不需要一个"外在的观察者"来使波函数其中所含的一个可能性"崩塌"成物理的实相。根据多重世界理论，波函数是不会崩塌的。波函数只是根据薛定谔波动方程式发展，不断分裂而已。在这样的一次分裂里面，如果有一个意识在场，那么这个意识也就跟着分裂。它的一部分与实相的一支产生关系，另一个（或者说，其他的）部分与另一支（或者说其他的）实相产生关系。在经验上，其中每一支实相对另一支实相而言，都是不可接近的。所以其中的意识也就认为自己所在的实相是实相的整体。所以，意识的作用（设若与测量行为有关的话）虽然在哥本哈根解释里面居于核心的地位，可是在多重世界理论里面，却是次要的。

然而，对于物理实相各分支之间关系的结构，"多重世界"这种描述听起来有若一种神秘统一观的可测量版。一个集成的系统里面，每一个次系统的状态与其他的次系统的状态都有一个独特的关联。（在这种情形之下，所谓"集成的系统"意指观察系统与被观察系统两者的一种结合。换句话说，被观察系统的每一个系统的状态都与观察系统的某一个状态有关联。）

这种情形换一种说法就是，不管是实相的哪一个分支，只要是作为观察系统与被观察系统互动的结果而可能向我们"实现"，在多重世界理论都只界定为"将代表观察系统与被观察系统的波函数解组的一个途径"。根据这个理论，除了实现的这一个，其他"可能"由同一个互动产生的状态事实上都"真的发生"了，不过只是在其他实相的分支发生罢了。这些实相的分支每一个都是"真的"。我们将全体的波函数解组的一切途径都是由这些分支组成的。

既然如此，测量问题就不再是问题了。总而言之，测量问题就是"谁在看这个世界"，不过多重世界理论却说，要使宇宙实现，并不需要先使波函数崩塌。被观察系统的波函数所含的一切互相排斥的可能性，在波函数崩塌的时候，（根据哥本哈根解释）虽说只有一个实现，但事实上都实现了，不过不在宇宙的这个分支罢了。譬如说，在我们的实验里，波函数所含的一个可能性在宇宙的这个分支实现（我上楼），另一个可能性（我下楼）则在另一个分支实现。我在这一个分支里上楼，在另一个分支里下楼。两边的"我"都不知道对方。两边的"我"都认为他的分支就是全体宇宙。

多重世界理论说，宇宙是有的；凡是能够将自己解组为可能实在的途径，这个宇宙的波函数都已经呈现。我们全部已经在一个大箱子里面，不必再从外面看这个箱子来使它实现。

在这一点上面，多重世界理论实在耐人寻味。因为，爱因斯坦的广义相对论也说我们的宇宙就像一个大箱子。而且，如果真是如此，我们永远不可能来到"外面"。[1]

薛定谔的猫

"薛定谔的猫"（Schrödinger's Cat）总结了古典物理学、量子力学哥本哈根解释、量子力学多重世界解释三者的差异。"薛定谔的猫"是很久以前那个发现薛定谔波动方程式的名人设下的困境：

有一个箱子，里面关了一只猫。里面还有一部仪器，可以放出瓦斯，立即将猫杀死。决定这部仪器会不会放瓦斯的是一个随机事件（一个原子的衰减）。除了向箱子里面看，我们无从知道里面发生什么事。箱子现在封起来，实验开始。一会儿之后，我们知道仪器要么就是已经放出瓦斯，要么就是没有放出瓦斯。问题是，如果不看里面，我们无法确定里面到底会发生什么事。（这使人想起爱因斯坦那打不开的手表。）

若是根据古典物理学，猫要么死了，要么没死。我们只要打开箱子看看就知道了。可是根据量子力学，事情就没有那么简单。量子力学哥本哈根解释说，此时猫的情况是一种过渡状态。呈现这种状态的波函数包含猫死的可能性，也包含猫不死的可能性。[2]我们看箱子以后，这两个可能性就一个成真，一个消失。这就叫作波函数的崩塌，因为，波函数里面代表那个未发生

---

[1] "我们如何将传统的量子力学公式用在时空（这是指相对论所说的四维空间，不是各指时间与空间）几何学之上？这个问题在封闭的宇宙这个情形下特别尖锐。封闭的宇宙这个系统之外没有一个地方可以让我们站着来看它。"——埃弗莱特（Reviews of Modern Physics，29，3，1957，455）

[2] 事实上，由于热力学不可逆转过程的强大力量，猫这么大的宏观物体能不能由波函数呈现是一个问题。不过长久以来"薛定谔的猫"一直都是用来向物理专业学生说明量子力学那令人心智动摇的一面的。

的可能性的隆起崩塌了。我们必须向箱子里面看，才会有一个可能性发生。这之前有的只是一个波函数。当然这样说其实毫无意义，因为，经验告诉我们，我们放进去的是猫，实验之后，里面还是猫，不是波函数。唯一的问题是猫是死的还是活的。但是，不论我们有没有看箱子里面，里面都是猫。我们就算跑去度假以后再回来看箱子，对猫而言并没有差别，它的命运早在实验开始的时候就决定了。

这是一种常识观。这种常识观也是古典物理学的观点。根据古典物理学，我们观看一件东西因而得知一件东西。但是根据量了力学，我们观看一件东西，因而才"有"一件东西！所以，猫的命运是我们向箱子里面看时才决定的。

量子力学哥本哈根解释和量子力学多重世界解释都说，对我们而言，猫的命运要到我们向箱子里面看时才决定。可是看箱子以后会怎样，两者的说法却不一样，这要看我们遵循哪一个解释而定。

若是根据哥本哈根解释，就在我们向箱子里面看的那一刻，代表猫的那个波函数所含的可能性之一实现，其余的消失。猫不是死就是活。若是根据多重世界解释，就在原子衰减（或者根本就不衰减，看我们说的是实相的哪一个分支而定）的那一刻，这个世界便分裂为两个，每一个各有一个猫的版本。代表猫的波函数并不崩塌，因为猫既死又活。除了这个，就在我们看箱子的那一刻，我们的波函数也分裂为二。一个与猫死的实相分支相连，一个与猫活的实相分支相连。两者的意识都不知道对方。

要言之，古典物理学认为世界是有的，看起来是什么样子就是什么样子。量子力学则容许我们保留一个可能性，说这个世界不是这样。量子力学哥本哈根解释规避了"这个世界真正是什么样子"，不做描述，但是下结论说，这个世界不论真正是什么样子，总不是实存的（一般所说的意思）就是了。量子力学多重世界解释则说，我们有许多版本的自己同时活在许多个世界，数量无算，全部都是真的。

除了以上这些，关于量子学还有种种解释，不过都过于乖违。

量子物理学实在比科幻小说还要诡异。

量子力学是一种理论，也是处理亚原子现象的一种程序。一般来说，除了有机会使用精密(而又昂贵)设备的人,其他人绝无可能接触到亚原子现象。但是,即使是用最昂贵、最精密的设备,我们看到的也只是亚原子现象的效应而已。亚原子领域超越感官知觉的限度之外(眼睛适应黑暗之后,可以察觉到个别的光子。除此之外,其他的亚原子粒子都只能用间接的方法检测),也超越理性了解的限度之外。当然,关于亚原子粒子我们已经建立了理性的理论,不过这个"理性"已经延伸,把以前认为无理或者(至少)是非难解的理论包括在内了。

我们生活的世界,我们这个高速公路、浴室……各种人的世界,看起来离所谓波函数、干涉的确甚为遥远。简言之,量子力学的形而上学是从微观跳跃到宏观的,不过这个跳跃却没有证据支持。那么,这样的亚原子研究的内涵可以应用到宏观世界吗?

答案是,不可以。只要每一个案例我们都必须提出数学证明就不可以。因为,证明又是什么?证明只证明我们照规矩在玩(规矩到底还是我们定的)。就此处我们讨论的事情而言,我们提出的物理实相的性质在逻辑上前后一致,符合经验,就是规矩。这些规矩并没有说我们提出的必须有像"实相"的东西。物理学是对经验做自我一致的解释。因为要满足物理学这种自我一致的要求,证明才变得那么重要。

多疑的托马斯

《圣经·新约》的观点不一样。基督复活之后,给托马斯(后来便是俗语所说的"Doubting Thomas",即"多疑的托马斯")看他的伤痕,证明他就是"祂",已经从死里复活。但是基督随即将他的宠爱加在"不看证据"就信他的人身上。[①]

没有证据就接受是西方宗教的基本特性。没有证据就排斥是西方科学的基本特性。换句话说,西方将宗教归于心灵,科学归于心智。但是这个令人遗憾的情形并没有反映一个事实,那就是,在生理上,心灵与心智缺乏对方都无法存在,两者人都需要。心灵与心智不过是我们的不同面相而已。

---

① "耶稣对他说……那没有看见就信的,有福了。"(《新约·约翰福音》第二十章)——译注

　　这样说来，谁对呢？耶稣的门徒应该没有证据就信吗？科学家还要坚持要证据吗？这个世界是没有实质的吗？这个世界是真的，只不过一直在分裂为无数的分支吗？

　　物理师傅知道，"宗教"和"科学"只是舞蹈，不论人相信宗教还是相信科学，都只是舞者。舞者可以说他在追求"真理"，也可以说他在追求"实相"。不过物理师傅比较清楚，他知道，跳舞才是所有舞者的真爱。

吾 理

（量子力学）

第 ⑤ 章

"我" 的角色

心与物的幻象

哥白尼发现地球绕日以前，一般人都认为是太阳——连带整个宇宙——绕地球而行，地球是一切事物的中心。在这之前，印度人也说人是中心；也就是说，就心理上而言，每个人都是宇宙的中心。听起来这好像是自我中心，但其实不然。因为，印度的说法认为"每个人"都是神圣的显化。

印度神话有一幅美丽的图画，画的是克里希那王（Lord Krishna）在亚穆纳河岸跳舞。月光下，他在中间，一群普罗遮的美好女子在他身边围成一圈。她们与克里希那共舞，都爱着他。他在与世界上所有的灵魂共舞——也就是说，人在与自己共舞。与神共舞，与万事万物的创造者共舞就是与我们自己共舞。这是东方文学不断出现的主题，也是新物理学——量子学与相对论——趋进的方向。

相对论的概念是革命性的，量子力学的诡谲则对逻辑构成挑战，但一个古老的典范就在两者之间再度现身。我们开始瞥见一个概念的架构。这个架构的形式虽然还很模糊，可是我们每个人都在这个架构里，对物理实相的创造享有一份生身父母的身份。我们以往那个无能的旁观者，那个只能看不能做的形象逐渐在消失。

我们现在看到的可能是历史上最吸引人的一项行动。以往，（旧）科学曾经给了我们这么多东西，其中包括在种种"庞大"事物那看不见的力量之前感到的无力感。可是，在粒子加速器有力的低鸣当中，在计算机打印机的嘎嘎作响当中，在仪器的移转跳动当中，旧科学的根基逐渐在塌缩。

我们曾经赋予科学高度的权威，可是现在科学却用这个权威告诉我们说，我们的信仰事实上是被误导了。我们把自己的权威让渡给科学家了。关于造物、事物的变化、死亡的奥秘，我们把探索的责任全部推给科学家了。至于我们自己，我们给自己的是单调的，不用心的日常生活。我们一直想要否认我们在宇宙中所占的角色，可这是不可能的。

科学家做好了他们的工作，我们也做好了我们的工作。我们的工作就是在日益复杂的"现代科学"之前，在现代科技越来越蔓延的"专业"之前扮演无能的角色。

可是，经过了三百年以后的今天，科学家带着他们发现的东西回头了。他们现在跟我们（这些想过到底是怎么一回事的人）一样疑惑。

"我们不确定，"他们说，"但是我们已经累积了一些证据，知道了解宇宙的关键就是'你'。"

这个说法和我们三百年来看这个世界的方式不只不一样，而且是完全相反。科学建立在"心"和"物"的区别之上。可是这种区别现在模糊了。科学家利用"心"和"物"的区别发现"心"和"物"这种区别是不存在的。这真令人迷惑！不但是在哲学指向，而且也在严格的数学指向之上，"物"的事情显然要依靠我们"心"的决定来进行。

新物理学告诉我们，观察者不可能看到事物而不改变事物，"观察者与被观察者相关"是真实而且根本的。这种相关的本质到底如何并不清楚，不过有越来越多的证据显示，"心"与"物"的区别是一种假象。

量子力学的概念架构有大量的实验资料支持。这样的概念架构使现代物理学家讲起话来好像在说神秘论语言，即便是对物理学毫无所知的人听起来还是有这种感觉。

互补假说

接触物理世界的途径是经验。一切经验的总支配者是"我"。经验事物的就是这个"我"，简单地说，我们经验的不是外在的实相，而是我们与外在实相的"互动"。这就是基本的"互补"假说。

互补是玻尔发展出来的概念，用以说明光的波粒二象性。到目前为止还没有人想出比他更好的概念。互补论说，波性与粒子性是互相排斥的，或者说，是光的互补相。两者虽然总是互相排斥，可是要了解光却缺一不可。两者之所以总是互相排斥，是因为光一如其他任何东西，不可能是波同时又是粒子。①

为什么同样一个光，却兼具波行为和粒子行为两种互相排斥的属性呢？这是因为，这两种属性就是我们与光互动的属性。看我们做的是哪一种实验，我们便使光显现哪一种属性。如果我们想使光显示波性，我们就做产生干涉的双缝实验。如果我们想使光显示粒子性，我们就做产生光电效应的实验。我们如果想使光同时显示波属性和粒子属性，我们可以做亚瑟·康普顿（Arthur Compton）的实验。

康普顿散射

1923年，康普顿玩了全世界第一次亚原子粒子撞球游戏。他在这个过程中证明了爱因斯坦建立17年之久的光粒子论。他的实验在概念上不难，只要对电子发射X射线就可以。我们都知道X射线是一种波，可是令人惊奇的是，它却像粒子一样敲击出电子。换句话说，它的行为就像粒子一样。譬如说X射线射出去以后，若是与电子只是擦撞，那么这个X射线就只是稍微偏离路径而已；可是若是与电子正面相撞，那么就会偏离很严重。这时的X射线就要丧失大量的动能。

康普顿只要测量X射线碰撞前和碰撞后的频率，就可以告诉我们X射线丧失多少能量。差不多正面相撞的射线撞击后的频率比之撞击前低到令人吃惊的程度。这就表示射线撞击后的能量比撞击前少。所以，康普顿的射线撞击电子就好比撞球互撞一样。

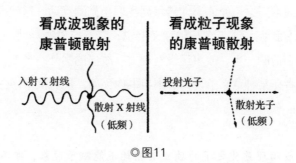

◎图11

---

① 若看个别事件，光一直都是粒子。至于波的行为，我们检测到的总是统计型，也就是干涉。但是，用狄拉克的话来说，即使是单个亚原子粒子也会"与自己互相干涉"，譬如电子。为何会"与自己互相干涉"，这是量子的一个基本难题。

康普顿的发现与量子论有密切的关系。如果普朗克未曾发现频率越高能量越高的基本规律，康普顿就无法揭露 X 射线的粒子行为。这个规律使康普顿得以证明 X 射线在粒子式的撞击下失去了一些能量（因为，X 射线的频率撞击后比撞击前低）。

康普顿实验概念上的疑难，使我们知道波粒二象性是如何地深入量子力学里面的。他测量电磁放射线，譬如 X 射线，的频率之后，证明电磁射线具有粒子特性。当然，"粒子"是没有频率的，波才有频率。为了纪念 X 射线所发生的这些事，康普顿发现的现象就叫作康普顿散射。

简单地说，我们可以用光电效应显示光是粒子，可以用双缝实验显示光是波，也可以用康普顿散射显示光既是粒子又是波。这两者是光的互补相，要了解光，缺一不可。如果你只问光是粒子还是波是没有意义的。光的行为是粒子还是波，要看我们做的是哪一种实验而定。

把粒子的光和波的光结合起来的是做实验的"我们"。我们在双缝实验里所见光的波的行为并不是光的属性，而是我们与光互动的属性。同理，我们在光电效应里看到的粒子特性也不是光的属性，而是我们与光互动的属性。不论是波行为还是粒子行为，都是"互动"的属性。

既然粒子行为和波行为只是我们赋予光的属性，又既然我们认识到，（如果光的互补性正确的话）这些属性并不属于光，而是属于我们与光的互动，那么事情就变成独立于我们之外的属性是没有的。这一来，因为通常我们说一件东西没有属性，就等于说它不存在，所以接下来下一个逻辑就无法避免，那就是，没有我们，光就不存在。

把我们通常归之于光的属性转移到我们与光的互动，这就剥夺了光的独立存在。没有我们，或者在某种意义上说，若不与事物互动，光就不存在。不过这只是事情的一半，故事还没有说完。故事的另外一半是，同理，如果没有光，或者在某种意义上说，若不与事物互动，我们就不存在。

玻尔说：

> ……一般物理意义之下的独立实相既不能赋予现象，亦不能赋予观察者。（注一）

所谓"观察者"，他指的可能是仪器，而不是人。但是从哲学上来说，互补性将导向一个结论，那就是，这个世界不是由事物组成的，而是由种种互动组成的。属性属于互动，不属于独立自存的事物，譬如"光"。玻尔以这样的方法解决了光的波粒二象性问题。等到波粒二象性发现是一切事物的特性之后，这种互补性的哲学意义就更加彰显了。

从我们一开始讲量子力学的故事以来，故事是这样进行的：1913年，普朗克研究黑体辐射线之后，发现能量的吸收和释放都是成捆的。这成捆的能量，他称之为量子。在这之前，科学家一直认为放射能是波，譬如光。那是因为，托马斯·杨1803年的实验（双缝实验）显示光产生干涉，而只有波才会产生干涉。

爱因斯坦受到普朗克发现量子的激励，便运用光电效应阐明了他的理论，也就是，不但能量吸收和释放的过程是量子化的，就是能的本身也是以某种大小的包装出现的。这一来，物理学家便是面临了两组互相排斥的实验（可以一再重复的经验），似乎彼此证明对方错误。这就是量子力学基本的波粒二象性，非常有名。

德布罗意与物质波

可是当物理学家还在想办法解释为什么波会是粒子的时候，一个年轻的法国王子德布罗意（Louis de Broglie）丢下了一个炸弹，一举扫平了古典观点的残余。他说，不但波是粒子，而且粒子也是波！

德布罗意（包含在他的博士论文里）的观念是说，凡是物质皆有与之"对应"的波。这个观念不只是哲学的思维，而且已经是数学的思维。德布罗意运用简单的普朗克方程式和爱因斯坦方程式，构成了他自己的方程式。[①]这个方程式决定"对应"于物质的"物质波"的波长。这个方程式说的事情很简单，粒子的动量越大，其对应波的波长就越短。

这个方程式说明了宏观世界之所以看不到物质波的原因。以我们眼睛所能见的最小物质为准，这样的物质虽然那么小，可是其相应的物质波与它相较之下还是小到难以想象，所以其物质波的效应可以不计。可是，话说回来，我们一旦深入亚原子，譬如电子，这么小的东西的时候，它的大小比起

---

① 普朗克方程式：$E=hv$，爱因斯坦方程式：$E=mc^2$，德布罗意方程式：$\lambda=h/mv$。

它的对应波的波长仍然还是小了很多！

在这种种情况之下，物质的波行为应该会很清楚，物质的行为与我们习惯上所想的"物质"的行为应该也不一样才对。事实也是如此。

德布罗意提出这个假说才不过两年，实验者戴维森（Clinton Davisson）与他的助手格默（Lester Germer）就在贝尔电话实验室以实验证明了这个假说。戴维森和德布罗意双双荣获诺贝尔奖，不过物理学家仍然不仅要解释为什么波是粒子，而且还得解释为什么粒子是波。

戴维森－格默实验很有名，不过却是事山偶然。这个实验显示电子由晶体表面反射回来的一种情形。这种情形只有在电子是波的情况下才能解释。不过，电子当然是粒子。

电子绕射从字面上看显然矛盾，不过在今天已经是一个平常的现象。一束电子从小孔，譬如金属箔片上面原子之间的空隙，射过的时候，会像光束一样产生绕射。这些空间都和电子的波长一样大，或者比较小。（说来荒谬，"粒子"本来是没有波长的）若是按照传统的说法，电子不可能产生绕射，可是实情却是产生绕射了。下面就是电子绕射的照片。[①]

由波组成的光开始像粒子的时候，我们已经够手足无措了，等到本来是粒子的电子开始像波的时候，事情就无法忍受了。

不过，量子力学对这件事情所做的揭示仍然是一出高度悬疑的戏；以前是，现在还是。海森伯说：

我还记得我与玻尔（1927 年）讨论的情形。我们讨论了好几个小时，一直到深夜才在几近绝望中结束。我一个人在公园里散步，心里一直在想一个问题，那就是，自然界于我们还有比这些原子实验更荒谬的吗？（注二）

然而后来的实验却显示不只亚原子粒子有对应的物质波，连原子和分子都有。唐纳·休斯（Donald Hughes）有一本开拓性的著作，叫作《中子光

---

① 把这张照片（图12）拿在你的正前方，你所看到的，就是一股电子束（这是一股"透视束"）从中间的亮处直直朝着你射来。绕射物质就在亮处这个地方。（这张照片的电子束是经由微小的黄金颗粒射出来的；也就是说，电子束是由一片很薄的金箔射过来。）照片上的光环是电子束撞击到底片的地方。底片位于金箔的一边，电子的来源位于另一边。照片中间的亮处是没有绕射的电子造成的。这些未绕射的电子在透射束里通过金箔直接撞击在底片上面。

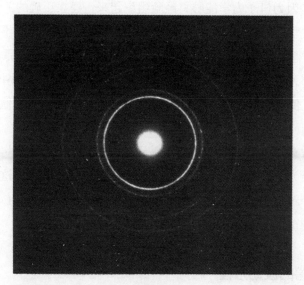

◎图12

学》(*Neutron Optics*)。他先为粒子与波的合并提出有力的宣言，然后德布罗意王子的论文才使它诞生。其实，理论上，每一种东西——棒球、汽车、人等——都有一种波长，只不过因为这些波长太小，看不见而已。

德布罗意自己也没办法详细说明自己的理论。他先预言物质，譬如电子，有波的一象，尔后戴维森－格默实验才证实他的预言。他的方程式甚至还预言这些物质波的波长。可是，这些波到底是什么东西，没有人知道(现在还是没有人知道)。他说这些波是与物质"对应"的波，可是到底何谓"对应"，他也没说。

这样说来，一个物理学家预言了一件事情，并且还建立了一个方程式来说明这件事情，可是不知道自己说的是什么东西，这样行得通吗？

行得通。罗素(Bertrand Russell)说：

数学可以界定为不知道在说什么，也不知道说得对不对的学科。(注三)

因为这个道理，所以量子力学虽然不曾说明世界"到底"是什么样子，而且只预测或然率而不预测真实事件，可是哥本哈根的物理学家还是接受了量子力学，认为它是完整的理论。他们之所以接受量子力学，认为它是完整的理论，是因为量子力学能够将经验组织起来，建立正确的关系。量子力学是经验关联之学。甚至，依照实用主义的看法，一切科学莫不如是。这其中，德布罗意的方程式正是把经验组织起来，建立了正确的关系。

德布罗意借托马斯·杨（双缝实验）和爱因斯坦（光子论）两位天才合并波和粒子，使"波粒二象"这个难题见光（嘘！），换句话说，他整合了能的量子本质与波粒二象性这两个最具革命性的物理现象。

德布罗意是在 1924 年提出物质波理论的。量子力学就在此后的三年之内具体发展为今天的样子。牛顿物理学、单纯的想象、常识，这样的世界消失了。一个新的物理学已经成形，它的原创性与强大，使得人心震撼。

有了德布罗意的物质波，接下来就是薛定谔波动方程式。

薛定谔的波动方程

薛定谔是维也纳的物理学家。他觉得，同样是看待原子现象的方式，德布罗意的物质波比起玻尔的行星模型要自然得多了。玻尔的模型比较僵硬，球形的电子在几个一定的层次上绕着核子旋转，由一个层次跳到另一个层次时便发射光子。玻尔的模型可以解释很简单的原子的色彩光谱，可是为什么每一层壳所包含的电子数都是一定的，不多也不少，他却不着一言一语。除了这一点，他也未曾说明电子是如何跳跃的（譬如说，电子在壳与壳之间是什么样子的）。[①]

德布罗意的发现激励了薛定谔，于是他便假设电子并非球形物体，而是种种形态的驻波。

玩过晒衣绳的人都知道驻波。把绳子的一端绑在柱子上面，另一端拿在手上，拉紧这条绳子，这时绳子就不再有任何波动，不论行波还是驻波都没有（见下页图）。现在，我们的手飞快地抖一下，这时绳子上便出现一个向下的隆起向绳子的另一端传去，到达另一端的柱子以后便倒转过来，变成向上，再传回来。这个行走的隆起就是行波（图 A）。把几种隆起陆续加在绳子上面，我们便能够建立驻波的种种形态。图示所见只是其中几种。

---

① 不过，正确一点说，薛定谔的理论也没有说明电子跳跃的情形。事实上他并不喜欢"跳跃"这个观念。

最简单的驻波是图 B 的一种。这种驻波是由两个行波重叠而成。这两个行波一个是直接的，一个是反射的，两者进行的方向相反。绳子会动，可是驻波的型不会。驻波最宽之处的两点是"固定"的，两端的点亦然。这两端的点叫作波节。最简单的驻波有两个波节，一个在我们手上，一个在绳子所绑的柱子上面。这些固定的形态——也就是行波的种种重叠方式——就是驻波。

绳子不论是长是短，它的驻波数量一定是整数的。这就是说，绳子的驻波形会是 1 个驻波，会是 2 个驻波，会是 3 个、4 个、5 个……可是不会是 1.5 个或者 214 个。驻波必然将绳子分成等长的几段。换句话说，如果我们想增减绳子的驻波数，只能以整数为之。这意思就是说，绳子的驻波数只能片断式（又来了！）地增减。

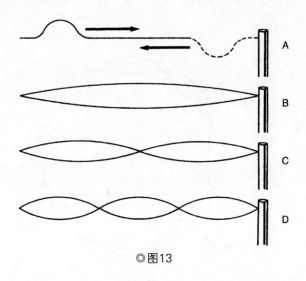

◎图13

甚而，驻波的大小也不是随随便便的。驻波的大小很严格，只限于把绳子等分的长度。驻波的实际大小当然要看绳子多长而定。但是，不论绳子多长，能把它等分的长度还是那几个。

不过这些都是 1925 年的故事了。拨吉他弦会在弦上产生驻波，向风管里面吹气会在风管里面产生驻波，这些都是老生常谈了。新的故事是薛定谔发现驻波和原子现象一样，都是"量子化"的。事实上薛定谔在说电子就是驻波。

这种话乍听之下很神奇，细心想来却不然。不过在当时的确是天才手笔。这里请先想象一个电子循轨绕核子而行。电子每绕一周，就前进（离开核子）一段距离。这个距离的长度是一定的，正如绳子的长度是一定的一样。同样的道理，这个距离长度之上形成的驻波的数量一定是整数，不会是分数。（至于这个距离是什么东西的距离，则依然无解。）

薛定谔认为，这些驻波每一个都是电子！换句话说，他认为，电子就是一段一段的振荡，两头由波节拘住。

但是，到目前为止，我们所说的驻波只是直线上的驻波，譬如晒衣绳、吉他弦等。可是，事实上，驻波也会发生在他种媒介上面，譬如水。现在假设有一个水池，这个水池是圆的。我们将一个石头投到水池中央。这时从石头入水的地方就会有波放射出来，水池的边再把这些波反射回去（有时不上一次）。这时这些反射的行波就会互相干扰，造成一种很复杂的驻波形，这就是我们的老朋友——干涉。

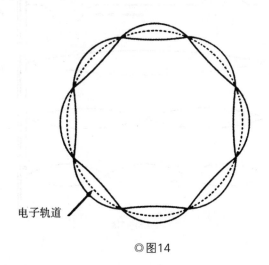

电子轨道

◎图14

一个波的波峰和另一个波的波谷相遇的时候，两者会互相抵消，因此互交线上的水面也就很平静。这些平静的地带就是分隔驻波的波节，在双缝实验里，光带与暗带交替出现的图形当中，暗带就是波节，光带就是驻波的波峰。

薛定谔用水盆做模型来解释原子的性质。水盆里的水干涉现象错综复杂。他说，若有一个原子相当于水盆大小，这个水盆便是这个原子里面电子波的"模拟"。

（玻尔的原子模型）这个富于天才而又有点人为的假设由德布罗意波现象的一个比较自然的假设取代了。波现象构成了原子真正的"体"。在玻尔的模型里，电子拥簇在原子核四周，德布罗意的波现象则取代了这些点状的电子。（注四）

晒衣绳的驻波有长和宽两个维度。水或者，譬如康加鼓这种媒介有长、宽、高三个维度。氢是最简单的原子，只有一个原子，可是当薛定谔用他的方程式分析氢原子时，单单氢原子他就计算出一大堆可能发生的、各种形状的驻波。绳子上所有的驻波形状都一样，可是原子的驻波不然。原子的驻波都是三个维度，形状都不一样。有的像几个同心圆放在一起，有的像蝴蝶，有的像曼陀罗[①]。见下图。[②]

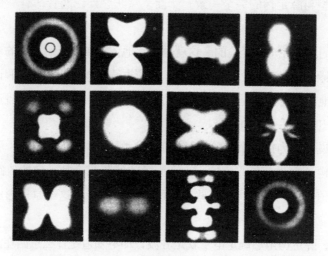

◎图15

取材自*Modern College Physics*，Harvey White，NY，Van Nostrand，1972

---

① mandala，梵语，意为平坦，表平等，周遍十法界之意。此处指画成图画的曼陀罗——译注

② 这些照片都是氢原子各种电子状态的概率密度分布的机械拟样。换句话说，这些机械拟样表示的是，当电子在其中一种状态（这里列出的只是一小部分）时，假若想寻找点状的电子，我们最可能在什么地方找到。其实一开始的时候，薛定谔根本认为电子是假装成这种种形态的核成子云。

"量子跃迁"可以说就是由其中一种图像转移到另一种，而没有任何介乎其间的东西。

泡利不相容原理

薛定谔发现这些之前不久，另外一个奥地利物理学家泡利已经发现原子里的电子都不一样。一个原子之内，一个电子若带有某一组属性（量子数），这个电子便排除其他带有相同一组属性（量子数）的电子的存在。因为这个道理，泡利的发现就叫作泡利不相容原理。用薛定谔驻波论的话来说，泡利不相容原理意思就是，一个原子里面一旦形成一种驻波形，其他的驻波形便悉数排除。

用泡利的发现修正之后，薛定谔波方程式告诉我们，玻尔的能量层（能阶）或外壳上面，最低的一层只会有两种波形，所以也只会有两个电子。第二能阶会有八种驻波形，所以第二能阶只会有八个电子，依此类推。

这些电子数与玻尔的模型赋予能阶的电子数完全一样。在这一点上，玻尔的模型与薛定谔的完全一致。然而，除此之外，两者却有一个重大的差异。

玻尔的理论完全是经验的。这就是说，他依据实验上观察到的事实建立理论来解释这些事实。薛定谔不一样，他依据德布罗意的物质波假说建立他的理论。他的理论不只提出一些数学值，后来都经实验证实，而且还为这些数学值提出了前后一致的解释。

譬如说，因为每一个能阶的驻波形（种类）数量都是一定的，所以每一个能阶的电子数也都是一定的。一个原子的能阶只会从一定的值跳到另一个一定的值，因为只有具有某些一定维度的驻波会在这个原子形成，其他的不会。

不过，薛定谔虽然确定电子就是驻波，却不知道是什么东西在波动。不过他确信是有东西在波动。这个东西，他以希腊字母"Ψ"代称。（所以，"波函数"和"Ψ函数"是一样的东西。）[1]

使用薛定谔波方程式的时候，只要将我们所研究的原子的性质输入其

---

[1] 薛定谔起初将电子解释为驻波时未能经得起检验，最后只好放弃。然而，没过多久，"以波函数代表被观察系统（并按照薛定谔波方程式发展），再以这个波函数为基础建立或然率"的概念却变成研究原子的基本工具，他的波方程式也成为量子论不可或缺的一部分。但是，由于薛定谔波方程式不是相对论性的，所以对高能状态无效。因此，高能粒子物理学家都用S矩阵计算转移或然率。（S矩阵理论将在后面讨论）

中，我们就会知道这个原子的驻波形在时间中演化的情形。假使我们依照初始状态准备一个原子，然后让它独自传导。这时，这个初始状态就会在时间中发展成种种驻波形。这些驻波形发展的秩序是可以计算的。物理学家计算驻波形的秩序的时候，使用的工具就是薛定谔波方程式。换句话说，一个原子里面驻波形的发展过程都是一定的。有什么初始状态，就有什么驻波形依照薛定谔波方程式一个接一个出现。①

薛定谔波方程式对于氢原子的大小也有前后一致的解释。依照薛定谔波方程式，一个具有一个电子和一个质子的系统，我们所说的氢就是这样，在其最低能量状态时，它的波形只有在一个与最小玻尔轨道的直径相等的球形上，才会有一个可知道的量。换句话说，这一个波形的大小正好与氢原子的基态相等！

但是，薛定谔波动力学尽管已经成为当今量子力学的支柱，可是，当波理论无法产生恰当的结果的时候，物理学家仍然还是要利用玻尔亚原子现象模型几个有用的层面。一有这种情形，物理学家就重新用"粒子"思考，不再用"驻波"思考。在这件事（波）上面，没有人可以说物理学家不随"波"逐流。

薛定谔相信他的方程式说到了真正的事情，而不只是数学的抽象。他认为电子是随着波形向外散播为稀薄云状的。不过，这种景象如果仅限于一个电子的氢原子还容易想象，因为氢原子的驻波只有3个维度（长、宽、高）。可是，如果是2个电子的原子，它的驻波就存在于6个数学维度。如果是4个电子的原子，它的驻波便存在于12个维度，依此类推。这样的图像想象起来就伤脑筋了。亚原子现象这个新的解释有这样的困难。

玻恩概率波

就在这个时候，德国物理学家玻恩（Max Born）为这个解释补上了最后一笔。根据他的看法，这种波我们必须用想象，也有可能想象。因为，这种波不是真正的东西，而是"概率波"。

---

① 这个过程要到这个传导系统遭遇到测量工具，与之互动之后才会停止。这种互动会使这个传导系统突然地、预料之外地转移到另一个状态（这就是量子跃迁）。

玻恩说：

……事件的整个过程都由概率律决定。在那样的空间状态上有一个明确的概率对应着。这个概率是与这个状态相关的德布罗意波赋予这个状态的。（注五）

要获得一个状态的或然率（概率），我们应该将与这个状态相关的物质波的振幅平方。

至于德布罗意方程式和薛定谔方程式到底是真的表示了真实事物，还是只表现了抽象，对玻恩而言都很清楚。对他而言，想到一件真实事物而却认为它存在三维以上的空间，实在毫无意义。

玻恩说：

我们只有两个可能性，一个是采用三维空间的波……一个是留在三维空间，但是放弃"作为正常物理量的振幅"这个简单的图像，代之以纯粹抽象的数学概念……而这个概念我们是进不去的。（注六）

他其实正是这么做的。他说：

物理其本质是不定的，所以亦就是统计学的。（注七）

其实，玻尔、克拉玛、斯莱特以前所想的正是同样的观念（概率波）。但是，这一次，用德布罗意和薛定谔的数学，算出来的数字就对了。

玻恩对于薛定谔理论的贡献在于，他使量子力学能够预测或然率。由于将关于一个状态的物质波的振幅平方便得以建立该状态的或然率，又由于只要知道初始条件，用薛定谔方程式便得以预测这些物质波的演化过程，所以，两者相合便可以断定或然率的演化过程。只要设定初始状态，不论这个状态是什么，物理学家都可以据此预测我们在某一时间与某一地方观察到一个被观察系统的或然率，不论这个"某一时间""某一地方"是什么时间、什么地方皆然。不过，虽然如此，我们会不会在这个状态观察到被观察系统仍然纯属偶然——就算这个状态是当时最可能的状态亦复如是。换句话说，量子力学的"或然率"是在一种初始状态（而非他种初始状态），在一时一地（而非他时他地）观察到一个被观察系统的或然率。[①]

量子力学的波象（波的一面）就是这样发展的。波有类粒子特性（普朗克、爱因斯坦），同理，粒子也有类波特性（德布罗意）。事实上粒子确实可以用"驻波"来理解。只要知道初始条件，用薛定谔波方程式就可以计算各种形态的驻波的演化过程。将物质波（波函数）的振幅平方，就可以得出对应于这个物质波的那个状态的或然率（玻恩）。所以，只要运用薛定谔波方程式和玻恩的很简单的公式，我们就可以由初始条件计算出一连串的或然率。

讲到这里，从伽利略的落体实验出来，我们已经走了一段很长的路。在这条路上，每一步都使我们走到更为抽象的层次。起先是创造没有人见过的东西（譬如电子），到最后是根本放弃一切希望想象我们的抽象的企图。

然而，问题是，就人性而言，我们不会不想象抽象。我们会一直问："这些抽象讲的是什么？"然后，不论这些抽象是什么，我们便开始用视觉来想象。

原子的量子模型

前面，我们摒弃了玻尔用以描述原子的行星模型，答应说后面会来看看"当今的物理学家怎么想原子"。好的，是时候了。可是这个工作实在棘手。因为，我们之所以轻易地放弃原子的旧图样，是因为我们认为代替这个旧图样的，会是一个同样清晰，但比较有意义的图样。可是，事情发展至今，我们的新图样已经完全没个样子。我们的新图样是一个无法可视化的抽象。这就叫人难过了。因为，这提醒我们，原子决计不是"真实的"事物。从来就没有人——没有任何人——看过原子，原子是假设的实体。物理学家构造这个实体为的是要能够理解实验的观察所得。然而，我们已经习惯于"原子是一种东西"这种观念，所以我们已经忘记原子只是一种观念。不过现在物理学家告诉我们，原子不只是一个观念，而且还是一个无法想象（成书面）的观念。

但是，物理学家用英文（或德文、丹麦文）讲数学实体的时候，对不懂

---

① 假设我们在 $\Psi(t)$ 状态准备一个初始状态，那么，我们在 $\phi(t)$ 状态观察到它的或然率是 $|<\Psi(t)|(t)>|^2$。在 $\triangle$ 区于时间 t 观察到它的或然率是 $\triangle \int_a^3 \times \Psi^*(x,t) \times \Psi(x,t)$。

数学的行外人而言，他们的话总是因为有限度，因而使人心里产生图像。所以，这样唠叨的说明为什么原子无法想象之后，我们终究还是要来说明今天的物理学家如何描绘原子了。

原子包含核子和电子。核子位于原子的中央，体积只占原子的一小部分，可是质量几乎占原子的全部。这样的核子与行星模型的核子没有两样。至于电子，电子一般都在核子的总区域里面运动，这一点与行星模型也一样。不过，在今天物理学家的模型里，电子却可能在"电子云"的任何地方。电子云是核子四周种种驻波做成的。这些驻波并不是物质，而是"能"的种种形态。物理学家由构成电子云的驻波的形状，就知道在电子云里某一处发现电子的或然率。

简而言之，现在的物理学家一样认为原子是中间有核子，核子四周有电子环绕。不过情形已经不再像一个"小太阳系"那么简单。电子云是一种数学的概念。物理学家建造这个概念为的是组织经验，使经验产生关系。原子里面可能存有电子云，可能没有，这一点谁都不知道。可是我们确实知道从电子云的概念可以产出在核子各处发现电子的或然率，并且，这些或然率也由经验断定为正确。

就这一点而言，电子云好比波函数。波函数也是一种数学的概念。物理学家建造这个概念为的是要组织经验，使经验产生关系。波函数可能"真的存在"，也可能不"真的存在"。（这种说法是假设思想与物质之间有一种"质"的差别来说的，这种假设不见得好。）可是波函数的概念无可否认地产出了以一种状态预备一个系统之后，在某一时间，于某一状态观察到该系统的或然率。

电子云和波函数一样无法想象。因为，一个电子云若是含有一个电子（譬如氢原子的电子），这个电子云便存在 3 个维度。但是，除了氢原子，其他的电子云都不止一个电子，所以也不只存在 3 个维度。譬如说，碳原子是很简单的，只不过 6 个电子。可是，环绕其核子的电子云便存在 18 个维度。铀有 92 个电子，所以铀的电子云存在 276 个维度。（同理，一个波函数就其代表的每一个粒子而言皆有 3 个维度。）这种情形若要用心来想象，显然想不清楚。

这种纷乱是想用有限的概念（语言）描述没有局限的状态的结果。此外，这种纷乱也表示"我们实在不知道"隐形的亚原子领域到底有什么事在进行。

用爱因斯坦的话来说就是，这些模型都是"人类心灵自由创造出来的"。我们创造这些模型为的是要满足我们内心理性的组织经验的要求。这些模型无非都是在猜测那打不开的手表里面"到底"有什么事在进行。如果我们真认为这些模型说出了什么事实，那就误人了。

事实上，年轻的德国物理学家海森伯早就认定我们"绝对"不可能知道隐形的亚原子领域到底有什么事在进行，所以，我们应该"放弃所有的念头，不要想再建立什么模型来认知原子的过程"了（注八），根据他的理论，只有能够直接观察的事物处理起来才会正确。一个实验，我们只知道它的开头和结尾。至于这两个状况——这两个可观测象——之间到底发生什么事，则纯属思维。

海森伯的矩阵力学

1925 年，25 岁的海森伯开始发展一套将实验数据组织成表列式的方法。他和德布罗意以及薛定谔差不多同时各自发展了这种方法。他很幸运。因为，早在 66 年以前，爱尔兰数学家哈密顿（W. R. Hamilton）就已经发展了一套将实验数据组织成列阵的方法。这种方法叫作矩阵。当时大家认为他的矩阵不过属于纯数学的边缘。可是又有谁知道，他的矩阵会像预铸的模板一样，在 20 世纪一举契入一个革命性物理学的结构当中呢？

使用海森伯这些数学表的时候，只要查阅或者由其中计算，就能够知道相关于什么初始状态会有什么或然率。

这个方法海森伯称之为矩阵力学。不过，我们只用这个方法来处理物理的可观测象。可观测象指的是一个实验上我们所知的开头与结果的事情，至于开头与结果之间有什么事我们则不臆测。

这样，25 年来物理学家一直努力在追求一个新的理论，以代替牛顿的物理学，可是这时候却突然发现自己面对了两个截然不同的理论。两者处理的事物一样，可是各自都是一种独特的方法。其一是薛定谔波动力学，以德布罗意的物质波为基础；另一个是海森伯的矩阵力学，以亚原子现象的不可分析为基础。

海森伯发展了矩阵力学之后不到一年，薛定谔就发现矩阵力学在数学上其实等价于他的波动力学。由于这两个理论都是研究亚原子很有价值的工具，所以物理学家便将两者结合，成为一支新的物理学，是为量子力学。

海森伯后来将矩阵力学用在高能粒子物理学的粒子碰撞实验上。由于这种碰撞的结果总是产生粒子的散射，所以物理学家又称之为散射矩阵，简称S矩阵。

今天的物理学家在做量子力学实验的时候，可以有两种方法来计算实验的开头与结果之间的转移或然率。第一个是薛定谔的波动方程式，第二个是S矩阵。薛定谔波动方程式描述或然率在时间上的发展。在一个量子力学实验中，我们一旦做了测量，这种种或然率里面的一个便突然实现，这是薛定谔波动方程式。至于S矩阵，S矩阵是直接指出实验的两个可观测象之间的转移或然率，不说时间上的发展，也不说没有时间的发展等，什么都不说。这两个方法都有效。①

但是，海森伯将矩阵力学引进新物理学固然重要，可是他的第二个发现却是动摇了"精准的科学"的基础。他证明，在亚原子领域里，所谓"精准的科学"这种东西是没有的。

不确定原理

海森伯这个重大的发现是，我们人有一些限制，无法在同一时刻测量自然的过程而都很准确。这种限制并不是我们的测量仪器本质上很笨拙，或者我们所欲测量的实体太小而产生的，而是自然界呈现的方式所导致的。换句话说，我们一旦跨过那样一个暧昧不明的障碍，就只有进入不确定的领域。因为这个道理，海森伯的发现后来就叫作"不确定原理"。

不确定原理告诉我们，我们只要一步一步地深入亚原子领域，最后必然会到达一个点，在这个点上，我们对于自然界所建立的景象其中一部便开始混乱；想把这一部弄清楚，就必然把另一部弄混乱。这种情形绝对无法避免。这就好比调整一张动来动去、稍微逸出焦点之外的照片一样。我们以为调整好了，却发现照片右边虽然清楚了，左边却模糊了。把左边调清楚，右边又模糊了。想在两边取一个平衡，结果是两边都看不出是什么东西，原先

---

① 不过，由于薛定谔波动方程式是非相对论的，所以在高能无效，在低能有效。所以，大部分粒子物理学家有时候会将S矩阵与局部相对论性量子场并用，以了解夸克与粒子。

的模糊不清就是除不掉。

我们就用这个例子来说明不确定原理。在不确定原理原始的构造里，照片的右边就相当于一个运动粒子的空间位置，左边就相当于这个粒子的动量。这样，根据不确定原理，我们没有办法同一时间准确地测量这个粒子的位置与动量。这两个属性我们越是准确断定其中之一，另外一个就越不清楚。如果我们准确地断定了粒子的位置，我们对它的动量便"一无所知"；如果我们断定了它的动量，我们便无法断定它的位置。这话听起来真奇怪，可确实如此。

为了要说明这种奇怪的情形，海森伯建议我们假设我们有一部超解像力的显微镜，这一部显微镜的解像力好到可以看到电子在循轨运动。由于电子实在太小了，所以我们的显微镜不能使用普通的光线照明。因为，普通光线的波长太长，所以"看"不到电子。这就好比插在水中的一根细柱子影响不了很长的海浪一样。

譬如说，我们抓着一根头发在灯光下对着墙壁照的时候，墙上不会有清楚的黑影。这是因为相对于这个光的波长而言，头发实在太细了，所以光便不受头发的阻碍，绕过去了。所以，如果我们想看见一个东西，我们就必须挡住我们用来看这个东西的光。换句话说，我们必须用波长比这个东西小的光来照这个东西。因为这个道理，所以在我们想象的显微镜里，海森伯便用伽马射线来代替普通的可见光。伽马射线是已知光线里面波长最短的，用来看电子最好。与伽马射线那么短的波长相比，电子就变得很大。这样电子就能够挡住一些伽马射线，于是（我们假想它）在墙上形成一个影子。以上，我们找到了电子的位置。

问题在于，根据普朗克的发现，伽马射线既然波长比可见光小很多，那么所含的能量必然也比可见光大很多。我们用伽马射线撞击这个想象的电子的时候，固然是将电子照出来了，可是不幸的是，照出了电子也就将它撞出轨道之外了。撞出轨道之外，也就改变了它的方向与速度（两者总和就是动量），而改变的情形无可预料也无可控制。（一个是粒子，一个是波，两者彼此弹射的角度是没办法计算的。）简而言之，我们只要是用波长短到可以照出电子的光来照出电子的位置，也就同时改变了它的动量，而它改变的情形是无法判断的。量子物理学就在这种情形下进场了。

唯一的方法可能是使用低能光。可是，低能光却使我们回到了原来的问题。凡是光的能量低到不会打搅粒子动量的，波长也都长到无法照出电子的位置。所以说，对于一个运动的粒子，我们无法"同时"知道它的位置与动量。凡是想观察电子，这种举动都会改变电子。

在亚原子领域，我们无法观察一件东西而不改变这件东西，这就是不确定原理的根本意义。所谓独立的观察者站在旁边看着自然界按着过程走过去而不影响它，这种事情是没有的。

就一种意义而言，这种话无足惊奇。要一个人回头看我们，盯着他的背后看就得了。这没什么好惊奇的，我们都知道，这是一个好方法。可是往往我们虽然知道一件事，可是如果别人告诉我们有一件事可能与这件事相抵触，我们常常就开始不相信自己知道的这件事。古典物理学是以这样的假设为基础的，那就是，实相独立于我们之外，在时间与空间之内，严格地依照因果律走着它的过程。我们不只能够悄悄地观察实相，而且还可以应用因果律从初始条件预测实相的未来。就这一点而言，海森伯的不确定原理很令人讶异。

如果没有初始位置与动量，我们便不能把牛顿的运动定律用在个别的粒子上面。但是，不确定原理告诉我们的，正好就是我们无法断定粒子的位置与动量。换句话说，牛顿的运动定律三百年来一直是物理学的基础，可是，在亚原子领域里，我们对粒子永远没有办法了解到可以运用牛顿的运动定律，连在原则上都没办法。牛顿的运动定律不适用于亚原子领域（连他的概念都不适用）。[①]假设现在有一束电子，那么，量子论可以预测这些电子在某一个时候，在某一空间可能的分布情形。但是量子论没有办法预测其中单个电子的方向，连在原则上都没有办法。因此，"因果的宇宙"这个观念遂在不确定原理之下整个塌缩。

在相关的文字里面，玻尔曾说，由于其本质的关系，量子力学使我们：

　　……最后不得不放弃古典的因果理想，大幅度地修正我们对于物理实相问题的态度。（注九）

---

　　① 其实严格说来，他的运动定律在亚原子领域里面并没有完全消失，作为运算方程式用的时候还是有效的。另外，在某些亚原子粒子的实验里，要描述其中所发生的情况时，他的运动定律亦可以视为相当接近。

然而，不确定原理还有一个令人惊讶的意义。因为，位置、动量这些概念都与我们所谓的"运动粒子"这个观念有密切的关系。我们一直以为我们能够断定运动粒子的位置与动量，但如今知道我们事实上没有办法。这时候我们便不得不承认，所谓的运动粒子，不论事实上是什么东西，都不会是我们心目中的"运动粒子"。因为，如果真是运动粒子，就会有位置与动量。

玻恩说：

……设若这两个属性（拥有明确的位置与明确的动量）我们永远只能决定一个，又假若我们决定了一个以后，对另一个却毫无主张（我们目前为止的实验都是如此），那么我们就没有道理下结论说，我们所检视的"东西"可以按"粒子"这个名词通常的意义说它是粒子。（注十）

不论我们是在观察什么东西，这个东西都可以是动量可以断定，或者位置可以断定。但不论是前者还是后者，我们要在某一时要哪一个清楚显示，都必须经由我们选择。这意思就是，说到"运动粒子"，我们永远看不到它们"真正"的样子，我们只能看到我们选择的样子！

海森伯说：

我们观察的不是真正的自然界，而是显现在我们问问题的方法之下的自然界。（注十一）

不确定原理冷酷地使我们明白与我们周遭的世界隔离的"吾理"是没有的，不确定原理质疑"客观"实相的存在，同时也在质疑"互为关联的诸粒子"的概念以及互补性等。

桌子翻了

桌子现在翻了。"精确的科学"原本研究的是客观的实相，这个客观的实相放着我们尽人事，听天命，不管我们关心不关心，一概照着既定的方向走去。可是现在不行了，科学，在亚原子层次上，不再"精确"。主观与客观的区别已经消失。我们自始就知道，展示宇宙的窗口事实上就是这些弱小的、被动的"我"。譬如我们——无足轻重的我们——就是。我们是证人，看着宇宙显现。"大机器的齿轮"现在变成了"宇宙的创造者"。

如果要说新物理学会把我们带到什么地方，那就是会把我们带回到我们自己身上。这也是当然，因为，我们只有这个地方能去。

部四

无 理

（相对论）

第 ⑥ 章

初 心

无理

无理的重要性再怎么说都不夸张。我们经验的事情越是"无理",我们就越清楚地体验到我们自设的认知结构的界限。我们对实相总是施加种种预定的模式,凡是不符合这些模式的,我们就认为"无理"。但是,事实上除了这个说"无理"无理的心智,实在别无"无理"之物了。

真正的艺术家和物理学家都知道,所谓无理只不过是事物从现在的观点看起来无可捉摸罢了。无理之所以无理,只不过是因为我们还没有找到使事物有理的观点而已。

一般而言,物理学家不会无理地处理事情。他们过的职业生活是以精心建立的思路思考事物的。不过,他们一方面精心建立思考途径,一方面并不惧于闯入无理,闯入连傻瓜都会说是有理的事物。这就是创造的心灵的记号。可是,事实上这根本就是创造的过程。创造的过程,特征在于一种坚定不移的信心,相信总有一个观点可以看到"无理"事实上完全不无理——观诸事实还真是如此。

在物理学界——其他领域亦然——对创造过程感到最快活的,就是彻底挣脱已知事物限制的人。他们挣脱已知事物的限制,越过已知事物的障碍,深入尚未探索的领域。这种人有两个特征,其中一个是拥有小孩子一般如实的看世界的能力。他不照我们对世界所知的来看世界。童话故事"国王的新衣"讲的就是这个。故事里面,国王裸体骑马从街上走过的时候,只有一个小孩子说他没有穿衣服,其他的大臣因为别人告诉他们国王穿着新衣,所以就一定要自己认为国王穿着一件上好的新衣。

我们心中的这个小孩子永远都很天真,感觉很单纯。日本明治时代的南

105

院师父有一次泡茶招待一位教授。这位教授来问师父禅宗的问题。他往教授的杯子倒茶，满了还一直倒。教授在旁边看着，终于按捺不住。

"满了，不要倒了！"

"你就像这个杯子一样，"师父说，"装满了自己的看法和理论。如果你不先倒光你的杯子，我又怎么让你懂禅呢？"

我们的杯子往往都装满了"常识""明确的"，所谓"自明的"东西，一直装到杯沿。

禅者的初心

美国的第一所禅学中心是铃木老师创立的（当然，他毫不刻意，这一点很禅宗）。他告诉门徒说，悟道不难，维持初心才难。"初学者心里有很多可能性，"他说，"专家心里的可能性就少了。"他死后，他的门徒出版了他的言论集，书名就叫作《禅者的初心》（海南出版社出版）。美国的禅师贝克老师在引论中说：

初学者的心是空的，没有专家的种种习惯，随时都可以接受、怀疑，随时向一切可能性开放……（注一）

在科学上，爱因斯坦和他的相对论最能够说明初心。本章的主题即是相对论，以上是创造心灵的第一个特征。

真正的艺术家和科学家第二个特征是对自己的信心坚定不移。这种信心是一种内心力量的表现，这种内心力量使他们把话说出来，使他们确信自己"是世人搞不清楚，不是他们搞不清楚"的认识没错。最先把人类怀抱了几百年错觉看穿的人当然是孤独的。从洞察的一刻开始，他——只有他——就看到了那个明确无疑的事物；而那个明确的事物在不解者（除了他的世人）看来，依然是无理，疯狂，或者竟是异端邪说。他这种信心不是傻蛋的固执。他肯定自己知道的东西，也知道自己可以用一种有意义的方式把这个东西传达给别人。

作家亨利·米勒（Henry Miller）说：

　　我就是随着我的本能和直觉走，事先什么都不知道。事情我要是不懂，我就放着。我知道不久我就会了解，我会明白其中的意义。我相信的是那个写的人，那个作者，那个我自己。（注二）

　　民歌手鲍勃·迪伦（Bob Dylon）有一次在记者招待会上说：

　　我连自己要说什么都不知道。但是我就是把歌写出来了，心里知道不会错。（注三）

　　这种"信"，在物理学界，光量子理论就是一个例子。1905年的时候，光是一种波现象是公认的光理论。尽管如此，爱因斯坦仍然提出论文说光是一种粒子现象。海森伯这样描述当时这一个令人迷惑的情形：

　　（1905年的时候）光既可以依照麦克斯韦的理论解释为由电磁波组成，也可以（依照爱因斯坦）解释为由光量子——高速通过空间的能束——组成。可是，如果说两者都成立，可能吗？爱因斯坦当然知道众所皆知的绕射现象和干涉现象只有用波才能解释。这种波与"光量子"观念之间完全矛盾他无从争论，他连这一个解释的前后不一都不想消除。他就是认为这个矛盾过一些时候就能够了解了。（注四）

　　后来事情果然是这样。爱因斯坦的论文最后导出波粒二象性，然后从波粒二象性才出现量子力学。就是因为量子力学——我们已经知道——才出现一种看待实相和我们自己的方法，与我们习惯的大大不同。爱因斯坦以相对论著称，不过得诺贝尔奖却是因为讨论光的量子性质的论文。这就是相信无理的好例子。

狭义相对论

　　这样的话，有理无理或许只是透视的问题吧！

　　"且慢，"津得微打断我的话说，"我叔叔魏乔治老是认为自己是足球。我们当然知道这没道理。不过他却说我们疯了，他很肯定自己是足球，一直在说。换句话说，他对自己的无理很有信心。这样他会成为大科学家吗？"

不会。魏乔治有两个问题，首先，只有他自己有这种透视；其次，他的透视别无其他观察与之相关。而只有这个与其他观察者相关的透视，才能使我们探触到爱因斯坦狭义相对论的核心。（爱因斯坦创造了两个相对论，一个是狭义相对论，一个是广义相对论。广义相对论是后来者。本章和下一章讨论的是狭义相对论。）

与其说狭义相对论讨论的是相对事物，不如说狭义相对论讨论的是非相对事物。（译者按：读者诸君可能会被以下这一大堆"相对""非相对"等弄糊涂了。不过只要保持耐性看完这一段和下两段，就会豁然开朗，同时也会明白所谓"狭义相对论"为什么叫"狭义"，为什么讨论的是"非相对"——也就是"绝对"事物。）狭义相对论描述的是，物理实相的相对面如何因为不同观察者观点的不同（事实上是不同观察者彼此相对的运动状态）而变动。这个描述同时也界定了物理实在界非变化的绝对面。

狭义相对论并不是说一切事物都是相对的，它说的是"外观"相对。一支尺（物理学家说是"杆"）在我们而言是 1 尺长，在（很快）从我们面前通过的观测者而言却只有 1 寸长。一个小时对我们而言是一个小时，对（很快）从我们面前通过的观测者而言却是两个小时。我们只要知道我们相对于这个观测者的运动。就可以用狭义相对论判断我们的杆和时钟对他而言是怎样的。同理，这个观测者只要知道他相对于我们的运动，就可以用狭义相对论判断我们的尺和时钟对我们而言是怎样。

假若我们在这个观测者通过我们面前的时候做实验，那么，我们和他都会看到这个实验。不过，因为我们用我们的杆和时钟，他用他的杆和时钟，所以我们和他记录的时间和距离都不一样。然而，我们可以运用狭义相对论将这些实验数据置换到对方的参考架构当中去。这样，我们得到的数字最后就都一样。所以，在本质上，狭义相对论说的不是相对事物，而是绝对事物。

不过，狭义相对论的确告诉我们事物的外观如何要视观测者的运动状态而定。狭义相对论告诉我们：（一）一个运动体在它的运动方向上，速度越高，量起来就越短；到达光速时，就完全消失。（二）一个运动物体速度越高，它的质量称起来就越大；到达光速时，它的质量就变为无限。（三）一个时钟运动的速度越快，就走得越慢；到达光速时，就完全不再走动。

不过这一切都是对一个在他而言这物体是运动的观测者而说的。若是对一个随着这个物体运动的观测者而言，那么这个时钟就走得很准，1 分钟嘀嗒 60 秒；没有什么东西变短，什么质量变高。除了这些，狭义相对论还告诉我们，时间和空间并不是有所分别的两件东西。时间和空间两者合成时空。质量和能量实际上也不是不同的东西。质量和能量是质能这种东西不同的形式。

"这是不可能的!"我们叫了，"说什么物体的速度增加，它的质量就会增加，长度变短，它的时间就慢下来。这是胡说八道。"

我们的杯子满出来了。

事实上这些现象在日常生活里面是看不出来的。因为，要看见这些现象，速度必须接近光速。所以，这些效应在宏观世界的缓慢速度当中实际上检测不到。假如检测得到的话，那么我们就会发现高速公路的汽车走的时候比停止的时候短，比停止的时候重，车上的时钟比停止的时候慢。事实上，如果是一个熨斗，我们还会发现这个熨斗热的时候比冷的时候重（因为能量有质量，而热就是能）。

至于这一切爱因斯坦是怎么发现的，这是另一个"国王的新衣"了。

面对当时的两大疑难，只有爱因斯坦用初心来看，其结果就是狭义相对论。这两个疑难，一个是光速的恒定，一个是不论在物理还是在哲学上，我们都不确定所谓移动或不移动是什么意思。[①]

"等一下，"我们说，"这有什么不好确定的? 假设我坐在椅子上，一个人从我面前走过。那么，这个人在运动，我不在运动，这有什么不好确定的?"

"不错，"津得微脱口而出，说，"可是事情没有那么简单。假设你是坐在飞机上面，从你面前走过的是空中小姐。又假设我在地上看着你们两个。在你看来，你是静止的，空中小姐是运动的。可是在我看来，我才是静止的，你们两个都在运动，事情要看你的参考架构而定。你的参考架构是飞机，我的参考架构是地球。"

---

① 爱因斯坦狭义相对论的起点是由古典相对论与麦克斯韦所预测的光速"c"两者的冲突开始的。大家常常爱说一个故事，说爱因斯坦如何想象以光波的速度前进会怎样。譬如说，爱因斯坦看到以光速前进的时候，时钟的指针看起来是静止的。因为，指针的光波赶不上它的速度。

不错，津得微找问题还是很准。不过，遗憾的是他还是没有解决问题。因为，地球根本就不是静止的。地球不但像陀螺一样依轴心自转，而且地球和月亮还沿着一个重力中心，以每秒30公里的速度绕日而行。

"当然，这样说没错，"我们说，"不过这不公平。因为，对我们住在地球上的人而言，地球并没有在动。地球只有在我们把参考架构改到太阳的时候，才是在运动的。如果我们要玩这个游戏，那么整个宇宙就找不到'静止'的东西。从银河的观点看，太阳在动。从另一个银河的观点看，我们的银河在动。再从另一个银河的观点看，这两个银河都在动。事实上从以上任何一个的观点看，其他几个都在动。"

"说得好，"津得微笑着说，"说到要点了。绝对静止，丝毫不动的东西是没有的。运动或不运动总是相对于别的东西来说的。我们是不是在运动要看我们用什么参考架构而定。"

伽利略相对论原理

但是，我们现在讨论的并不是狭义相对论，我们现在讨论的是伽利略相对论原理的一部分。伽利略相对论原理已经有三百年以上的历史。不管什么物理理论，只要和津得微一样承认检测绝对运动与绝对非运动有困难，就是相对论。相对论认为，相对于他物的运动或不运动是我们唯一能够判断的运动。除此之外，伽利略的相对论原理还说，力学定律在所有一致相对的参考架构(物理学家说是"坐标系")之上都成立。伽利略的相对论原理认为，在宇宙另一处，存有一个力学原理完全成立的参考架构；也就是说，存有一个实验与理论完全相符的参考架构。这一个参考架构叫作"惯性"参考架构。所谓惯性参考架构，意思只是其中力学定律完全成立的参考架构。然而，相对于一个惯性参考架构而一致运动的其他参考架构，也都是惯性参考架构。那么，既然力学定律在所有的参考架构都成立，这就表示我们没有办法用力学实验分别出一个参考架构与另一个参考架构。

彼此相对而一致运动的参考架构就是以恒定的速率和方向运动的坐标系；换句话说就是以一个恒定的速度运动的参考架构。譬如说，假设我们不小心在书架上掉下一本书，这本书依照牛顿重力定律直直往下掉，掉在它的正下方。这时我们的参考架构就是地球，而地球以一个神奇的速率在它绕日而行的旅行中运动着，但这个速率是恒定的。[①]

再假设我们是在一列走得相当平滑的火车上掉了一本书，这列火车以恒速前进。这样的话，书本掉落的情况完全一样。这本书依照牛顿的重力定律直直落下来，落在它的正下方。当然，这一次我们的参考架构是火车。因为这一列火车在与地球的关系上速率前后一致，既不增加也不减少；又因为地球在与火车的关系上运动情况亦然，所以这两个参考架构相对于对方都是一致运动的，所以力学定律在这两个参考架构里面都成立。在这种情况下，哪一个参考架构在"运动"就没有关系了。一个人不管在哪一个架构里，他可以认为自己在动，另一个架构静止（火车在动，地球静止），也可以认为自己静止，另一个架构在动（火车静止，地球在动）。就物理学的观点而言，两者没有差别。

可是，如果我们做实验的时候，火车突然加速，那会怎样？这样的话，当然一切都变了。书本还是会掉在地板上，可是落点会在稍微后面的地方。因为，就在书本还在空中的时候，火车已经在它下方向前运动了，这是由于火车在对地球的关系上并非一致运动的。既然火车在对地球关系上并非一致运动，所以就不适用伽利略的相对论原理。

假设所有牵涉到的运动都一致相对，那么我们便可以把一个参考架构里知觉到的运动，换算为另外一个参考架构的运动。譬如说，假设我们站在海岸边，有一艘船以 30 英里（48 公里）的时速从海上驶过。这个时候，这艘船是一个相对于我们的、一致运动的参考架构。现在假设这艘船上有一个乘客站在甲板上，由于他是站在甲板上不动的，所以他的速度跟船一样，也是时速 30 英里。（从他的观点看，我们亦是以 30 英里的时速从他身前经过。）

现在假设这个人以 3 英里（4.8 公里）的时速向船头走去，这样的话，相对于我们而言，他的速度就变成每小时 33 英里（53 公里）。因为，船以每小时 30 英里的速度载着他向前走，他自己走路时速 3 英里，加起来就是 33 英里。（我们生活中实际的例子就是，在商场坐电梯的时候一边同时向上走，上楼上得比较快。）

---

① 不过，虽然我们无法直接经验，可是地球的轨道运动一直在加速。

伽利略转换

现在反过来假设这个人在甲板上向船尾走，他的时速相对于船而言还是3英里，这样的话，他的时速相对于海岸而言就变成27英里（43.45公里）。换句话说，要计算这个人相对于我们的速度多少，方法就是，如果他在船上与船同方向前进，我们就把他的速度加在他的坐标系（船）的速度上面。如果是反方向，我们就从他的坐标系的速度减去他的速度。这种计算法叫作古典转换（伽利略转换）。我们只要知道我们的两个参考架构的一致相对运动，就可以把这个乘客在他的坐标系的速度（时速3英里），转换成他在我们的坐标系的速度（时速33英里）。

这种参考架构对参考架构的伽利略转换，高速公路上面实例很多。假设我们从高速公路上开着车子以75英里（120公里）的时速前进，另外一部卡车以相同的速度从对面开过来。这时来做一个伽利略转换的话，我们就可以说，相对于我们，这部卡车是以150英里（240公里）的时速向我们接近。正面相撞的车祸往往很惨烈就是这个道理。

现在假设有一部汽车追过我们，与我们同方向前进，时速111英里（179公里，这是一部法拉利）。那么，做个伽利略转换的话，我们就可以说，相对于我们，这部法拉利正以35英里（56公里）的时速离开我们。

古典力学的转换规则是一种常识。这样的转换规则说，我们即使无法断定一个参考架构是不是绝对静止的，但只要参考架构之间相对于对方是一致运动的，我们就可以把一个参考架构的速度（和位置）换算为另一个参考架构的速度（和位置）。除此之外，伽利略相对论原理（伽利略转换是由这里产生的）还说，力学定律只要在一个参考架构成立，那么在任何一个相对于它一致运动的参考架构也就成立。

不过，此中有诈。因为，很不幸的是，到目前为止，还没有人发现力学定律在哪一个坐标系成立。[①]

"什么啊！没有道理！不可能！"我们叫了，"那地球呢？"

不错，最先研究力学定律的，伽利略是第一人。他无意识地用了地球做参考架构。（"坐标系"观念一直到笛卡儿才出现。）然而，我们现在的测量

---

① 但是，固定的星辰因为远到可以界定为不转动，所以提供了这一种参考架构。

仪器比起伽利略当时准确多了。当时的伽利略有时候还用脉搏做测量呢！
（这就表示，如果测量的时候他很兴奋，他的测量就不准了。）我们重做伽利
略的落体实验的时候，不管什么时候，我们总是发现实际结果与理论上应有
之结果有出入。这种出入是由地球的转动而起的。坐标系只要是紧紧粘贴在
这个地球上的，力学定律在它就不成立。这是冷冰冰的真理。地球不是惯性
参考架构，从来没有人发现古典力学定律完整彰显的坐标系。开端如此，贫
乏的古典力学定律遂无家可归了。（就这么说吧！）

就物理学家的观点而言，这种情况使我们乱成一团。一方面，古典力学
定律在物理学是不可少的；可是在另一方面，这些定律却是依据一个有可能
不存在的坐标系测定的。

这个问题与"相对"有关。"相对"就是如何以精密的方法断定绝对非
运动（absolute non-motion）。如果我们能够检测到绝对非运动这种东西，那
么，紧搭于其上的坐标系就是我们寻觅已久的惯性参考架构。力学定律在这
个坐标系里面将完全成立。这样的话，那一团乱麻就全部梳理清了。因为，
既然有一个参考架构古典力学定律成立，那么不管这个参考架构是哪一个，
古典力学定律终究有了一个永久地址。物理学家不喜欢没有最后肯定的理
论。在爱因斯坦之前，检测绝对运动（或绝对非运动——先发现哪一个，就
会发现另外一个），以及寻找惯性坐标系的问题，至少可以说是无法最后肯
定。古典力学的结构整个是以这一个事实为基础的，那就是，"在某处""总
会"有一个参考架构古典力学定律成立。由于物理学家找不到这一个参考架
构，所以古典力学一直就像沙滩上的城堡。

包括爱因斯坦在内，都没有人找到绝对非运动，但是找不到绝对非运动
确实是当时的物理学家关注的一个大事项。当时另外一个大问题（普朗克发
现量子姑且不论）是光那种难以理解的、不合逻辑的特性。

光速恒定原理

物理学家在光速实验的过程中发现一件很奇怪的事情。那就是，光速完
全不受古典力学转换定律的影响。当然，这毫不合理。可是，一次又一次的
实验却证明是这样没错。光速是物理学家遭遇过的最无理的事情。因为，光
的速度从来不变。

"光速永远以相同的速度前进，"于是我们问了，"这有什么好奇怪的？"

"天啊，天啊，"一个忧愤的物理学家大约在 1887 年说了，"你们就是不了解。问题在于，不管是什么测量条件，观测者怎样运动，光的速度永远是每秒 30 万公里。"[①]

"这有什么不好吗？"我们开始感觉事情奇怪了。

"不只不好，"物理学家说，"因为这根本不可理喻。你看……"他让自己镇静下来说话，"假设我们站着不动，我们前方有一盏灯，也不移动。这盏灯一次一次地亮起来。然后我们测量这个光的速度。你认为我们测到的光速是多少？"

"每秒，"我们说，"30 万公里。"

"没错！"物理学家说，他那看穿一切的表情让人不安，"现在假设这盏灯还是静止不动，但是我们以每秒 16 万公里的速度向这盏灯走去。这样，我们测出来的光速会变多少？"

"每秒 46 万公里，"我们回答，"那是光速再加上我们的速度。"（这就是典型的伽利略转换。）

"错了！"物理学家喊道，"问题就在这里。事实上这一次光速还是每秒 16 万公里。"

"等一下，"我们说，"这不可能。你是说如果这盏灯静止，我们向这盏灯走去，这时候我们测到的光的速度跟两者都静止的时候一样？这不成立啊！光发射的时候，速度是每秒 30 万公里。如果我们向这盏灯走去，它的速度量起来应该更快。换句话说就是它发射的速度加上我们的速度，也就是 30 万加 16 万，等于每秒 46 万公里。"

"不错，"我们的朋友说，"可是没有。光的速度量起来还是每秒 30 万公里，就好像我们还是静止不动一样。"

沉静了一会儿以后，他说："现在假设一种相反的情况。假设这盏灯还是静止不动，但我们反方向以每秒 16 万公里的速度离开这盏灯，这时光的速度量起来是多少？"

"每秒 14 万公里？"我们心里抱着希望说，"也就是光的速率减去我们离

---

① 这是在真空而言。在其他物质里面，光速依照物质的折射指数而变化，公式是：$c\text{物质} = c\text{折射指数}$

开光的速率?"

"又错了!"我们的朋友说,"应该是,可是没有。光的速度量起来还是每秒 30 万公里。"

"这叫人无法相信。你的意思是,不论灯和我们都静止的时候,或是灯不动而我们向灯走去,还是灯不动我们反方向走开,灯发射出来的光的速度量起来都一样?"

"没错!"物理学家说,"都是每秒 30 万公里。"[1]

"你有证据吗?"我们问他。

"真不幸,"他说,"我有。美国物理学家阿尔伯特·迈克耳孙(Albert Michelson)和爱德华·莫雷(Edward Morley)刚刚完成了一次实验,证明光速恒定,完全不受观测者运动状态的影响。"

"不能发生这种事,"他叹口气说,"可是发生这种事。完全不合理。"

以太

迈克耳孙-莫雷实验汇合了绝对非运动和光速恒定这两个问题。迈克耳孙-莫雷实验(1887 年)是一个残酷的实验。所谓残酷的实验,意思是说,这个实验决定了一个科学理论的生死。当时,这个实验验证的是以太理论。

以太理论是说,整个宇宙充满了一种看不见的,无臭无味、没有任何属性的物质;这种东西之所以存在,纯粹只是为了让光有东西可以传导。这个理论说,既然光像波一样进行,那么必然就有一样东西波动,这种东西就是以太。以太理论是人类最后一次企图用解释一种"东西"来解释宇宙。用东西(譬如"大机器")来解释宇宙是机械观的特性。我们说机械观,指的就是牛顿以降,一直到 19 世纪中叶全部的物理学。

---

[1] 相反的情况(观测者静止不动,光源移动)可以用前相对论物理学(pre-relativistic physics)来解释。事实上,如果把光认为是一种波现象,由波方程式统御,那么我们可以"期待"量出来的速度是独立于光源的速度之外的。譬如说,从喷射机发出的声波就不受它的影响。声波不管飞机的运动(声源移动的时候,频率会变——此即多普勒效应),从起点以一个速度在媒介(大气)中传导。前相对论物理学假设的是波是在一个媒介(在声波是大气,在光波是以太)中传导。问题在于,我们已经测出光速不受观测者移动影响(迈克耳孙-莫雷实验)。换句话说,如果假设光波是在一个媒介中传导,那么我们又如何能够通过这个媒介,向传过来的光波前进而又不增加它测得的速度?

照以太理论所说，以太四处皆有，物物皆有。我们在以太之海生活，也在以太之海做实验。对于以太而言，即使是最坚硬的物质也像海绵一样；海绵多孔质而易于吸水，而即使是最坚硬的物质也像海绵一样易于吸收以太。但是我们找不到什么门路进入以太。我们在以太海中运动，可是以太海自己并不运动。以太的不运动是绝对的、毫不含糊的。

所以，以太之所以必须存在，主要的理由固然是要让光有一样东西在其中传导，但是这样的存在也就解决了原始坐标系的问题。力学定律在这个原始坐标系里面将完全成立。如果以太真的存在（但以太必须存在），那么我们就可以用搭附在上面的坐标系来对比所有其他的坐标系，看这些坐标系是运动或是不运动。

迈克耳孙－莫雷实验

迈克耳孙和莫雷的发现判了以太理论的死刑。[①] 不过同样重要的是，他们的实验导出了爱因斯坦革命性新理论的数学基础。

迈克耳孙－莫雷实验的想法在于断定地球通过以太海的运动情形。不过问题在于怎么做？如果是两艘船在海上航行，两者都可以断定彼此的相对运动。可是，如果只是一艘船在平静的海上航行，那么这艘船就没有参考点来测定自己前进的情形。若是以前，水手会从船边放一个测速仪在海面上，然后再测船相对于测速仪的运动。迈克耳孙和莫雷的方法一样，只是他们丢在船边的不是测速仪，而是一束光线罢了。

他们的实验在概念上实在很简单，不需要什么天才。他们说，如果是地球动而以太海静止，那么地球在以太海中的运动必然会造成以太风。这样的话，如果有一束光在以太风中逆向前进，那么这束光的速度必然比横向穿越以太海的光束慢。迈克耳孙－莫雷实验的要旨就在这里。

每一个飞行员都知道，如果来回飞行的行程里面有一趟逆风，那么（即使另一趟是顺风）如果要飞行一样远的距离，这趟飞行耗费的时间会比横越同样的风久。同理，如果以太海理论正确，那么一束光先在以太风中逆流而

---

① 不过量子场论却复兴了一种新的以太，这就是说，场的平常基态（真空状态）的激动态就是粒子。真空状态非常平常，高度对称，所以我们无法在实验上配给它一个速度。

上，然后再折回顺流而下，回到起点，所耗费的时间必然比横向来回穿越以太风的光束多。

迈克耳孙和莫雷制造了一部仪器来检测这种速度的差异。这种仪器叫作干涉仪。这部仪器可以在这两个光束回到同一个地方时，检测两者的干涉型。

这种干涉仪工作的情形是这样的，一个光源对着一面半反射镜（和那种从外面看像镜子，从里面看是透明的太阳眼镜很像）射出一束光 ━━━▶。半反射镜把这一束分为透射光 ━━━▶ 与反射光 ----▶。两者互成正角行进一段相同的距离然后折回。折回之后，经由同一面半反射镜再恢复为原来的光 ━━━━▶，然后射进干涉仪里面。我们只要观察这两股光聚合之后在干涉仪里面产生的干涉型，就可以断定两者速度的差值。

但是，做完这个实验之后，我们却测不到两者的速度有何不同。将干涉仪方位调整 90 度，使原来逆以太风的光变为横越以太风，原来横越以太风的光转为逆以太风，然后再测量两者的速度，结果发现两者速度依然一样。

换句话说，迈克耳孙-莫雷实验没有办法证明以太的存在。这样，物理学家若无法找到合理的解释，便不得不面对两种令人不安的选择，一个是，地球不动（而哥白尼错误），再一个是，以太不存在。但是两者都令人难以接受。

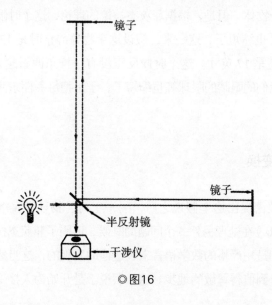

◎图16

迈克耳孙和莫雷认为，既然地球通过太空时上面带着一层大气层，那么通过以太海时，或许也带着一层以太，所以地表一带也就测不到以太风。不过这只是或许。这种无解一直要到 1892 年，一个爱尔兰人名唤菲茨杰拉德（Georg Francis Fitzgerald）者提出一个惊人的解释之后，才算有了一个比较好的假说。

菲茨杰拉德收缩

菲茨杰拉德说，也许以太风的压力会压缩物质，好比有弹性的物体在水中前进会在前进的方向上变短一样。果真如此的话，那么干涉仪上正对以太风的指针，必然比不正对的指针短了一些。所以光在以太风中进行而后再折回，如果速度减慢，干涉仪也就测不出来，因为这个时候光行走的距离也缩短了。事实上，干涉仪上面指向以太风的指针变短的量，如果与光速减慢以后通过这支指针的量相当，那么实验中的两束光将同时回到干涉仪。因为，速度快的光束走了比较长的距离，速度慢的光束走了比较短的距离。

菲茨杰拉德的假说比起其他假说有一个很有利的地方，那就是，他的假说不可能反证（亦即证明为假）。他只说到运动方向上一种单维度的收缩，这种收缩随速度的增加而增加。不过要点在于所有的东西都会收缩。如果有一个物体以接近光速的速度运动，而我们想测量这个物体的长度，这时我们必须先赶上这个物体。但是，根据菲茨杰拉德的理论，这个时候带在我们身上的仪器的指针也缩短了。这一来，假设这个物体静止时是 17 英寸，那么现在量起来也还是 17 英寸。这个时候反正没有一样东西看起来会是缩短的，因为，这时我们的眼睛的眼球等也缩短了，于是把每一件东西都扭曲到看起来很正常。

洛伦兹变换

菲茨杰拉德提出这个假说之后，隔一年荷兰物理学家洛伦兹（Hendrik Antoon Lorentz）在处理另外一个问题的时候，证明了菲茨杰拉德的假说。不过，洛伦兹却是用严格的数学语言来表达他的发现的，这当然就把菲茨杰拉德的假说提升到值得尊敬的地步。这个假说于是开始为人接受。这种接受的程度，如果我们想想这个假说当初的幻想气质，是要觉得惊讶的。关于菲茨杰拉德－洛伦兹收缩，洛伦兹定出来的公式后来就叫作洛伦兹变换。

讲到这里，舞台已经布置好了，布景全部就绪。检测以太失败，迈克耳孙－莫雷实验，光速恒定，菲茨杰拉德－洛伦兹收缩，洛伦兹变换。凡此一切事实，20世纪初一直困扰着物理学家，不过爱因斯坦除外。看到这些布景，他的初心看到了狭义相对论。[①]

---

① 据说当初爱因斯坦发现狭义相对论的解理过程中，并不包括迈克耳孙－莫雷实验在内。然而其实这个广受瞩目的实验，它的结果"飘在空中"足足18年以后，爱因斯坦才提出狭义相对论的论文（1905）。而且，这些结果也引导出洛伦兹变换，而洛伦兹变换正是狭义相对论数学形式的中心。

第 7 章

狭义无理

狭义相对论

检视过诸般事实之后，爱因斯坦的第一个专业行动等于是说："国王什么衣服都没穿！"他的言外之意就是，"以太不存在"（注一）。狭义相对论的第一个信息是，既然以太检测不到，而且也没有什么用处，我们就没有什么道理再找它。以太之所以检测不到，是因为我们每一次检测以太及判断其性质的努力，都彻底失败。这种努力以迈克尔逊－莫雷实验为最，但还是找不到以太的存在；其次，以太之所以没有用，是因为如果光的传导可以看作以太介质的骚动，那么同样也就可以看作是能量依照麦克斯韦场方程式在真空中传导。在麦克斯韦还只是暗含的事情，到了爱因斯坦就说得很清楚了。（发现电磁场的就是麦克斯韦。）"电磁场，"爱因斯坦说，"并不是一种介质（以太）的状态，也不隶属于什么承载者。电磁场是独立的实在，无法再化约成任何东西……"（注二）这种主张因为物理学家无能检测到以太而受到支持。

爱因斯坦以这样的主张结束了力学虚幻的历史。力学一向以为物理事件可以用"东西"的说法来说明。古典力学就是物体以及物体之间力的故事。然而，在 20 世纪那么早的时候就突破这个三百年的传统，大胆宣称电磁场与任何物体无涉，不是以太介质的状态，是"最后的，不可化约的实在"（注三），实在非比寻常。物理学理论自此而后就再也没有具体的形象，量子力学即是如此。

相对论和量子论宣告了一种前所未有的距离，一种与向来的物理理论特有的经验遥望的距离。不过，事实上这股趋势目前依然持续不断。现在的物理学好像受到一个断然不移的规律统御，涵盖的经验面越来越广，可是也越来越抽象。如今只有时间才能告诉我们这个趋势会不会倒转。

由于爱因斯坦看不到"国王的新衣"而产生的第二个受害者是绝对非运动。因为，我们凭什么单单由于说一个参考架构绝对不运动，就使它比其他参考架构"优先"(注四)？这种架构在理论上也许要得；但是，因为这种参考架构并非我们经验的一部分，所以应该排除不计。在理论结构里面摆上一个特质，而我们的经验体系里面却没有一个特质与之对应，这是"不可忍受的"。(注五)

爱因斯坦一举推倒了这两块物理学与哲学的大积木(以太与绝对非运动)，创造了一种崭新的方法来知觉实在界。现在，没有了以太和绝对运动来混淆视听，情况就单纯多了。

这样，爱因斯坦的下一步就是面对一个在迈克耳孙－莫雷实验之下见光(非双关语)的问题。这个问题就是光速的恒定。光的速度，不管观测者的运动状态如何，永远都是每秒30万公里，为什么？

爱因斯坦灵机一动，就把这个问题转变为一项命题。一开始，他暂时就光速为何恒定不提出疑问。光速恒定既是实验上无法反驳的事实，他就接受。清楚地认识清楚的事实乃是一个逻辑程序的第一步。这个逻辑程序既然已经开始，那么它说明的就不只是光速恒定，而且还涉及其他许多东西。

光速恒定的难题在爱因斯坦手下变成了光速恒定原理，而光速恒定原理便是狭义相对论的第一个基石。

光速恒定的原理是说，不管什么时候，不管我们相对于光源是运动还是静止，只要我们测量光速，结果都完全一样。光速每秒30万公里，一概不变。[1]

从古典力学而言，光速恒定原理毫无意义。因为，事实上光速恒定完全违背常识。在爱因斯坦之前，"常识"的垄断总是把光速恒定划归为"谜题"。只有爱因斯坦那样纯洁的初心才能认识到，既然光速恒定的确没错，那么错的就是常识。

爱因斯坦的初心最大的受害者就是古典(伽利略)转换的整个结构。这个结构是常识粘贴在宏观维度与速度之上的一颗甜蜜的水果。这颗水果是虚幻的。但是，要丢弃常识是很不容易的，做到这一点的，爱因斯坦是第

---

① 这是就真空里的光速而言。光在物质里速度会变。变动的情形依物质的折射密度而定。迈克耳孙－莫雷实验发现的就是这些。

一人。他的方式是"全盘"放弃,所以他对时间与空间之性质的知觉也就非常不一样。并且,该说该做的都说都做了以后,他的时间观与空间观最后证明是比常识有用。以上,我们讨论了狭义相对论的第一个基石,亦即光速恒定。

狭义相对论的第二个基石,是相对论原理。爱因斯坦一旦排除了"绝对非运动"这个观念,ipso facto(就这个事实而言),他的理论自然就成为相对论。因为,既然除了伽利略的相对论原理没有更好的相对论原理,爱因斯坦就直截了当地借过来。不过,当然,他把它变成了现代的东西。

伽利略的相对论原理是说,凡是在一个参考架构成立的力学定律,在其他与之相对一致运动的参考架构中也都成立。换上另一种讲法就是,我们没有办法用力学定律的实验,来断定我们的参考架构相对于力学定律亦是成立的其他参考架构,是运动还是静止。

爱因斯坦把伽利略相对论原理扩大,使它不只包含古典力学定律,而是包含一切物理定律。其中尤其重要的是统御电磁辐射的定律。在伽利略的时代,电磁辐射还没有人知道。

爱因斯坦的新相对论原理是说,所有的自然定律在一切相对一致运动的参考架构中完全一样;所以,我们无从分辨绝对一致运动(或非运动)。

简而言之,狭义相对论有两个基石,一个是光速恒定原理(迈克耳孙 – 莫雷实验),一个是相对论原理(伽利略)。简单来说的话,狭义相对论是建立在这两个命题上面的:

(1)凡是相对于彼此是一致运动的参考架构,光在其间的真空中速度都一样。

(2)凡是相对于彼此是一致运动的参考架构,所有的自然定律都一样。

可是,第一个命题简直就是在找麻烦。因为,这个命题或是古典转换律都不可能为真。根据古典转换律(以及常识),光速等于光从光源射出的速度加上或减去观测者运动的速度。但是,根据实验,光速不管观测者运动状态如何,永远都一样。常识与实验结果完全不一样。

爱因斯坦的初心告诉他,既然我们无法和事实(实验证据)争辩,那么必然是我们的常识错了。他决定丢弃常识。他只看到国王以前穿的那件衣服(光速恒定和相对论原理),因此决心把他的新理论建立在这件旧衣服上。这样，他一脚跨进了未知的领域——但事实上是不可想象的领域。他在新的领域里面探索从来没有人来过的土地。

不论观测者的运动状态如何，光速永远一样。为什么会这样？测量光速要一个时钟和一把尺（一根杆子）。如果相对于光源是静止的观测者测出来的光速与相对于光源是运动的观测者测出来的光速一样，那么，不论如何，这必然是因为观测者使用的测量仪器，从一个参考架构转变到另一个参考架构的时候，它转变的方式使光速量起来完全一样。

光速量起来之所以恒定，是因为测量用的杆和时钟依照自己的运动转换了参考架构。简而言之，对静止的观测者而言，移动的杆长度会变，移动的时钟节拍会变；但同时，对一个随着移动的杆和时钟一起运动的观测者而言，杆的长度和时钟的节拍都不会有什么变化。所以这两个观测者量出来的光速都一样，两者在测量过程和测量仪器上都检测不到任何不寻常的事物。

这种情形跟迈克耳孙－莫雷实验很接近。根据菲茨杰拉德和洛伦兹的说法，干涉仪的指针正对以太风时，会因为以太风的压力而变短。所以，从正对以太风的指针通过的光，比起从另一支指针通过的光，走的距离就比较短，花的时间也比较少。所以，两者测出来的光速都一样。洛伦兹变换说的就是这一回事。想一想，洛伦兹变换既然可以说明虚构的以太风造成的收缩，也就可以用来说明运动造成的收缩。

在菲茨杰拉德和洛伦兹的想象里，杆是在以太风的压力下收缩的。可是依照爱因斯坦的看法，造成收缩——以及时间膨胀——的却是运动的本身。

这里要讲的是看待物体收缩的一种方式。如果一把运动的量杆变短了，一个运动的时钟跑得比较慢了，那么"光速恒定"就是必然的结果。因为，观测者如果是运动的，那么比起静止的观测者，他的量杆比较短，他的时钟比较慢，所以他量起来的结果还是一样。这两个观测者量出来的光速都是每秒30万公里。但是，不论是运动还是静止，他们都不会认为自己的量杆和时钟不准。如果他们还执着古典转换律，他们只会惊讶光速都一样而已。

爱因斯坦的基本设定（光速恒定原理和相对论原理）初步结出了两个果实：第一，一个运动的物体会随着运动速度的增加而逐渐变短，到达光速以后便完全消失；第二，一个运动的时钟会随着运动速度的增加而越走越慢，到达光速以后便完全停止。

"本征"与"相对"的长度与时间

不过，这种情形只发生在"固定"的观测者身上，也就是相对于运动的杆和时钟是静止的观测者身上。观测者如果是随着这些杆和时钟一起运动的，就不会发生这种情形。爱因斯坦为了要说明这一点，特别引用了"本征"（proper，意为"本身的"）和"相对"这两个讲法。他说，如果我们本身是固定的，这时观察我们那根固定的量杆和时钟，我们所看到的长度和时钟便是"本征"长度和"本征"时间。本征长度和本征时间看起来永远都很正常。如果我们固定，而量杆和时钟相对于我们是快速运动，这时这根量杆的长度便是"相对"长度，这个时钟的时间便是"相对"时间。相对长度永远比本征长度短，相对时间永远比本征时间慢和久。

你在自己的手表上看到的时间是本征时间，一个人在你面前经过，你在他手表上看到的时间是相对时间。你在自己的量杆上看的长度是本征长度，一个人从你面前经过，你在他的量杆上看到的长度是相对长度。他的相对时间在你看来比较慢，他的相对长度在你看来比较短。不过，若是从他的观点看，则他是静止的，你是运动的，于是整个情况便倒转过来。

现在假设我们在一艘太空船上面，我们规定每15分钟按一次钮把一种信号传回地球。我们的速度逐渐加快，这时地球上的人员发现，我们的信号不再每15分钟到达一次，而是17分钟，然后是20分钟。几天以后，我们的信号每两天才到达一次，弄得他们很沮丧。我们的速度依然在增加，于是我们的信号变成几年才到达一次。最后，在两次信号之间，地球上已经过了好几代。

但是，在这同时，太空船上的我们对地球上的这种情况却毫无所知。就我们所知，虽然每15分钟按一次钮变得很无聊，但是一切都照计划进行。不过几年（我们的本征时间）待我们回到地球才发现，依照地球时间，我们已经去了好几个世纪。至于到底多久，要看我们的太空船飞得多快。

上面说的并不是科幻小说，这是有根据的。这个根据就是物理学家都知道的一种疑难现象，叫作"狭义相对论的双胞胎"。这一对双胞胎一个留在地球上，一个上了太空船去太空航行。等到他回来的时候却发现他比他的兄弟年轻。

本征时间和相对时间的实例多的是。假设我们在太空站上观察一艘宇宙飞船，以相对于我们每秒26万公里的速度在太空中前进，这时我们会发现太空船里面的太空人动作有点呆滞。那种呆滞好比我们平常所见的那种慢动作。除此之外，太空船里面所有的东西，动作也都没有不缓慢的。譬如说，他的雪茄燃烧的时间就有我们的两倍之久。

当然，他的呆滞有一部分是因为他正在迅速地拉长他和我们的距离，所以随着逝去的每一刻，他船上的光要到达我们的眼睛也越来越慢。但是，把这一切额外的因素扣除之后，我们发现太空人动作的速度依然比平常慢。

可是，对这个航天员而言，却是我们以每秒26万公里的速度从他面前飞过。等到他扣除额外的因素之后，他发现我们的动作很呆滞，我们的雪茄燃烧的时间有他的两倍之久。

青草总是另外一边比较绿，这大概就是最后的原因吧！每个人的雪茄都比我的燃烧得久。（不幸的是，如果要去看牙医也要走两倍远。）

我们自己经验和测量的时间是我们的本征时间，我们的雪茄燃烧的时间就是我们正常的时间，但我们测量到的太空人的时间为相对时间。因为他的时间走起来慢一半，所以他的雪茄燃烧起来有我们的两倍之久，这是就时间而言。至于本征长度和相对长度也是一样。从我们的观点看，太空人的雪茄如果是正对太空船前进的方向，那么他的雪茄就比我们的雪茄短。

换到钱币的另一面看，那么就是太空人看他自己是固定的，他的雪茄很正常。但他看我们一样，也是以相对于他每秒26万公里的速度前进，我们的雪茄也比他的短，燃烧得慢。

爱因斯坦的理论已经通过各方面的证实，结果总是非常正确。

关于时间的膨胀，最普通的证明是高能粒子物理学。μ介子是一种很轻的元素粒子。这种粒子是在大气层上空因为质子(一种"宇宙射线")与空气分子的撞击而产生的。若是用加速器制造μ介子，这样的μ介子的生命很短。它们的生命短到无法从大气层上飞到地球。它们等不及穿越这一段行程，早就衰变为别种粒子。但是，情形又好像不是这样。因为，我们在地球表面就检测到很多μ介子。

为什么宇宙射线制造的μ介子生命比较长？宇宙射线制造的μ介子生命比加速器制造的长7倍，为什么？答案在于，宇宙射线与空气分子撞击之后所产生的μ介子，比用实验技术制造出来的μ介子速度快了很多。宇宙射线制造的μ介子速度大约是光速的99%，时间的膨胀在这样的速度已经非常明显。对这些 μ 介子自己而言，它们的生命不曾有一瞬间延长。不过就我们的观点而言，它们的生命却比慢速的时候延长了 7 倍。

这种情形不只 μ 介子是这样，别的亚原子粒子差不多也都是这样。譬如 π 介子。π 介子的速度约为光速的 80%。所以它的生命平均为慢速 π 介子的 1.67 倍。狭义相对论告诉我们，这些高速粒子本有的生命其实并没有延长，不过是时间的相对流动率慢下来罢了。

这种现象在当时仅止于可能。狭义相对论对这些现象只能做一些数学计算。我们是一直到晚近才有技术上的能力创造这种现象。1972 年，科学家把四座当时最准确的原子钟放在飞机上环绕地球飞行。行前这四座钟已经和另外四座留在地面的原子钟对时。结果飞行回来以后发现，飞机上的四座钟都比地面的四座钟慢了一些。[1] 下一次再坐飞机，记得你的手表会走慢一些，你的身体会有比较多的质量，如果你坐的是正前方，你会瘦一点。根据狭义相对论，一个运动的物体会随着速度的增加而在运动的方向上收缩。物理学家特雷尔（James Terrell）曾经以数学显示这种现象很像一种视觉上的错觉，跟真实世界投射在柏拉图洞穴墙壁上的影子一样。

柏拉图这个很有名的比喻是说，一个洞穴里有一群人被铁链锁着，他们只能看到墙壁上的影子。这些人知道的世界就是这些影子。有一天，有一个

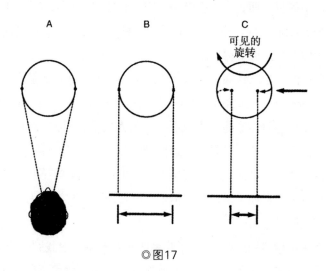

◎图17

---

① 这些原子钟有向东飞的，也有向西飞的。这次实验科学家不但发现狭义相对论效应，也发现广义相对论效应。（J.C.Hafele and R.E.Keating, Science, vol 177, 1972, p.168ff）

人逃到了外面的世界，耀眼的阳光使他睁不开眼睛。等到他习惯了以后，他也明白了这才是真正的世界，以前他所知的世界只是真实世界的投影。（不幸的是，等到他回到洞里以后，其他人都认为他疯了。）

图A画的是从头顶和球形上方俯视下来的情形，虚线连接球形两侧的两点和我们的眼睛。

特雷尔对相对论收缩的解释

特雷尔说明的第一个步骤就是从球形侧边两点对着球形正下方的一张幕画线。换句话说，假设这个球是在你的正前方，这两条线就好比从球的侧边两点垂直挂下来一样。把这本书拿在你的正前方看图B就是这种情形，这时你的眼睛就相当于图A人物眼睛的位置。

现在假设这个球以相对于光速算是很快的速度，从右边向左边运动。因为这个速度够快了，所以便发生了很有意思的事情。譬如说，本来球会挡住球左后侧的光线，使我们看不到。右边的情形刚好相反，发出光信号的地方通常是在球的"后面"。球就在这些点和我们之间由右向左运动。但是，因为球现在是向左运动，所以来自球的前面点的光信号都被球挡住了。这样，由球"后面"发出的光信号我们便全部看见了。这种情况造成的结果就是一种视觉的错觉。那就是，我们看到的这个球好像有人顺着轴心在转它一样。

现在我们再来看看球两侧的点投射在幕上面的距离。从图C我们可以看到，这两点投射在幕上的距离比球刚开始运动的时候短了很多。狭义相对论里面的方程式说到由运动产生的收缩，也就是在说这些投影。

球因为快速运动，所以一方面跑进自己的一部分光信号里面，一方面又同时跑出自己的另一部分光信号之外，这种事使球看起来像在旋转。这就是使球上面任何与运动方向成直线排列的两点的投影距离变短，情形好比有人在旋转这个球一样。球的运动速度越快，看起来越像是在"转动"，幕上投射的两点也就越短。所以，收缩其实是投影。现在，只要把"幕"代换成"从我们的参考架构看到的球"，我们就得到了特雷尔对相对论收缩的解释。

但是，运动的时钟产生的时间膨胀，以及运动的物体产生的质量的增加，迄今还未有相关的解释。相比之下，这方面的努力还很稚嫩。

相对质量的增加

狭义相对论说，一个运动的物体，其质量随着运动速度的增加而增加。牛顿对这一点会毫不犹豫地斥为胡说。可是牛顿的经验其实很有限，仅限于和光速比较起来很慢的速度。

古典物理学告诉我们说，一个运动的物体若要增加速度，譬如每秒 1 英尺，必须施加某一个量的力。我们只要知道这个量是多少，那么不论什么时候，只要我们想使这个物体增加每秒 1 英尺(0.3 米)的速度，我们只要将这么多量的力施加在上面就可以了。如果物体现在的速度是每秒 100 英尺(30.48 米)，那么这个量就会使它的速度增加为每秒 101 英尺(30.78 米)。根据牛顿物理学，如果这个量可以使物体速度由每秒 100 英尺增加到 101 英尺，也就可以使同一物体的速度由每秒 8000 英尺(2438.4 米)增加到 8001 英尺(2438.7 米)。

但是，事实上牛顿物理学错了。要使一个运动速度每秒 8000 英尺的物体速度增加每秒 1 英尺，所需要的力比从 100 英尺增加每秒 1 英尺多。

这是因为物体运动越快，动能越多，这些多出来的能量使物体仿佛多了一些质量。这个道理就好比对一部卡车在一段时间之内施加一个量的力，这部卡车增加的速度比对一列火车在同样时间之内施加同量的力增加的速度多，这当然是因为火车的质量比卡车多的缘故。

因为这个道理，所以粒子在高速运动的时候，它的动能仿佛使它比慢速的时候有比较多的质量。实际上，狭义相对论已经告诉我们，一个运动的物体，其实际质量并不会随速度的增加而增加。

大部分亚原子粒运动速度并不一定，所以各自皆有多个相对质量。因此，物理学家计算的粒子质量是"静止质量"。静止质量就是粒子不运动时的质量。当然，亚原子粒子从来不曾真正静止过，但是这些计算数字提供了一个统一比较粒子质量的方法。这种统一的方法是必要的；因为，粒子的速度一旦差不多达到光速时，它的相对质量就要看它的速度多快而定。

同时性

爱因斯坦发现运动的时钟节拍会改变，这个发现使我们看世界的方式做了重大的修正。我们自此知道，宇宙并没有"宇宙时间"，有的只是各个观察者自己的本征时间。观察者的本征时间每一个都不一样，除非有两个观察者相对于彼此都是静止的。如果宇宙有心脏的话，它心跳的速度要看听的人而定。

狭义相对论告诉我们，在一个参考架构看来是同时发生的两件事。从另外一个参考架构看来可能就不是同时发生。爱因斯坦用他很有名的思想实验来解说这一点。

思想实验就是不用仪器只用思考的实验，这种实验的好处在于不受实验设备的限制。大部分物理学家只要知道思想实验的结果会和真正实验的结果一样，都能接受思想实验，认为思想实验确是有效的理论工具。

爱因斯坦的思想实验是这样的。假设人在一个房间之内，而这个房间是运动的。房间的正中央有一盏灯泡，定时发出亮光。房间四壁是玻璃的，所以外面的观察者可以看到房间里面的事情。

现在假设，房间内的灯泡就在房间外面的观察者通过的时候亮了。我们的问题是，我们在房间内所见和外面的观察者所见有没有不同？根据狭义相对论，答案非比寻常，打破概念的"有"——两地所见差别甚大。

在房间里面，我们看到灯亮，光以同速向四面八方散布。由于四面墙皆与灯泡等距，所以我们看见的是光同时打在前壁和后墙。

外面的观察者呢？外面的观察者同样也看到灯亮，也看到光以同速向四面八方传播。但是，跟我们不一样的是，他除了看到这些，还看到房间运动。所以，从他的观点看，房间前壁一直在逃开光的接近，后墙则一直在赶上去迎接光。因此，在他看来，光是先到后墙，后到前壁。如果和光速相比房间运动的速度算慢的，那么光到达前后墙的时间差别也就不大。但不论如何总有先有后，不是同时。这就是爱因斯坦关于狭义相对论的思想实验。

由这个实验我们知道，我们和外面的观察者虽然都看到了同样的两件事——也就是光打在前壁和光打在后墙，可是我们说出来的故事却不一样。对我们来说，这两件事是同时发生的。但是对外面的观察者而言，这两件事却是一前一后发生的。

在这里，爱因斯坦的革命性发现就是，对一个观察者而言同时发生的事情，在另外一个观察者看来却不是同时发生；其差别看各人的相对运动而定。换一种讲法，从一个观察者的参考架构看来一前一后发生的两件事，在另一个观察者的参考架构看来却是同时发生的。两个观察者说的虽然是同样的两件事，可是一个会说"前""后"，另一个观察者会说"同时"。

换句话说，"前""后""同时"都是局部用语，没有宇宙全体的意义。在一个参考架构"前"的事，在另一个参考架构可能是"后"，在第三个参考架构可能是"同时"。①

将一个观察者在一个参考架构所见转译成另一个观察者在另一个参考架构所见的数学，是为洛伦兹变换。洛伦兹变换是一组方程式，爱因斯坦对这一组方程式是照单全收。

在爱因斯坦之前，从来没有人从思想实验这么简单的理论工具得出这么惊人的结果。这是因为没有人像他一样，胆子大到敢提出。之所以没有人敢提出光速恒定原理这么惊世骇俗的东西，是因为光速恒定原理完全违背常识，尤其违背以古典转换律为代表的常识。由于古典转换律这样地深入我们生活的经验，所以没有人会怀疑。

即使到了迈克耳孙-莫雷实验做出的结果不符合古典转换律，也只有爱因斯坦的初心才会认为可能是古典转换律错误。所有的人里面，只有爱因斯坦想到古典转换律可能在极高速度的时候不成立。这并不是说古典转换律不正确，而是说，在（相对于每秒30万公里）低速时，我们没有办法透过感官检测到物体的收缩和时间的膨胀。在低速这种有限的情况下，古典转换律确实是生活经验很好的指南。没错，搭电梯时，边搭边走上去确实到楼上比较快。

如果前面那个思想实验我们用声音（不用光）来做，我们就不会得到狭义相对论的结果。我们反而会证实古典转换律。声音的速度不是恒定，所以声音没有声速恒定原理。声速会依照观测者的运动状态而改变，而观测者是受常识主宰的。在这里，重要的是"主宰"这两个字。

声音的速度虽然好像很快（时速700英里，即时速1126.5公里），可是我们的确生活在慢速的有限世界里。我们的常识是依据这个有限环境的经验建立的。如果我们想超越这个有限的环境，拓展我们对事物的理解，那么我

---

① 不过这一点只有类空间区隔的事件才是这样。至于类时间区隔的事件，则前后关系皆保留给每一个观察者。不论是什么参考架构，只要是运动速度低于c，其中类时间区隔的事件就不会同时发生。

们就必须彻底重组我们的概念结构。爱因斯坦做的就是这一回事，是他最先知道，我们必须重组我们的概念结构，才能使每一个测量光速的人，不论运动状态如何，都能在光速恒定这种难以理喻的实验发现中看出意义。

他就是因为这样，所以能够将光速不变的疑难转变为光速恒定原理。这一来又使他得到一个结论，那就是，如果光速真的在每一个观测者检测之下恒定的话，那么不同运动状态的观测者，其测量仪器必然也有不同的变化，这样他们测出来的结果才会一样。爱因斯坦运气很好，他发现荷兰物理学家洛伦兹建立的一些方程式也表达了这种变化，所以他就整个借用。最后，运动的时钟会改变节拍这个事实使他无可避免地得到一个结论，那就是，所谓"现在""前""后""同时"等说法都是相对的，全部要看观测者的运动状态而定。

这个结论正好与牛顿物理学的假设完全相反。牛顿认为（我们也都认为），宇宙有一个时钟，分秒嘀嗒过去，整个宇宙也就跟着逐渐老去。宇宙的这个地方过去一秒，其他的地方也就过去一秒。

但是根据爱因斯坦的看法，其实不然。什么时候才是整个宇宙的"现在"，有谁讲得出来呢？如果我用两件事同时发生（譬如我到了诊所，这时我的手表指着3点）来讲"现在"，我们发现另一个参考架构的人看这两件事却是一前一后。牛顿说，绝对时间"稳定地流动着"（注七）。可是他错了，这个宇宙并没有一个稳定流动的时间以待每一个观测者。这个宇宙没有绝对时间。

我们原来都默认这个宇宙存有一个终极的时间之流，不过这个终极的时间之流到最后却证明并不存在。国王从来不曾穿过这件衣服。

不过牛顿的错误不止于此。他说，时间和空间是分开的。可是，爱因斯坦说，时间和空间是在一起的。一件东西存在于一个地方而不同时存在于一个时间之内是不可能的。

我们大部分人之所以认为时间和空间分开，是因为我们认为我们经验的就是这样。譬如说，我们能够控制我们在空间里的位置，而时间里的位置就不行。对于时间的流动，我们无法改变它一丝一毫。我们可以在空间里站着静止不动，位置决不改变，可是却没有办法在时间中静止不动。

不过，虽然如此，"空间"，尤其是"时间"，还是有一种十分诡异的东西，一种"想把我们的理由建立在上面还言之过早"的东西。从主观上看起来，时间很像溪流，有一种流动性质。有时候湍急不已，有时候无声无息。到了水深的地方，又缓慢得近乎停滞。空间也一样。空间有一种无所不在的性质，一般人以为空间只不过是隔离事物而已，但是空间无所不在的性质证明大家的观念是错误的。

威廉·布莱克（William Blake）有一首诗论及这种难以理解的性质：

To see a world in a Grain of Sand

And a Heaven in a wild Flower,

Hold Infinity in the palm of your hand

And Eternity in an hour

一沙一世界，

一花一乾坤。

掌中是无限，

刹那即永恒。

〔这首诗叫作《原真之兆》（*Auguries of Innocence*）。这绝非巧合。〕

时空连续体

狭义相对论是一个物理学理论，关切的是可以用数学计算的自然实相。这个理论不是一个主观理论。这个理论虽然告诉我们物理实相表象会随参考架构的改变而改变，可是事实上这个理论探讨的是物理实相不变的一面。不过，话说回来，狭义相对论探讨的领域在以前根本是属于诗人掌管；而狭义相对论是第一个用严格数学探索这个领域的物理学理。凡是扼要而深刻地呈现实相的，于数学家和物理学家而言无非皆是诗。狭义相对论亦然。然而，爱因斯坦之所以那么有名，一部分原因可能却是因为大家都感觉到他有一件和时间、空间关系重大的事情要说。

爱因斯坦到底想说什么？关于时间和空间，他说的是时间"或"空间这种东西是没有的，有的只是时空。时空是一个连续体。所谓连续体，指的是一件东西，其中各个部分非常接近，各个部分之间的间隔是"极小的"，所以其间毫无插足的余地。连续体天衣无缝，因为连续流动，所以叫作连续体。

譬如说墙壁上画了一条线，这条线就是一个一维度连续体（一维连续体）。也许理论上我们可以说线是由一连串的点构成。可是，这些点彼此却是无限的接近，因此结果就是线由一端连续地流向尾端。

墙面是二维连续体。墙面有两个维度，一个是长，一个是宽。同理，墙面上所有的点全部都紧密相连，所以是一个连续的面。

至于三维连续体，我们平常所说的"空间"就是三维连续体。飞行员驾驶飞机就必须在三维连续体中导航。譬如说，要报告位置的时候，他不只要说出他在向北和向东多远的一点，还要说出自己的高度。除了这种导航，飞机本身与所有的自然事物一样，都有长、宽、高，所以也是三维的，所以数学家才说我们的实相是三维的。

本来，根据牛顿的物理学，我们的三维实相与一维的时间是分开的；然后空间在时间中前进。可是不然——狭义相对论如是说。狭义相对论说，我们的实相是四维的；时间即是第四个维度。我们是在一个四维时空连续体中生活、呼吸、存在。

牛顿的时间观与空间观是一种动态的景象。事情会随着时间的通过而发展。时间是一维的，并且（会向前）动。过去、现在、未来按着秩序发生。然而，狭义相对论却说，把时间和空间想成静态的、非运动的景象比较好，也比较有用。这就是时空连续体，在时空连续体这个静态景象里，事情就是事情，不会有什么发展。如果我们能够用四维的方式来看我们的实在界，我们就会发现，我们一向以为事情是随着时间的进行而一件一件揭露，其实并不是如此。一切事情事实上从"小宝宝"时期就已经存在；好比图画一般，早就画在时空的布匹上了。这个时候，我们会看到所有的事情。过去、现在、未来我们将一览无余。当然，到目前为止，这只是一个数学命题。（是吗？）

如果你没办法用视觉想象四维的世界，别烦恼，因为物理学家也没有办法。目前，因为所有的证据都显示爱因斯坦是对的，所以我们暂时只要认为他对就可以了。他给我们的信息是时间和空间有紧密的关系，这一层关系由于没有更好的方法来讲，所以他只好称之为四维空间。

所谓"四维空间"事实上是从一种语言翻译出来的话。这一种语言是数学，然后翻译成英语，才有所谓的"四维空间"。问题在于，数学所说的东西用另一种语言不论如何就是没办法准确表达。是故，"第四维空间的时间"只不过是一个标签，一个我们加给这一层关系的标签。而这一层关系就是相对论里面用数学表达的时间与空间的关系。

时空间隔

爱因斯坦发现的时间与空间的关系与毕达哥拉斯（与孔子同代）发现的直角三角形诸边线的关系很像。

直角三角形是含有一个直角的三角形。两条互相垂直的线相交即成直角。正对直角的边线叫斜边。斜边一定是直角三角形最长的边。

毕达哥拉斯发现，我们只要知道直角三角形两腰（亦即比较短的两边）的长度，就可以算出最长一边（亦即斜边）的长度。这一层关系用数学表达出来，就是毕氏定理。毕氏定理说，一个腰的平方加另一个腰的平方等于斜边长的平方。

这两个比较短的腰的任何组合都可以算出斜边的长度。换句话说，这两个腰线的长度可以有许多许多组合，但是算出来的斜边长度永远一样，如图（左）。

譬如说，一个直角三角形可能一边腰线很短，一边腰线很长，如图。

或者任何一种情形如上图（右）。

现在，我们用"空间"代替直角三角形的一个腰边，用"时间"代替另一个腰边，再用"（事情的）时空间隔"代替斜边。这样，我们得到的一个关系就和狭义相对论所说

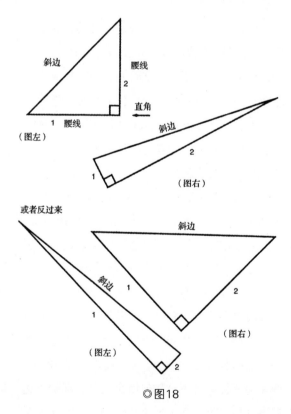

◎图18

的时间、空间以及时空间隔很相像。① 两件事情的时空间隔是一种绝对，从来不变。它可以是观测者运动状态不同看起来就不一样，但它本身绝对不变。狭义相对论告诉我们的就是观测者对同样的两件事在不同的参考架构看起来如何不一样，以及如何计算两者之间的时空间隔。每一个观测者在这种计算中都会得到相同的答案。②

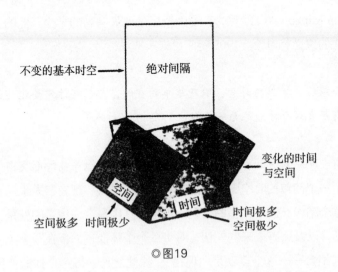

不变的基本时空 ──► 绝对间隔

变化的时间与空间

空间　　时间

空间极多　时间极少

时间极多　空间极少

◎图19

就一个观测者而言，他的运动状态可能使他看两件事有一个距离和一个时间。但是，对这两件事，另外一个观测者的运动状态可能使他的测量仪器告诉他另一个距离，另一个时间。可是不论如何这两件事之间的时空间隔绝对不变。譬如说两个爆炸的星球好了。这两个星球的时空间隔——也就是绝对间隔——不论是从缓慢如行星那样的参考架构看，还是从快如火箭那样的参考架构看，完全一样。

如果回到前面的思想实验，我们就知道，虽然我们在房间内看到的是光同时到达前壁和后墙，而外面的观测者看到的是光先到达后墙再到前壁，可

---

① 毕氏定理是 $c^2=a^2+b^2$。狭义相对论的时空间隔方程式是 $s^2=t^2-x^2$。毕氏定理说的是欧几里得空间的属性。时空间隔方程式说的是闵可夫斯基的扁平时空。（欧几里得空间和非欧几里得空间我们会在下一章讨论。）两者当然还有别的差异。不过时间、空间和时空间隔的基本关系确实和毕氏定理表达的直角三角形三边的关系很像。

② 这幅插图的原图出自盖伊·莫尔奇（Guy Murchie）之手。最先出现在他的大作《天体音乐》（*Music of the Spheres*，New York，Dover，1961）里面。谨在此致谢。

是，我们只要将我们的时间和距离数字输入一个类毕氏方程式，我们就会得到相同的时空间隔。

闵可夫斯基空间

事实上，这一层类毕氏关系是爱因斯坦的数学老师闵可夫斯基（Hermann Minkowski）发现的。爱因斯坦是他最有名的学生。他的灵感来自这个学生的狭义相对论。1908年闵可夫斯基说：

从今以后，单单的时间，以及单单的空间，都已经注定要化为纯然的影子。唯有两者结合才能维系一个独立的实相。（注八）

闵可夫斯基对时间和空间所做的数学探讨既充满革命性而又奇妙。这里面出现了一个简单的时空图像，图像里表现了过去、现在、未来三者的数学关系。这个图像充满了太多的信息。可是，其中最令人惊奇的就是，所有过去的一切，以及所有未来的一切，对每一个个体而言，都在一个点上相会并且是永远相会——这个点就是"现在"。除此之外，每个个体的"现在"都有一定的地方（不论观测者身在何方）。除了"这里"，他处寻觅不着。

闵可夫斯基证明，在物理实相里，我们对事物根本无从选择。不过，不幸的是，对物理学家而言，理解并非即是经验。但是，正是由于闵可夫斯基受到狭义相对论的启发，产生了灵感，因而以严格的数学证明了"当下"是成立的，才使西方科学接受了"当下"。可是"当下"作为禅定的第一步，在东方宗教却已经实行了2000年。闵可夫斯基以后的63年，拉姆·达斯（Ram Dass）以名著《活在当下》（*Be Here Now*）创造了一个觉醒运动的口号。

质能关系

不过，狭义相对论最有名的一点，是因为它向我们揭示质量是能量的一种形式，而能量拥有质量。用爱因斯坦的话来说就是，"能量拥有质量，质量代表能量"。（注九）

就一种意义而言，这种话听起来令人惊异；因为，我们向来都认为物质与能量之不同，正如身体不同于心灵。可是就另一种意义而言则又自然得叫人惊讶。因为，质能的二分至少可以追溯到旧约时代。《创世记》说人是由泥土做出来的，上帝抓了一把泥土（质量），吹一口气（生命，能）就成了人。此外，《旧约》也是西方世界的产物，物理学也是西方的产物。

在东方，宗教和哲学（这两者在西方是分开的）对于质和能不会有什么混淆。在东方，物质的世界是相对的世界，亦是虚幻的世界。之所以虚幻，并不是说这个世界不存在，而是说找不到这个世界的真相。这个世界的真相不可说，但是因为还是想说，所以东方经典经常说到跃动的能量，即起即灭无常的种种形式（色相）。这一切都和高能物理学里面出现的情景相像到令人惊讶。佛经从来不说我们对实相可以学到什么新东西。佛经只说如何才能除去无明（类似无知）的蒙蔽，看到我们自己的真面目。或许要由这一点，我们才能了解"质量只是能量的一种形式"这种违反常理的讲法，为什么却是令人这样意想不到的愉悦的原因了。

全世界最有名的公式就是表达质能关系的公式：$E=mc^2$，物质的能量等于物质的质量乘以光速平方。因为光速数字极大，所以这就表示，即使是最小的物质粒子，其中都浓缩了非常多的能量。

爱因斯坦也发现了恒星能量的奥秘。可是他自己当时并不知道。恒星一直在将质量转换为能量，因为消耗的质量可以转化为极高比例的能量，所以恒星可以燃烧无数个千年之久。

恒星的中心有物理世界的原始"材料"氢原子。这些氢原子因为恒星的高密度质量，所以受到极大重力的挤压，其结果便是氢原子发生聚变。于是产生一种新的元素，叫作氦。这时是每四个氢原子变成一个氦原子。可是，一个氦原子的质量却不等于四个氢原子。氦原子的质量略轻。原来这些少掉的质量已经释放为辐射能——光或热。比较轻的元素聚合成比较重的元素的过程，当然，就叫作聚合。氢聚合为氦造成了氢爆。换句话说，一个（年轻的）燃烧的恒星就是一颗巨大的、不断爆炸的氢弹。[①]

原子弹也是 $E=mc^2$ 这个公式产生的结果。原子弹和原子反应炉是由裂变的过程从质量得到能量。裂变是聚合的反面。分裂的过程不是把小原子变成

---

① 恒星的氢耗尽之后，就开始在核心聚合氦。氦聚合比氢聚合还热，也产生其他元素，譬如氖、氧、碳等。等到氦用完，这些元素就相继成为太阳燃料。

大原子，而是把很大的原子，譬如铀，分解成小原子。

分裂的方法是，对铀原子发射一个亚原子粒子——中子。中子一击中铀原子，铀原子就分裂成小原子。但这些小原子的总质量要比原来的铀原子小。原来这些少掉的质量已经爆发为能量。除此之外，这个过程还会产生别的中子去撞击别的铀原子，因而造成更多分裂，以及更多轻原子，更多的能量，更多的中子……这整个现象叫作链式反应。原子弹就是已经控制不了的链式反应。

（聚合的）氢弹是在氢气中引爆（分裂的）原子弹产生的。原子爆炸产生的热（代替因重力造成摩擦而产生的热）将氢原子熔合成氦原子，同时放出热。这些热又聚合更多氢原子，放出更多的热……如此反复不断。一个潜在的氢弹大小是没有限度的，而且用的又是宇宙间最多的元素。

守恒定律

狭义相对论不论是好是坏，它给我们最大的启示就是质量和能量不过是一个东西的不同形式而已。质量与能量和时间与空间一样，都不是分开的实体。质量和能量之间并没有质的差异。质能是唯一的东西。这种发现，从数学上来说，意味着质量守恒（一般说"不灭"，下同）和能量守恒这两个定律，可以用质能守恒定律代替。

守恒定律是一种简单的讲法，这个讲法说的是，不管是什么东西，它的量，不论发生什么事，都不会变。譬如说，假设一个派对参加的人数有一个守恒定律在决定，这时你就会看到只要有一个客人到，就有一个客人走。只要有一个客人走，就有一个客人到。客人转换的比率可能大可能小，可能个别转换，也可能集体转换，不过客人的数量总归一样就是了。

准此，能量的守恒律就是说，宇宙中的总能量从来不变，以后也不会变。我们可以把能量由一种形式转变为另一种形式（譬如由摩擦将机械能改变为热能），但不论怎么变，宇宙的总能量永远不变。同理，质量守恒定律就是说，宇宙间的总质量从来不变，以后也不会变。我们可以将质量从一种形式转变为另一种形式（譬如将冰变为水，水变为蒸汽），可是宇宙的总质量不变。

这就是质量守恒定律和能量守恒定律。狭义相对论将质量与能量结合成质能，也就将质量守恒和能量守恒定律结合为质能守恒定律。质能守恒定律就是说，宇宙间的质能总量从来不变，以后也不会变。质量可以变为能量，能量也可以变为质量，可是宇宙间的质能总量永远不变。

太阳、恒星，乃至于壁炉里燃烧的木材，都是质转变为能的例子。研究亚原子粒子的物理学家因为太熟悉"质换能"和"能换质"的概念，所以通常都用所含能量的多寡标示粒子质量的大小。

总的说来，物理学现在大约有 12 个守恒律。这些守恒律如今越来越重要，尤其对高能粒子物理学更为重要。因为，这些守恒律都是从当今物理学家认为是决定物理世界的最终原理（最后的舞码）推衍而来。这些最终的原理就是不变性原理，亦称对称性原理。

不变性原理听起来就是这么一回事。一个东西如果某些情况改变，可是它的某些面依然不变，这个东西就是不变（对称）的。譬如说圆圈好了。圆圈的一半永远反映另一半，不论我们怎么切这个圆圈皆然，又不论我们如何转这个圆圈，左半边永远反映右半边。圆圈的位置变了，可是仍然对称。

中国人有一个观念与此类似。（甚至一样？）圆圈的一边叫作"阴"，另一边叫作"阳"。有阴就有阳，有高就有低，有昼就有夜，有死就有生。"阴阳"虽然是古老的对称性原理，不过也是"宇宙是一个整体，一直在追求自我平衡"的另一种说法了。

不过，现在看来反讽的是，狭义相对论谈的显然不是实相相对的面象，而是非相对的面象。狭义相对论对牛顿物理学的冲击和量子力学一样，使人顿为齑粉。但是，狭义相对论并不是证明牛顿物理学错误，而是证明牛顿物理学有很大的限度。狭义相对论和量子力学把我们推进实相广袤得难以想象的领域。这个领域我们向来毫无所知。

牛顿物理学就相当于我们向来认为国王穿着的衣服：一个稳定前进的宇宙时间，平等地影响着宇宙的每一个部分。还有一个分开的空间，虽然空虚，可是独立。此外，宇宙有一个绝对静止、安静的地方。

狭义相对论证明上列的诸种假设都不真实（都没有用）。这些衣服国王一件都没穿。自然宇宙唯一的运动是相对于他物的运动，分开的时间和空间是没有的。质量和能量同是一种东西，不过名称不同罢了。

狭义相对论提出了一个新的、统一的物理学来代替牛顿物理学的种种假设。在这个统一的物理学里，距离、时间的测量数字可能每个参考架构都不一样，可是事情的时空间隔永远不变。

可是，纵有以上种种优点，狭义相对论还是有一个缺点，那就是，狭义相对论是依据一种很特殊的情况成立的。换句话说，狭义相对论只适用于相对于彼此稳定运动的参考架构。但是，大部分的运动既不恒定，也不平滑。所以，这就是说，狭义相对论是建立在一种理想上面。狭义相对论只限于稳定运动这种情况，也以这种情况为前提。所以爱因斯坦才说它"狭义"。

爱因斯坦的憧憬在于建立一个一切参考架构都成立的物理学。其中包括相对而言稳定的运动，也包括相对而言非稳定的运动（加速和减速）。他的理想在于建立一个任何参考架构都可以说明事情的物理学，而不管参考架构相对于其他任何架构是如何运动。

1915 年，他完成了这个完全普遍化的工作。他建立的理论，被称为广义相对论。

第 8 章

广义无理

重力与加速度

广义相对论告诉我们，我们的心智有种种规则，但真正的世界却没有。理性的心智因为是以有限的透视得到的印象为基础，所以它建立的结构也就决定了它接受什么，拒绝什么。从这个时候开始，理性的心智就不管这个世界实际上是如何运作，只是按着自定的规律，把自己认为世界必然如何的版本加在世界上面。事情一直是这样。

直到有一天，终于有一个初心出来喊："不对，不是这样。所谓的'必然'并没有发生。我一直在努力寻找为什么如此的原因。我极尽想象之能事来维系自己对这所谓'必然'的信仰。可是如今已经到了突破点了，如今我已经别无选择。我非得承认我一向相信的'必然'并非得自真实世界，而是得自我的大脑。"

上面这一段独白可不是诗的夸张，这一段话是一种描述，扼要说明了广义相对论的主要结论以及这个结论是用什么方法得到的。我们前面讲的所谓我们有限的透视，就是我们的三维度的理性以及这种理性所看待的宇宙的一小部分——我们生于其中的部分。所谓"必然"，指的是几何学的观念（也就是决定直线、圆、三角形等的规则）。"初心"，指的是爱因斯坦的初心。我们向来都认为几何学的规则决定整个宇宙的活动，毫无例外。但是爱因斯坦的初心了解到这只是我们有限的心智的看法。①

---

① 这里提出的观点并不是说几何学来自我们的心智。（爱因斯坦之前，黎曼和罗巴切夫斯基已经告诉我们）几何学可能有许多种，但是物理学决定了我们现有的几何学。譬如说，欧几里得认为几何学与经验有密切的关系。（他用在空间移动三角形来界定"全等"。）而且他认为平行定理并不是自明的，也就是说不是纯粹心智的产物。（转下页）

爱因斯坦发现，某些几何学的定律只有在空间有限的区域成立。由于我们的物理经验也只在空间很小的地区成立，所以这些几何学定律就有用了。但是，一旦我们的经验有所扩展，我们就越来越难以把这些规则用在宇宙的整个幅员之内。

从一个有限的透视看，这些几何学规则适用于一部分宇宙；可是这些规则并不适用于整个宇宙。最先看到这一点的，就是爱因斯坦。这就把他解放了出来，使他掌握了一个前人未曾掌握的宇宙。

他掌握到的宇宙就形成了广义相对论。

爱因斯坦从来就不是要证明我们的心智性质如何如何，他关心的是物理学。"我们的新构想很简单，"他说，"就是建立一个所有坐标系都成立的物理学。"（注一）对于我们的知觉结构的方式，他的确使我们看到了一件很重要的东西。这样的一件事实显示了物理学与心理学无可避免地要融合在一起的趋势。

爱因斯坦如何从一个物理学理论得出革命性的几何学讲法？这又如何使我们对我们的心理过程产生重大的发现？知道答案的人不多，可是这其中却是有史以来人类最重要也最复杂的心智历险。

爱因斯坦最先是由狭义相对论开始。狭义相对论很成功，可是他不满意。因为，狭义相对论只适用于匀速相对运动的坐标系。他想，如果有两个坐标系，一个运动匀速，一个运动不匀速，那么，有没有一个方法可以由这两个坐标系看同一个现象而产生一个一致的解释？换句话说，对一个匀速坐标系的观测者有意义的条件，是否可能用来描述不匀速运动坐标系发生的事情？反之亦然。我们可能建立一种这两种参考架构都成立的物理学吗？

是的，可能。爱因斯坦发现，观测者可以用一种方法将两种坐标系结合。这个方法对两种参考架构的观测者一样有意义。为了说明这一点，他又做了一次思想实验。

（接上页）这里提出的观点是说，由经验（譬如欧氏几何学）抽象出来的理想已经构成了一个恒久不变的严格结构，所以一旦人的感官经验与这个理想矛盾，我们质疑的是感官经验，而非这个抽象理想是否成立。我们一旦在思想里面建立（证实）这一套抽象理想，那么，不论适用与否，我们都会把它加在一切实际的与投射的感觉数据上，也就是说加在整个宇宙上，用这一组抽象理想来看宇宙。

升降机内外

假设有一座大楼非常高，里面有一座升降机，升降机里面坐了几个物理学家。这时升降机的缆绳断了，升降机急速向下坠落。升降机里面的几个物理学家对这一切毫无所知。升降机没有窗户，所以他们也看不到外面。

我们的问题是，升降机外面的观测者（我们）和里面的观测者（物理学家）各自如何估计这一个情况。由于这是一个理想化的实验，所以摩擦和空气阻力等因素可以不计。

对我们外面的观测者而言，这个情况很明显。升降机一直在往下掉，不久就要跌到地面，升降机里面的人全部都会死掉。升降机往下掉的时候，会依照牛顿的重力定律加速。所以它的运动不是匀速的。由于地球重力场，它的运动会一直加速。

我们可以依此预测很多升降机里面将要发生的事情。譬如说，如果有人在电梯丢手帕，这条手帕一定不会掉下去。因为，它会和升降机一样，以相同的加速度往下掉，所以对电梯里的人而言，它是浮在半空中的。当然，事实上它并非浮在空中，升降机也没有一切都在往下掉。但是既然所有东西往下掉的速度都一样，它们的相对位置也就不变。

但是，如果有一代物理学家是在这部升降机中出生、长大，那么，这些事情在他们看来就完全不一样。对他们而言，物体丢开以后都不会往下掉，不过浮在半空中而已。一件飘浮的物体如果有人推一下，它会一直直直地前进，直到碰到墙壁而后止。对于升降机里的观测者而言，升降机里面的任何物体没有任何力作用其上。换句话说，升降机里的观测者会下结论说，他们的坐标系是惯性坐标系。在他们这个坐标系里，力学定律完全成立。他们的实验，结果永远与理论预测的符合。静止的物体永远静止，运动的物体永远运动。运动物体如果偏离路径，乃依照与偏离量成比例之力偏离。每一个作用都有一个相反而相等的反作用。如果我们推一下一张飘浮的椅子，这张椅子会往前移动，我们则以相同的动量往相反的方向移动。（不过，因为我们质量比较大，所以速度比较慢。）

升降机里的观测者对这个现象会有一致的解释。他们的坐标系是惯性坐标系，他们可以用力学定律证明这一点。

但是，外面的观测者对升降机里面的现象能不能有一个一致的解释呢？

答案是，可以的——这部升降机是在重力场中往下掉。但这一点升降机里的人毫无所知。因为，他们看不到外面，所以往下掉时无从检测重力。他们虽然认为他们的坐标系完全不动，可是事实上他们的坐标系是在加速运动。

升降机内外有两种解释，连接这两种解释的桥梁就是重力。

往下掉的升降机是一个袖珍版的惯性坐标系。本来，如果是真正的惯性坐标系，就不会有时间和空间的限制。可是现在这个升降机版的惯性坐标系却在时间和空间上都有限度。之所以在空间上受到限制，是因为在升降机里面运动的物体并不会永远依直线前进，早晚总会碰到墙壁而后止。之所以在时间上受到限制，是因为升降机早晚都会撞到地面，顿时不再存在。除此之外，依据狭义相对论，升降机的大小有限也是很重要的。因为，若非如此，对升降机里面的人而言，升降机就不再是一个惯性坐标系。因为，假设升降机里的物理学家同时丢下两个球，这两个球将一直飘浮在半空中不动。这一点，对于外面的观测者而言，是因为这两个球互相平行跌落的缘故。但是，如果升降机有得克萨斯州那么大，这两个球相隔的距离也有得州那么大，那么它们就不再是平行跌落了。这时这两个球会向中间聚合。因为，它们全都受到重力的牵引，拉向了地球中心。这时升降机里的观测者看到的是这两个球随着时间的过去逐渐靠近，好像彼此之间有一种吸引力似的。这时这种吸引力就会变成一种像是在升降机里影响物体的"力"。在这种情况下，升降机里的物理学家绝对不可能再得到结论，说他们的坐标系是一个惯性坐标系。

简单地说，一个在重力场中往下落的坐标系只要足够小，就相当于一个惯性坐标系，这就是爱因斯坦的等效性原理。这真是智慧巧妙，掷地有声的一着。任何"惯性坐标系"一类的东西，只要可以用"重力场"这一个假设"销毁"（爱因斯坦语，注二），就再也不配称为"绝对"（譬如"绝对运动""绝对非运动"）。因为，你看，升降机里的观测者经验的是没有运动，没有重力；可是外面的观测者看到的，却是一个坐标系（就是升降机）一直在重力场中加速度。

现在再让我们想象这种情况的一种变奏。

假设我们这些原来在外面的观测者现在是在一个惯性坐标系里面。我们已经知道这个惯性坐标系会发生什么事，情形和坠落的升降机一样。我们没有任何力——包括重力——来影响我们。所以，姑且就说我们在其中飘浮得很舒服。原来静止的物体还是静止，原来运动的物体还是一直依直线运动。每一个作用都产生一个相等但相反的反作用。

现在，假设在我们的惯性坐标系里面的是一部升降机。有一个人在上面绑了一条绳子，然后一直拉（方向如图所示）。因为这时绳子是用一股稳定的力在拉升降机，所以这表示升降机一直朝着箭头的方向稳定加速度。在这种情况下，升降机里面和升降机外面的观测者要如何看待这种情况？

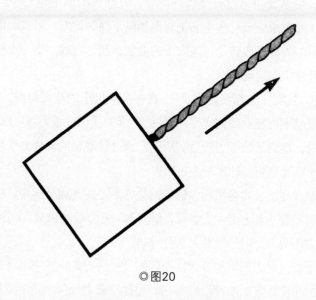

◎图20

由于我们是飘浮在升降机外面，所以我们经验到的我们的参考架构是绝对的静止，其中完全没有重力的影响。因为我们可以看到绳子以稳定加速度在拉升降机，所以我们可以预测升降机里面将要发生什么事。升降机里面，凡是没有附着的东西很快就要与升降机地面相撞。如果升降机里有人丢下一条手帕，地板会赶上去接。如果有人在地板上跳，他刚跳上去，地板立刻又贴在他的脚下。升降机加速的时候，一路上一直撞着闯进它路径的每一件东西。

然而在升降机里面，这种情况却完全不一样了。对于在升降机里出生、长大的一代物理学家而言，说什么"向上加速"简直就是狂想。（不要忘了，这部升降机没有窗户。）对于他们而言，他们的坐标系是完全地静止。这时的升降机里面，物体之所以往下掉是重力场的缘故，就好比地球上物体往下掉是因为重力场。

升降机内外的观测者对升降机内的现象都有自我一致的解释。外面的观测者用升降机的加速运动来解释，里面的观测者用重力场来解释。在这里，谁对谁错"完全无法"断定。

"等一下，"我们说，"如果我们在升降机一边的墙上开一个小洞，再从这个小洞向升降机里面照射光束。如果这部升降机真的是不动的，那么光束将照在对面墙上与小洞正相对的地方。但是，一如我们所见，升降机是在往上加速度，所以光束通过升降机内部时，升降机的墙壁也已经稍微往上升了。因此这时光束应该打在小洞正对面稍微下面的地方。就实际而言，光束在升降机里的人看来应该是一条向下的曲线，而非直线。这一点相信可以向他们证明升降机在运动。"

"没有。其实什么都没证明，"一直在升降机里的津得微说，"升降机里的光线本来就不可能直线前进。"为什么？因为我们在重力场里面。光是能，能就有质量，重力又会牵引质量。所以，通过升降机的光束会受重力场的牵引，就好比以光束将棒球水平地丢出去一样。

我们没有办法让津得微相信他们的坐标系是在加速状态中。能说的我们都说了，可是他一概拒绝(或者说，解释)为重力场的缘故。匀速加速运动和恒定重力场两者之间是绝对无从分辨的。

这就是表达爱因斯坦的等效性原理的又一种方式。在有限区域之内，重力即等于加速度。我们前面已经得知，通过"重力场"(坠落的)加速度等于一个惯性坐标系。现在我们又知道"重力场"等于加速运动。这样，我们终于接近广义相对论了。广义相对论的意思是说，不论参考架构的运动状态如何，这种相对论在一切参考架构都成立。

重力连接了升降机内外观测者的两种解释。有一个线索向爱因斯坦显示他的广义相对论的钥匙在于重力，但是这个线索其实和物理学一样古老。

重力质量与惯性质量

质量有两种。这意思是说讲质量的方式有两种。一种叫重力质量，一种叫惯性质量。大略说来，物体的重力质量就是天秤量出来的重量。若甲物体比乙物体重3倍，甲物体的质量就比乙物体多3倍。重力质量说的是地球在物体上施加多少重力。牛顿的运动定律描述的就是这种力的效应。这种效应随着质量与地球距离的变化而变化。不过，牛顿的运动定律虽然描述这种力，却不界定这种力。他们只说这是神秘的"远处的作用"；地球隐形地往上伸出手把物体拉下去。

惯性质量衡量的是物体对加速度（或者减速度，也就是负加速度）的阻抗。譬如说，使 3 个铁路车厢从静止启动到时速 20 英里（时速 32 公里，正加速度）所需要的力，是 1 个车厢从静止启动到时速 20 英里的 3 倍。同理，要使 3 个车厢停止所需的力也是使 1 个车厢停止的 3 倍。这是 3 个车厢的惯性质量是 1 个车厢的 3 倍的缘故。

惯性质量即等于重力质量。这就是羽毛和炮弹在真空里下坠的速度一样的原因。炮弹的重力质量固然高过羽毛几百倍，可是在惯性质量上，炮弹对运动的阻抗也比羽毛大了几百倍。它对地球的引力比羽毛强了几百倍，可是不运动的倾向也一样大了几百倍。这样的结果就是，它向下落时虽然好像应该比羽毛快很多，可是事实上却是和羽毛的加速度一样。

三百年前物理学家就知道惯性质量即等于重力质量，不过他们却认为这只是巧合，其中没有什么意义。一直到爱因斯坦发表广义相对论情形才算改观。

用他的话来说，重力质量与惯性质量相等的"巧合"正是将他导向等效性原理的"线索"（注三）。等效性原理透过重力质量与惯性质量的相等而论及重力与加速度的相等，他的升降机实验说明的就是这些东西。

狭义相对论处理的是非加速（匀速）运动。[①]如果将加速度忽略不计，那么我们只要有狭义相对论就够了，因为这时狭义相对论到处可用。不过，由于加速度等于重力，所以，这就无异于是说，只要忽略重力不计，我们只要有狭义相对论就够了。这时如果要将重力的效应考虑在内，就要用广义相对论。

在物理的世界里，重力效应在两种地方可以不计，一是太空中远离一切重力（物质）中心的区域，一是空间的极小区域。为什么重力在极小空间区域可以不计是爱因斯坦理论里面最费脑筋的一点。重力在极小空间区域之所

---

① 狭义相对论处理的是"坐标系"的非加速（匀速）运动。只要我们观察的物体所在的坐标系是匀速运动，那么纵然这个物体本身不是匀速运动，狭义相对论亦可描述之。

以可以不计，是因为如果空间区域极小，时空的"巍峨地形"就看不到了。①

时空连续体地图

时空连续体的本质就像是山峦起伏的乡野。那些山是一块一块的物质（物体）造成的。物质越大块，就越使时空连续体弯曲。至于空间里远离一切大块物质的区域，时空连续体在这种区域就像是平地。地球这么大的物质在时空连续体里面就像是一个肿块，行星则差不多是一座山。

物体在时空连续体里移动的时候，会走两点之间最好走的路径。时空连续体里面这种两点间最好走的路径叫作短程线。短程线不见得是直线；这要看物体所在的地形而定。

假设我们乘着一个气球从天上往下看一座山。这座山的山顶有一座灯塔，山下有许多村庄围绕，村庄与村庄之间有道路互相连接。现在假设这座山逐渐从平原上高升，越来越陡，接近山顶的地方甚至差不多已经直直而上。这时就会发生一种情形，那就是，随着山势的升高，那些道路一接近山就会转弯，避免爬上山去，因为没有必要。

现在再假设这时是晚上，我们看不到山，也看不到路，只看到灯塔和爬山的人的火把。这时我们就会发现，火把在接近灯塔的地方就偏离直路。离灯塔有一些距离的，偏离的曲线比较柔，比较优美；离灯塔很近的、偏离的曲线就很锐利。

也许我们会推论说，这种情形可能是灯塔发出的一种力量，排斥了所有想接近的人。譬如说，可能灯塔很热很烫。这是我们的推论。

不过，等到天亮以后，我们才发现原来灯塔与登山者的运动状况完全无关。他们之所以有这样的运动状况，原因其实很简单，那就是，他们只是在起点和目的地之间，顺着这个地形里面最好走的路走罢了。

上面说的是一个比喻。这么精巧的比喻是罗素创造的。原来这个比喻里面的山指的是太阳，路人是行星、小行星、彗星（以及太空船残骸），道路是

---

① 现在有些物理学家认为广义相对论在高能物理学上将是很有用的理论。因为，高能物理学是微观规模事物的物理学，通常不计重力效应，可是，如今科学家却在极小距离（10cm）之内检测到很强的重力场起伏运动，所以科学家认为广义相对论将是微观的高能物理学很有用的理论。

这些行星等的轨道，白天到来就是爱因斯坦的广义相对论到来。

这里要说的就是，太阳系的物体之所以那样运动，并不是因为太阳从远处施加某种神秘的力量（重力），而是运动时所经区域有某种性质的缘故。

亚瑟·爱丁顿（Arthur Eddington）用了另一个比喻来说明这种情形。他说，假设我们坐在一艘小船上。水很清，从船上向下望可以看到水底和水里的游鱼。这时我们发现，水里的鱼似乎总是避开水底的鱼一点。每次快到这一点的时候，鱼不是向左转就是向右转，绝不从上面经过。于是从这种情形也许我们就推论说，这个点可能一直发出一种排斥的力量，使鱼不敢接近。

可是，等到我们潜下水去观察这一点时，我们才发现那只不过是一只翻车鱼把自己埋在沙里，造成了一堆隆起罢了。每次鱼贴着水底游近时，绕过去都比爬升到这堆隆起上面再游近。所以并没有什么"力"使鱼避开那一点，鱼只不过是走最好走的路罢了。

鱼的运动状况并不是由这个点发出什么力决定的，而是它的路径四周环境的性质使然。同理，如果我们看得到时空连续体的地理（几何），我们就会知道，行星之所以那样运动，原因亦是如此，不是什么"物体之间的力"。

由于我们的感官经验只限于三个维度，而时空连续体是四个维度，所以我们看不到时空连续体的几何，就是想画也画不出来。

譬如说，假设有一个二维空间的世界。这个世界的人和物体都像电视屏幕和电影银幕上看的一样，只有长度和宽度，没有厚度。如果这种两个维度的人有生命和智力的话，因为他们无法经验第三维空间，所以他们的世界对于他们而言必然与我们大不相同。

在他们的两个人之间画一条直线，这条直线对他们来说就等于是一道墙了。因为他们的物理存在是二维空间，所以他们尽可绕过两端走过去，但是绝对无法"跨过去"。这情形就好比银幕上的人无法跨出银幕走进第三维空间一样。他们知道何谓圆圈，但绝对无法了解什么是球形。事实上球形对于他们而言依然是圆圈。

如果他们是喜欢探讨问题的人，他们不久就会发现他们的世界是无限的平面。如果他们有两个人背对背各自向前走，他们永远不会再见面。

他们也可以创造一种简单的几何学，或早或晚都会在自己的经验里找出通则，建立其中的抽象。这样，一旦想在他们的物理世界做什么，建造什么，他们就有这些抽象法则可以遵循。譬如说，他们可能发现，只要三支金属棒围成一个三角形，这个三角形的三个角总和一定是 180 度。从这以后，他们里面有那比较敏锐的，或早或晚又会用理想上的概念（直线）来代替金属棒。于是他们终于得到这个抽象的结论，即在定义上由三条直线构成的三角形总共有 180 度。有了这个结论以后，他若想要进一步研究三角形，就不需要真正做一个三角形了。

欧几里得几何

讲到这里，我们已经知道，这样的二维空间的人创造的几何学跟我们在学校里学的完全一样。我们的学校教的几何学叫作欧几里得几何。之所以叫欧几里得几何，就是为了纪念那个希腊人欧几里得。几何学这个课题已被他彻底思考，以至于两千年来再也没有人能够在这个课题上再扩增什么东西。（所以大部分的高中几何学都已经有两千年之久。）

现在再假设有一个他们前所未知的人把他们送到了一个巨大的球体面上。这样一来，他们的物理世界就不再是完全平坦，而是有些弯曲了。自然，一开始的时候没有人知道这种差别的存在。可是，等到他们的科技发达，可以和远方交通以后，他们终于有了重大的发现。他们发现，他们无法在这个世界证明他们的几何学。

譬如说三角形好了。如果他们有机会测量一个很大很大的三角形，他们就会发现这个三角形的三个角总和超过 180 度。这种情形我们很容易就可以画出来。譬如说在一个球体上画一个三角形。我们以北极为三角形的顶点，赤道为三角形的底边，两条腰线在北极交叉，形成正角。若是按照欧氏几何，这个三角形应该总共包含两个直角，也就是总共 180 度。可是，现在这个球体上的三角形却不然。这个三角形赤道两端的三角形现在也是三角形。换句话说，这个三角形包含了三个直角，总共 270 度。

我们的二维空间的人在他们以为是平面的世界测量了这个三角形以后，大为疑惑。等到尘埃落定之后，他们才能够冷静下来想到这种事只有两种解释。

一个是他们用来构成三角形的线（譬如光束）虽然看来像是直线，但其实不是直线。另一个是他们的几何学不适用于真正的世界①，第一个解释可以说明三角形超出的度数。不过这样一来他们又得创造一种"力"来说明直线的弯曲。第二个解释则无异于说他们的世界不是欧几里得式的世界。

不过，如果要说他们的物理实相不是欧氏几何的世界，对他们而言可能太过神奇。尤其是他们已经有两千年之久没有任何理由质疑欧氏几何学。所以，到最后他们的选择可能是寻找一些"力"来解释直线的弯曲。②

不过问题是，他们一旦选择了这个研究方向，每次一碰到欧氏几何失效的时候，他们就要找一种力来解释。这样弄到最后，所有这些力形成的结构会变得非常复杂。然后他们就会觉得与其如此，还不如放弃这些力，承认他们的物理世界不是遵循欧氏几何学更简单。

说了这么多，我们就是要说明我们对四个维度的时空连续体的认识，就好比这些二维空间人对三维空间的认识一样。他们无法感受到自己活在三维空间，可是可以推论出来。我们无法感受到我们活在四维空间，可是我们可以推论出来。两千年来，我们一直认为整个自然宇宙是欧几里得式的。说欧氏几何在哪里都成立，意思是说它在自然宇宙的任何一个地方都可以证明为真。可是这是错误的。无论我们怎么固执不接受，宇宙并不受限于欧几里得几何学法则。最先看出这一点的，就是爱因斯坦。

我们无法直接感受四维的时空连续体，可是我们可以从狭义相对论已知的事物，推论出我们的宇宙并非欧几里得式的。这就要讲到爱因斯坦的另一个思想实验了。

转动的同心圆

现在假设有两个同心圆，一个半径很小，一个半径很大。两者环绕同一个圆心。（如图）

再假设我们这些观测者是从一个惯性坐标系观察这两个圆。说我们在

① 在这个例子里指三维空间的世界——译注

② 对于这种情形，亚瑟·爱丁顿说得最简明扼要。他说，"一个坐标系的自然几何学，和科学家任意加于其上的抽象几何学是有矛盾的。引力场就是这种矛盾的代表"。

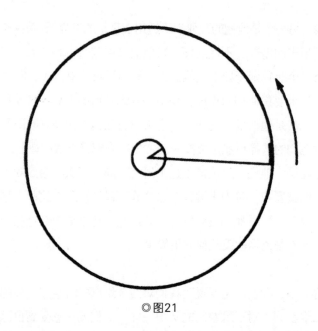

◎图21

惯性坐标系里面，意思是说，相对于其他一些事物——包括这两个转动的圆——而言，我们的参考架构是静止的。假设我们在这两个同心圆的正上方再画两个完全一样的同心圆，不过这两个同心圆是在我们的坐标系里，而且不转动（静止）。现在，我们和转动的同心圆上面的观测者通信。

依照欧氏几何学，所有的圆的半径与圆周比都一样。譬如说，如果我们测量图中小圆的半径和圆周比，再测量大圆的半径与圆周比，会发现两者所得结果一样。现在我们再来做一个思想实验。这个思想实验的目的，在于判断这个半径与圆周比对于固定同心圆和转动同心圆的观测者是否皆成立。

转动的同心圆那边的观测者和我们会用一样的尺来测量。说"一样的尺"指的是，要不就是把我们的尺递给他用，要不就是两边用的尺都是同一个坐标系静止时的长度。

我们先做，我们先量小圆再量大圆。没错，我们得到的半径与圆周比一样。我们证明欧氏几何学在我们的坐标系是成立的，而我们的坐标系是惯性坐标系。

现在我们把尺传给那边的观测者，他先量他的小圆的半径。结果和我们的一样。再量小圆的圆周。请不要忘记这把尺会因为运动而顺着运动方向收缩。可是，由于小圆的半径太小，所以尺在小圆圆周上的运动不够快，因此也就看不到它的相对收缩效应。所以测量结果是他的小圆圆周和我们的小圆圆周一样。自然，两者的半径与圆周比也都一样。到这里为止，一切安然无事。我们已经测量了三个圆，三个圆的半径与圆周比一样。按照高中几何学教科书也应该是这样。

现在测量最后一个圆，也就是他的大圆。先量半径，结果和我们的大圆一样。现在再量圆周，这时情况不一样了。因为他的大圆半径很大，所以运动起来以后，圆周的速度也很快。所以尺一放上去就收缩了。

尺一收缩，他量出来的圆周当然也就比我们的大圆大。（量半径时因为尺与运动方向成垂直，所以尺是变薄，而不是变短。）

这样测量的结果就是，他的小圆的半径与圆周比与他的大圆不一样。若是照欧氏几何学所说，这是不可能的，可是确实发生了。

如果我们用旧式（也就是爱因斯坦以前）的态度看待这件事，我们就可以说这种事没什么大不了。按照定义，力学定律和欧氏几何只有在惯性坐标系中才成立。所以凡是非惯性坐标系我们就一概不考虑。爱因斯坦以前的物理学家就是这种立场。可是，在他看来，这种立场刚好就是错的。他的想法是，既然宇宙有很多惯性坐标系，也有很多非惯性坐标系，那么他就要建立一个所有坐标系都成立的物理学。

既然我们想要建立一个全面成立的物理学，一个广义物理学，我们对这两种坐标系的观测者就必须同样认真看待。譬如上面这个例子，转动的圆上面的那个人跟我们一样，有权利在自然世界与他们的参考坐标之间建立关系。不错，力学定律和欧氏几何在他们的参考架构都不成立，不过，凡是逸出这两种规律的情况却都可以用重力场来解释：而重力场正是影响他们的参考架构的一种因素。

爱因斯坦的理论让我们做的就是这回事。他让我们表达物理学法则的方式独立于任何时空坐标。每个参考架构的时间和空间坐标（测量数字），依照参考坐标的运动状态，个个不同。广义相对论使我们得以将物理学法则全面应用于每一个参考架构。

非欧几何

"等一下，"我们说，"一个人在转动的圆那种坐标系里又如何测量距离和导航呢？这种系统里面尺的长度总是随处而变。我们越接近圆心，尺的速度就越快。尺的速度越快，长度就缩得越短。但是，这一切在惯性坐标系里都不会发生。惯性坐标系实际上是静止的，整个坐标系里由于速度完全不变，所以尺的长度也就不会变。"

"所以我们就可以像建造城市一样，一砖一瓦地建造惯性坐标系。由于尺的长度不会变，所以按照这把尺做出来的砖瓦尺寸都一样。在这个坐标系里面，不论我们身在何方，我们都知道 10 块砖的尺寸是 5 块砖的 2 倍。"

"可是如果是非惯性坐标系，它的速度就要随处而变了。这也就表示尺的长度也要随处而变。在这个坐标系里面，如果我们用一把尺来量所有的砖瓦，这些砖瓦的尺寸就会随着位置的不同而不同。"

"在非惯性坐标系里面我们照样能够判定我们的位置，"津得微说，"这又何妨呢？现在假设我们在一块橡皮上画一个方格图（见下图第一幅）。这是一个坐标系。在这个坐标系上，我们位于左下角，而星期六有一个派对将在标有'派对'两个字的交叉口举行。那么，如果我们想参加这个派对，我们

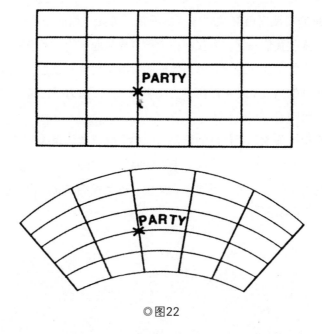

◎图22

必须向右走两个方块，再向上走两个方块才行。"

"但是，现在假设我们把这块橡皮拉成第二幅图的样子。这样会有什么不同吗？"

"方向还是一样的。不同的只有一个地方，那就是，如果我们不熟悉坐标系的这个部分，我们算起行走的距离，就不像所有方格都一样那么简单了，如此而已。"

重力等于加速度。根据广义相对论，使时空连续体扭曲的就是重力：其方式类似我们刚刚扭曲橡皮的方式。当重力效应还可以忽视的时候，时空连续体就好比原来没有扭曲的橡皮。所有的线都是直线，所有的时钟都同步走动。换句话说，原来的橡皮就像是一个惯性坐标系的时空连续体，这个时空连续体用的是狭义相对论。

可是，若是在宇宙里，重力之大就无可忽略了。此时，物质越大，就越使时空连续体弯曲。物质越大，弯曲就越厉害。

在前面那个转动的圆的例子里，由于此坐标系各部分速度不同，所以尺的长短也有所不同。我们还记得加速度（速度的改变）等于重力。所以重力场的强度如果有变化，同样也会使尺收缩。"加速度"和"重力"是一件事的两种讲法。这也就是说，如果尺遭遇的重力场强度不同，它的长度也就不同。

当然，在太阳系里面运动不可能不遭遇各种强度的重力场。而重力场会使我们想尽办法做出来的地图，扭曲成前面所说的橡皮那样。我们的地球在这个时空连续体里面运动，这个时空连续体像是一个山峦起伏的乡野，其中以一座山（太阳）为主体，统御此地的地理。

根据牛顿的看法，地球想要一直直线前进，可是太阳的重力场一直使它偏离，两相平衡之下，地球就顺着轨道环绕太阳行走。可是爱因斯坦的看法却不是这样。他说，地球所在的时空连续体在太阳这一带已经受到太阳的扭曲，地球之所以那样行走，只不过是在这个扭曲的时空连续体当中找到最好走的路径罢了。

只要想象一下，就知道我们的宇宙这个时空连续体的地理有多复杂。这个宇宙有那么多的太阳系、星系、银河、银河星团等；每一个都会在这个四维的时空连续体里造成大大小小的隆起、弯曲、丘陵、溪谷、高山……

既然这个环境如此复杂，我们在其中还有可能导航吗？

可能。譬如地球好了。我们在地球上面用经线和纬线画出方块，方块大小视其位置而定，越接近赤道越大（如果这样说还不清楚，请看地球仪）。不过我们可以用经线纬线的交叉定出地表的物理点。当然，因为方块大小都不一样，所以光是知道我们与目的地之间有几个方块，还是无法算出距离。可是这时我们只要知道我们这一块地形的性质，就可以（用球形三角学）算出距离了。

同理，我们只要知道时空连续体里面某一地区的种种属性，就可以算出时空连续体里面两件事情的位置及其距离（时空间隔）。[①] 爱因斯坦以十几年的时间建立广义相对论，而广义相对论的数学结论，终于使我们能够计算事情在时空连续体里面的位置与距离。

广义相对论的方程式是结构公式，描述的是变来变去的重力场的结构。（牛顿的公式描述的是某一时间之内两物体之间的关系，爱因斯坦的公式则是建立此时此地的一个状况与稍后附近的一个状况之间的关系。）将实际观察的结果输入这些公式，我们就会得到我们所观察地区的时空连续体景象。换句话说，这些公式会向我们揭露那个地区的时空连续体的几何学。我们只要一知道这个时空连续体的几何学，我们的情况就约略相当于一个水手知道地球是圆的，而又懂球形三角学的情况。其实时空连续体不只弯曲而已。时空连续体还有拓扑学的属性，也就是说，时空连续体可以随意连接，譬如接成甜甜圈状，扭转都可以。

到目前为止，我们都只是说物质会使时空连续体弯曲，可是，若是按照爱因斯坦终极的看法，每一块物质即是时空连续体的曲线（可惜的是他未能证明这一点）。换句话说，根据他的终极观点，根本没有什么"重力场""质量"这种东西。这种东西不过是我们的心灵所造，真正的世界没有这种东西存在。"重力"这种东西是没有的——重力不过等于加速度，而加速度却是运动。"质量"这种东西是没有的，质量不过是时空连续体的曲线。即使是"能量"这种东西也是没有的——能量即是质量，而质量即是时空曲线。

在我们的心目中，一个行星有它自己的重力场，循着轨道绕日而行，而这个轨道是由太阳的重力牵引造成的。但这只是我们自己的想法。事实上这

---

① 这个距离当然是"不变的"。也就是说，这个距离在一切坐标系都一样。这个不变数是爱因斯坦理论的绝对客观面。这是对主观任意选择坐标系的补充。

所谓的行星只不过是一道时空曲线在另一道已经非常明确的时空曲线里，找到了最容易通过的路径罢了。

这个宇宙除了时空与运动，别无他物。而时空和运动事实上又是同一件事。这样说事实上是完全用西方的话道尽了道家和佛教哲学的根本要义。

爱因斯坦的预言

物理学研究的是自然实在界。一个理论如果与自然世界无关，这个理论可能是纯数学、诗学或诗。但是这就不是物理学了。我们的问题是，爱因斯坦的理论那么神奇，可是有效吗？

答案是"有"。这个答案是暂时的、实验性的，可是大家都能接受。大部分物理学家都认为广义相对论在看待大规模现象上是一个有效的方法。但是他们同时又希望找到比较多的证据来支持（或挑战）这个立场。

由于广义相对论处理的是大幅度的宇宙，所以光是观察地球的现象不足以证明它有用（不是真实，因为"手表"还是打不开）。要证实这个理论，必须由天文学寻找证据。

到目前为止，人类已经用四种方式证明了广义相对论。这四个理论里面，前三个清楚明白，有说服力。而最后一个，如果它初期的观察正确的话，简直比广义相对论本身还神奇。且容我们在此一一道来。

水星近日点

广义相对论的第一个证明为天文学家带来了意想不到的收获。牛顿的运动定律据说是说明行星绕日的轨道的。这一点确实不错——除了水星。水星绕日的轨道是椭圆形的，一部分离日较远，一部分离日较近。离日最近的一点叫作近日点。科学家长久以来一直在寻找水星近日点的解释，广义相对论的出现正好满足了这种追求。

水星近日点——事实上是水星轨道全部——的问题在于它会移动。水星并不是在一个与太阳的坐标系相对的轨道上一直循原路绕日而行。水星的轨道本身就在绕日而行。这种公转的速度很慢（每300万年绕日一周），不过已经足以使天文学家迷惑了。在爱因斯坦之前，科学家将水星轨道的岁差归之于太阳系里的一个行星，只不过这个行星尚未发现罢了。但是广义相对论一出，再也没有人要找这个行星了。

爱因斯坦建立广义相对论的时候并没有特别照顾到水星的近日点。可是一旦把它用在这个问题上以后，它立刻就告诉我们水星走的路，正好就是它在太阳一带的时空连续体必须走的路。（如下图）

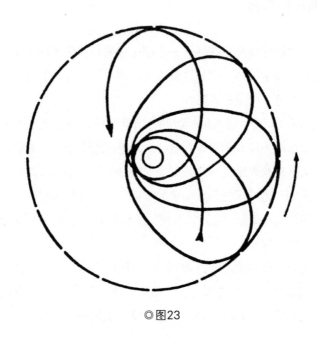

◎图23

其他的行星之所以没有这样走，是因为它们离太阳的重力比较远。广义相对论加一分！

太阳光弯曲

广义相对论的第二个证明是爱因斯坦所做的一项预测完全正确。他预测的是光束会因为重力场而弯曲。他不但明言弯曲的程度有多大，而且还建议天文学家做个实验来测量太阳重力场使星光弯曲的程度有多大。

根据爱因斯坦的看法，地球和一群可见星之间存在着一个太阳，必然会使这群恒星的位置改变。从恒星来的光会因为太阳的重力场而弯曲。这个实验的做法是这样的，先在晚上对一群恒星拍照，注明这些恒星彼此相对的位置，以及相对于四周其他星群的位置，然后再在白天拍一张。当然，这时星群和地球中间是有太阳的，所以这张照片只能在日全食的时候拍。

天文学家查过星图以后，发现 5 月 29 日是一个理想的日子。因为太阳在众星之间的旅行，这一天会通过一个星星异常多的星群。事实上，1919年的 5 月 29 日还是一个令人难以置信的巧合。因为，就在四天前爱因斯坦刚发表广义相对论，接着这一天就要发生日全食。科学家都跃跃欲试，要用这一天来考验爱因斯坦的新理论。

我们认为星星的光是直线前进，但是，因为光信号会在太阳一带弯曲，所以星星的位置与我们认定的事实有出入。（如下图）

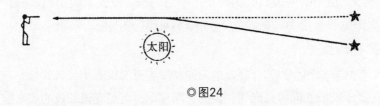

◎图24

当然，在爱因斯坦之前，科学家已经在理论上定出一个光线路径的弯曲量。牛顿的重力定律就是他们用以计算这种弯曲的工具。不过牛顿的重力定律却无法解释这种弯曲。爱因斯坦预测的弯曲大约是牛顿预测的 2 倍，此外爱因斯坦还明白提出解释。对于这种新旧理论之间的对峙，物理学家和天文学家都在等着看结果如何。

1919 年的这次实验，科学家分两组在地球的两个地方工作，两组拍摄的当然是同一个星群。结果证明爱因斯坦的理论正确。这一次实验以后，科学家一再从日全食所做的实验得到相同的结果。这一切都证明了爱因斯坦的预测。广义相对论再加一分！

重力红移

第三个证明是所谓的重力红移。还记得，（因为重力即是加速度）重力会使尺收缩，也会使时钟走得比较慢。

不论什么东西，只要是按周期一再重复运动的，都是时钟。原子也是一种时钟，因为它依照一个频率振动。如果我们刺激一种物质，譬如钠，使它发亮，再测量它发出的光的波长。这个波长就能够告诉我们构成此种物质的原子振动的频率。如果频率变了，波长也就跟着变。

地球上的一个时钟和受强大重力场，譬如太阳，影响的一个时钟之间，如果我们想比较它们的节拍有何不同，我们并不需要送时钟到太阳表面。我们有现成的。

爱因斯坦说，凡是在太阳上发生在一个原子里的周期过程，都会在地球上以比较慢的速率发生。我们只要将阳光里发现的一种元素的辐射线的波长，和地球的实验室发现的这种元素的辐射线波长做个比较，就可以考验他的话是不是正确。科学家已经做过很多次这种实验，每一次实验的结果都是阳光里测到的波长比实验室里测到的长。波长长表示频率低。钠原子在太阳的强大重力场影响之下，振动就比地球上慢。钠原子如此，一切原子莫不如此。

这种现象就叫作重力红移，因为振动频率变慢就表示波长变长。重力红移就是原子的波长向可见光谱长波的一端移动。可见光谱长波的那一端是红光，所以这种现象才叫重力红移。广义相对论再加一分！

黑洞

现在我们要谈到广义相对论的第四个证明了。我们前面谈到水星的近日点会移动、星光的偏差、重力红移等都是可观察的现象，但是谈到第四个证明，我们却要进入一个理论主控的领域。人类对这个领域的实际观察还很少很少，但是这却是科学史上一个最令人兴奋、最激荡人心的领域。这个领域就是黑洞。黑洞是广义相对论的第四个证明。

1958 年戴维·芬克斯坦发表了一篇论文。论文里面，他根据爱因斯坦的广义相对论对一种现象建立了理论。这种现象被他称为"单向膜"。他是说，只要几个条件具备，那么，在极高密度重力场下会形成一个门槛，光和自然物体在这个门槛只进不出，一旦进来就无法脱逃。[①]

---

① 事实上，1795 年拉普拉斯（Pierre Simon La Place）也曾经根据牛顿物理学对这个现象建立了理论。但是，用现代观点，也就是说用相对论来处理这个现象的物理学家，芬克斯坦是

翌年，芬克斯坦到伦敦大学担任客座教授，讲到他的"单向膜"。他的观念吸引了一个学生，引发了这个学生的想象力。后来这个学生把芬克斯坦的发现进一步扩充，发展成"黑洞"的现代理论。这个学生就是罗杰·彭罗斯（Roger Penrose）。[①]

所谓黑洞，是一个重力非常强的空间地带，因为重力非常强，所以连光都要被吸进去；这地方看起来全黑，所以就叫作黑洞。[②] 如果是在实验室，重力可以忽略不计。但是如果事关大的物体，重力就很重要了。所以黑洞的探索，很自然就变成物理学家和天文学家共同的历程。

天文学家认为，黑洞可能是星球演化的产物。星球不会无限期燃烧。它们的生命有一个循环周期，从氢气开始，逐步发展。结束的时候，有时候是一块高密度的、燃烧殆尽的、旋转的物质。这个过程最后的产物是什么，要看星球多大而定。有一个理论说，相当于太阳3倍或3倍以上的星球才会成为黑洞。这种星球的残骸密度高得无法想象；直径可能只有几英里，可是所含质量却是太阳的3倍以上。这样高密度的质量自然会产生一个极强的重力场，把附近的一切东西都吸进去——光，当然，也不例外。

这样的星球的残骸周围有一个事界（event horizon）。星球燃烧完毕后，其庞大的重力场就形成了事界。事界的作用正是芬克斯坦所说的单向膜。不管什么东西，只要进入这种物质的重力场，就会立刻被拉过去，一通过事界，永不复返。黑洞的根本特性就在事界。至于物体通过事界以后会怎样，故事比最富想象力的科幻小说还要精彩万分。

如果黑洞是不旋转的，那么进入其中的物体将直接到达中心的一点。这中心的一点叫单体。单体会将物体挤压殆尽，以至于不存在；用物理学的话就是变为零体积。一切物理学法则在黑洞单体里面完全失效，连时间和空间都一概消失。有人说，凡是被吸进黑洞的东西都会在"另一边"溢出——这"另一边"就是另一个宇宙！

第一人。他的行动开发了当代的黑洞理论。

① 现代第一篇论黑洞的论文是奥本海默（J.R.Openheimer）和施耐德（S.Snyder）于1939年所作。至于超越时空的黑洞单体，这种现代理论则是由彭罗斯和霍金（S.W.Hawking）发展出来的。

② 这只是最近似的情形。依照现代的理论，由于光子等粒子会透过"单向膜"的量子隧道跑出来，所以黑洞实际上还是有光照出来。

如果黑洞是旋转的，那么被吸进事界的物体将不会进入黑洞单体（在旋转的黑洞里，黑洞单体成环状），而是（经由"虫洞"）进入宇宙的另一个时间，另一个地方，甚或是（经由"爱因斯坦－罗森桥"）进入另一个宇宙。这种情形下，旋转的黑洞可能就是终极的时间机器。

黑洞差不多完全不可见。不过，属于黑洞特有的现象却是有迹可寻。第一个是大量的电磁辐射线，第二个是黑洞对邻近可见星球的影响。先谈第一个。黑洞一直在吸收一切物质，其中包括氢原子、宇宙粒子。这些粒子一进入黑洞，经过它的重力场时速度就一直增加，最后终于到达光速。这就造成了大量的电磁辐射线（任何带电的粒子加速时都会制造电磁辐射线）。这是黑洞的第一个迹象。

黑洞的第二个迹象是它对邻近可见星球的影响。一个可见星如果看起来像是环绕着一个看不见的星球（也就是说好像是一个双子星系的一半），那么我们通常都可以推断这个星球的确环绕着一个看不见的星球。这个看不见的伙伴就是黑洞。

因为这样，所以寻找黑洞后来就变成寻找这两种现象。1970 年，乌呼鲁卫星在一个地区找到了这两种现象。它在天鹅星座找到了一个高能 X 射线源的位置。这个电磁辐射线的高能源后来就叫作天鹅座 X-1 源，能量比太阳高 100 万倍。天鹅座 X-1 源很接近一个可见的蓝热超巨星。科学家现在认为，这个蓝热超巨星就是和天鹅座 X-1 源这个黑洞构成了一个双子星系。

可见星和看不见的黑洞在这种双子星系上互相环绕，这时可见的蓝热超巨星实际上就是已经被黑洞吸进来了。它以极高的速度冲进黑洞，身上的物质一边一直剥落，一边放出 X 射线。单单一个天鹅座 X-1 源已经令人难以置信，可是光是我们的银河系，自从人类发现天鹅座 X-1 以来，在银河系检测到的这一类物体就不止一百个。

黑洞把我们的想象力扩展到极限，但是证据显示黑洞确实存在。譬如说，我们认为消失在黑洞里的东西会在别的地方出现。如果真是这样的话，别的宇宙是不是也有黑洞把那里的物质吸到我们的宇宙中来？科学家很认真地在考虑这个可能性。因为，我们的宇宙就有一些物体与黑洞相反，叫作白洞（当然）。这些物体便是准恒星无线电源，简称类星体。

类星体是异常高的能源。类星体的直径通常只有太阳系的几倍，可是它释放的能量却比整个银河系 1500 亿个星球的能量还多。有的科学家认为类星体是我们目前所能测知的最远的星球，可是我们看到的它还是明亮得难以相信。

黑洞与类星体的关系到目前为止纯然只是思维。不过这个思维却令人心惊胆战。譬如说，有些物理学家认为，黑洞会在我们的宇宙中吸去物质，然后挤到宇宙的另一个时间、另一个地方，要不就挤到另一个宇宙。根据这样的假说，黑洞的"输出"边就是类星体。如果这个思维是正确的，那么就有很多黑洞在吸我们的宇宙，然后在别的宇宙放出去。别的宇宙也是一样被吸进去，再放出来，变成我们的宇宙，然后这个宇宙又被黑洞吸进去，变成别的宇宙。如此周而复始，自给自足。这是一出无始无终、无终无始的舞蹈。

"无理"的幻象

长久以来，我们一直认为重"力"是真正存在的东西。可是，广义相对论使我们发现，这其实只是我们的心灵创造出来的。这个发现是广义相对论最深奥的副产品。在世界的实相上，重力这种东西是没有的。行星之所以绕日而行，并不是因为太阳在它们身上施加了什么看不见的重力。它们之所以这样走，只是因为在它们的时空的地形上，这样走最容易罢了。

所谓"无理"，道理也是一样。"无理"唯心造。在世界的实相上，无理这种东西是没有的。从一个参考架构看，黑洞和事界有理；从另一个参考架构看，绝对非运动有理。但是若从自己的参考架构看对方，两者皆"无理"。

我们小心翼翼地建造了我们的理性作物。然后，只要一件东西不符合我们的理性作物，我们便谓之无理。然而，这些理性作物本身其实毫无价值。这些理性作物都可以用比较有用的代替。在这种代替品里面，原本从旧的参考架构看毫无道理的事物，从新的参考架构看将完全成立。反过来情形亦然。"无理"和时间、空间这一切度量一样（"无理"也是一种测量所得），都是相对的，我们不过是知道在哪个参考架构用它会成立罢了。

第 9 章
粒子动物园

变化的障碍

"物理"的第四个近似音是"握理"。大体说来，由于科学史就是科学家努力追求新观念的历史，所以一本书用"握理"来讲物理真是再恰当不过了。

科学家追求新观念之所以必须苦战，是因为人长久熟悉一种世界观以后，再要他放弃，总使他没有安全感。一个物理理论的价值，要看它有没有用而定。就这个意义而言，物理理论史可以说很像人的人格成长史。我们大部分人都是用一些自动反应来对环境做出反应。这些反应之所以会成为自动反应，是因为这些反应都曾经——尤其是在小时候——使我们如愿以偿。但是，一旦环境改变，这些反应便不再有用。这时如果还有这些反应，不但毫不实际，反而平添许多坏处。这时，愤怒、沮丧、谄媚、哭闹、欺负弱小等行为都将应时而生。我们总要等到明白这种行为毫无益处，才会有进一步的改变。但这时候的改变往往也很缓慢、很痛苦。人格的成长是这样，科学理论的成长亦然。

哥白尼认为是地球绕日，但是除了哥白尼，谁都不愿意接受这个观念。关于哥白尼的革命，歌德说：

> 人类可能从来未曾受到这么大的要求。因为，如果承认（地球不是宇宙的中心）的话，第二个天堂、纯真世界、诗、虔诚、感官的见闻、一种又诗又宗教的信仰，所有这一切哪一样不是立时塌缩，化为尘土？也难怪人类对他的观念没有胃口。整个人类都起来反对这个学说……（注一）

再说普朗克好了。普朗克的发现意味着一些重大的事情。但是普朗克自己都难以接受。因为，一旦接受了，一个三百年之久的科学结构(牛顿物理学)就受威胁了。关于量子革命，海森伯说：

> ……新的现象强迫着我们改变思考方式的时候……连声名最显赫的物理学家都要感到极度的困难。因为，思考方式的改变可能使我们脚下的土地霎时落空……我相信我们没有高估其间的困难。明智而温和的科学人对于这种改变思考方式的要求也感到绝无后路。我们一旦经历这种感受，只有惊讶科学怎么会有这样的革命。(注二)

因为发现了一些新现象无法用现有的理论解释，才迫使我们兴起科学革命。旧理论没有那么容易死。哥白尼要我们放弃宇宙中心的地位，这实在是一件精神任务；量子力学要我们接受自然界的非理性，这对知识人是一个严重的打击。然而，新的理论一旦展现优越的用处，反对者不论多么不愿意，也只有接受了。这样一来，既然接受新理论，也就只好认可随着新理论而来的世界观。

今天，粒子加速器、气泡室、电脑共同产生了一个世界观。这个世界观与20世纪初人类世界观的不同，就好比哥白尼的世界观与他的前辈不同一样。这个世界观叫我们要放弃许多我们紧抓不放的观念。

这个世界观里面，实体这个东西是没有的。

镜面的大厅

关于物体，我们最常问的就是："什么做的？"不过这个问题的根本却是一个造作的思想结构。这个思想结构好比一个镜厅。站在两面镜子之间往其中一面看，我们就会看到我们的影像；在我们后面，也会看到很多我们，每一个都看着他面前的头的后面。这样的影像就这样一直对折反映，穷目所见，无限延伸。这一切影像，全部都是幻象。唯一真实的就是我们。

每次我们问东西"什么做的"的时候，情形就类似于此。这种问题的答案永远都是一种东西，然后对这种东西我们又可以问一样的问题。

譬如牙签。我们问牙签"什么做的"，答案是"竹子"。不过这个问题却把我们推进了一间镜厅。因为，我们虽然得到了答案"竹子"，可是，我们还是可以问竹子是"什么做的",我们得到一个答案说是"纤维"。可是纤维又是什么做的呢?问题就是可以这样一直问下去。

两面相对的镜子会无止境地照出影像的影像。同理,认为一件东西和做成这件东西的东西有所不同,这种观念也会使我们竟日追寻,了无所得。一件东西不论是什么"做"的,反正我们已经创造了一个幻影,逼着我们去问:"对,可是那又是什么做的?"

新世界观

物理学家是固执追问这一连串问题的人。他们发现的事情叫人吃惊。再用牙签做例子好了。牙签是竹子做的,竹子是纤维构成的,纤维是细胞构成的,细胞被放大以后,原来是分子构成的。最后,原子是亚原子粒子构成的。换句话说,原来"物质"就是一连串焦距之外的形态。想追求宇宙的最后材料,最后发现的却是宇宙没有最后的材料。

如果一定要说宇宙有什么最后的材料,那就是能量。但是亚原子粒子并不是能量"做"的,因为亚原子粒子就是能量。爱因斯坦早在 1905 年就建立了这样的理论。亚原子粒子就是能量,所以亚原子粒子的互动就是能量的互动。在亚原子的层次上,再也没有究竟和过程的分别,再也没有行动和行动者的分别。在这个层次上,舞者和舞已经合为一体。

根据量子物理学的看法,这个世界基本上只是跃动的能量。能量无处不在,起先是一种形式,然后是另一种形式……如此这般,连续不断。我们所谓的物质(粒子)事实上是造出来的,造出来以后消灭,又造出来,如此这般,连续不断。这一切皆因粒子的互动而生,但这一切亦是无由而生。

从"无"之处突然出现一种"事物",这个事物来了又去,往往是变为别的事物然后才消失。粒子物理学里面没有空与不空、物与非物的区别。闪烁的能量以粒子的形式自己跳舞,存在,碰撞,变质,消失,这就是粒子物理的世界。

粒子物理学

粒子物理学的世界观是"秩序之下一片混沌"。世界的基本层面是一片混乱，不过不断生、变、灭而已。在这片混乱之上，就它可能采取的形式而言，是一些守恒定律。这些守恒定律和一般的物理定律不一样。这些守恒定律说的不是什么事必然发生，而是什么事不会发生。守恒定律是容许性的定律。在亚原子的层次上，凡守恒定律不禁止的，一概会发生。（量子论说的就是守恒定律容许的可能性有多大的概率。）杰克·萨法提说：

> 粒子不再固定地、稳定地依照一定的路线运动。粒子的运动路线好比马氏兄弟的马戏、卓别林的喜剧一样滑稽……看得见，看不见……事实上就连何谓路线亦不甚清楚。这一团乱叫人伤透脑筋——到最后才看出其中微妙的秩序。（注三）

以往的世界观是混沌之下一片秩序。这个世界观认为，表面上我们的日常生活繁杂紊乱，枝枝节节，其实在这一切之下，有一些系统而理性的法则维系着其间的关系。苹果掉下来和行星运动之间是同样的法则在统御，这就是牛顿伟大的识见。这个识见当然有很多真理，但是，这种看法正好与粒子物理学相反。

粒子物理学的世界是没有“材料”的世界。这个世界里面，事情的过程即是事情的究竟。这个世界里面，生、变、灭的舞蹈在一个概率与守恒律的架构中不断上演，无休无止，不增不减。

高能粒子物理学研究的是亚原子粒子，通常简称为粒子物理学。粒子物理学的理论工具是量子论和相对论，硬件则是加速器和电脑并用，昂贵得难以想象。

粒子物理学最初的目的是要寻找宇宙最小块的积木。要完成这个工作，必须把物质一步一步地分解，越分越小，能分多小就分多小，一直分解到最小块为止。不过，起初虽这么想，实验的结果却没有这么简单。今天，粒子物理学家都在忙着从那么多的发现当中理出头绪。[①]

在原理上，粒子物理学已经无法再简单了。物理学家必须用亚原子粒子

[①] 现阶段的高能理论有一点像是遭受哥白尼新世界观的压力而塌缩的托勒密天文学。现阶段的高能物理已经是一个庞大的理论结构，但是，新粒子和新量子数（譬如魅数，后面会讨论）的发现，就好比这个结构上面本来已经累积了很多周转圆，现在还要加上更多一样，怎么可能会不倒塌呢？

互撞，才能够看到碎片是什么做的。这是很困难的事情。用来撞击的粒子叫抛射体，受撞击的粒子叫靶。

最进步（但也最贵）的加速器可以同时将抛射体粒子和靶粒子向碰撞点射出。碰撞点通常位于气泡室里面。带电的粒子通过气泡室的时候，会像喷气式飞机在天空留下喷气云一样，在气泡室留下轨迹。气泡室的外面是磁场，磁场会使带正电的粒子向一边转弯，带负电的粒子向另一边转弯。这样，由转弯的曲线曲度多大，就可以算出粒子的质量多大（速度和电荷一样时，粒子越轻，转弯越厉害）。气泡室里又有电脑启动的照相机，每次一有粒子进来就自动照相。

有趣的气泡室

科学家有必要做这样精密的设计。因为，大部分的粒子生命都不到百万分之一秒，而且又小得无法直接观察。[1]大体而言，粒子物理学家所知的亚原子粒子的一切，都是由理论以及粒子的气泡室轨迹照片推论出来的。[2]

实验室里几千张的气泡室照片清楚地告诉我们，当初粒子物理学家在寻找"基本"粒子时遭遇到了怎样的挫折。抛射体撞击到靶的时候，两者当然都碎了。可是，两者碎了之后却产生了新粒子。而且这些新粒子又都跟原来的一样"基本"，质量往往又和原来的一样大。

左图表示粒子撞击的一种典

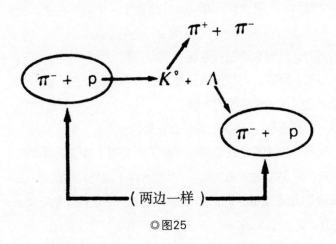

◎图25

---

① 已经适应黑暗的眼睛可以觉察到光子。除此之外，其他一切粒子都只能间接观察。

② 除了气泡室物理学，还有核乳胶物理学、计数器物理学等。但是，气泡室可能是粒子物理学最常用的检测工具。

型。一个带负电的 π 介子与一个质子（P）互撞，两者破碎之后产生了两个新粒子，一个是中性的 K 介子，一个是郎姆达粒子。K 介子和郎姆达粒子各自（不必碰撞）又自动衰变为两个粒子。其中由郎姆达粒子衰变出来的是 π 介子和质子；跟我们一开始的粒子一样。芬克斯坦说，这简直就像两座时钟对撞，结果飞出来的不是齿轮、弹簧、碎片等，而是新的时钟，有的还和原来的一样大呢！

为什么会这样？爱因斯坦的狭义相对论可以给我们一部分答案。原来，除了抛射体粒子和靶粒子的质量，抛射体粒子还有动能。新的粒子就是由这些动能产生的。抛射体粒子跑得越快，撞击点上就有越多动能可以创造新的粒子。由于这个道理，所以各国政府花在建造粒子加速器上的钱才越来越多。越多的钱造越大的加速器，越大的加速器推出来的抛射体粒子速度越快。如果抛射体粒子和靶粒子都加速以后才撞击，就有比较多的动能创造新粒子。

创造与湮灭之舞

每一次的亚原子粒子撞击都包括原来粒子的湮灭和新粒子的产生。亚原子的世界是一出生灭之舞，生灭不断，笙歌不辍；是一个质变能、能变质的世界。[①] 种种倏忽即逝的形式生灭之间闪烁而过，创造了一个从不止息，又永远新造的实在界。

不论是东方还是西方，凡是宣称已经掌握"上帝面貌"的秘教者，言谈之间无不显露类似的意思。所以，心理学家只要是关心人心的觉醒，很少能够忽略物理学与心理学之间这一座巍峨的大桥。

粒子物理学的第一个问题是："碰撞的是什么东西？"

根据量子力学，亚原子粒子不是灰尘那样的粒子。亚原子粒子只是"存在的倾向"以及"宏观可观测象之间的关系"。亚原子粒子没有客观的存在。这意思就是说，如果我们要运用量子论，那么除了粒子与测量仪器的互动，我们无法假设粒子的存在。海森伯说：

---

① 我们平常的概念化习惯当中的那种质能二元论，在相对论或量子论的严格形式中是没有的。根据爱因斯坦的 $E=mc^2$ 这个公式，能量就是质量；质量既不曾变为能量，能量也不曾变为质量。能量所在即是质量所在。质量的总量可以由 $E=mc^2$ 算出，能量的总量守恒，所以质量亦守恒。这个质量以"重力场的一个起源"这个事实来界定。

在量子论的揭露之下……基本粒子不再像日常生活的物体那样真实,不像树,不像石头……（注四）

轨迹是什么

譬如电子,其通过照相图版之后,会在照相图版上留下看得见的"轨迹"。仔细检查这道轨迹,发现这道轨迹原来是一连串的点。每一个点都是电子与图版上的原子互动之后产生的银。用显微镜看这道轨迹,情形如下:

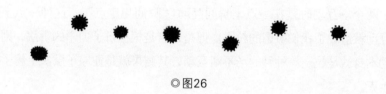

◎图26

照图中的情形看,我们一定会认为这是电子造成的。电子像棒球一样,通过图版以后,留下了这道轨迹。但事实不然。量子力学告诉我们,要说这些点(这些"运动的物体")之间有关联,纯属我们心灵的产物。这些东西不是真有。事实上这一点佛教徒已经说了一千年之久。换上量子力学扎实的语言来说就是,这些运动的物体——这些独立存在的粒子——纯属不可证明的假设。

伦敦大学柏贝克学院物理教授大卫·玻姆(David Bohm)说:

依照我们平常理解事物的方式,我们会认为这些银粒子轨迹显示的是,真有一个电子沿着这些银粒子的路径间断地从空间运动而过,再由互动造成这些银粒子。但是,依照量子论通常的解释,如果我们认为这一切真的发生,那是错误的。我们最多只能说有一些粒子出现了。其他的,我们绝不要去想这些银粒子是由一个真实的物体,按照我们通常认为物体在空间里运动的方式运动之后产生的。"持续运动的物体"这个概念可以建立一个差不多成立的理论,可是一碰到一个非常精确的理论,这个概念立时塌缩。(注五)

"粒子一类的物体是真实的东西，不管我们是不是在看，都按照因果律在时间和空间里行走。"——这是很自然的假设。但是量子力学却反对这种假设。由于量子力学本身就是一个物理理论，所以其中的意义就特别重大。从亚原子粒子到恒星现象，凡此种种，量子力学的解释都很成功。物理学史上还不曾有过这么成功的理论。这个理论无与伦比。

所以，我们看到气泡室的轨迹时，我们就有了一个问题："什么东西弄的？"关于这个问题，目前为止最好的答案是"粒子"。但实际上这就是场与场的互动。这个理论叫作量子场论。场，譬如波，散播的区域比粒子大很多（粒子仅限于一个点）。此外，场还会充斥一个空间。譬如地球的重力场就充斥了地球一带的空间。两个场互动时，既非逐步互动，亦非全面互动。不然，两个场互动时是在一点上瞬间互动（"瞬间与定点"）。这种一点上瞬间的互动就造成了我们所谓的粒子。但是，若是根据量子力学的看法，则这种互动本身就是粒子。种种的场不断互动，其结果就是亚原子层次上粒子不断地生灭。

量子场论

1928 年，英国物理学家保罗·狄拉克（Paul Dirac）为量子场论立下了地基。预测新型粒子，用场的互动解释现有的粒子，量子场论在这两方面都极为成功。根据量子场论，一个场就和一种粒子有关。1928 年当时所知的粒子只有三种，所以只要有三种场就可以解释。但是，时至今日，人类所知的粒子已经有百种以上，所以也需要百种以上的场才能解释。这是一个问题。对于志在梳理自然的物理学家而言，这么多的理论不但笨拙，而且尴尬。所以，如今大部分物理学家已经放弃"一种场为一种粒子存在"的观念。

不过，量子场论依然是一个很重要的理论。这不只是因为量子场论有效，而且也是因为量子场论最先融合了量子力学和相对论——尽管其方式还是有其限度。后面这一点是这样的，凡是物理理论，都必须符合相对论要求的"物理法则必须独立于观测者的运动状态"这一点。量子论也不例外。物理学家自来亟须整合相对论与量子论的努力普遍都不成功。但是，科学家想了解粒子物理就需要相对论和量子论，用的通常也都是相对论和量子论。这种不得不然的关系最恰当的形容就是，"紧张但是必要"。在这个方面，整合两者最成功的就是量子场论。不过量子场论只涵盖了一个小范围之内的现象。[①]

量子场论是一种 ad hoc[②] 的理论。这意思是说，量子场论就和玻尔为原子所设的特定轨道模型一样，是一种很实际但概念上前后不一致的方案。量子场论有一部分在数学上无法兼容。它是就现有的数据设计出来的有效模型，目的是让物理学家在探索亚原子现象的时候有立足之地。因为太有效了，所以才存在那么久。（有的科学家甚至认为它"太"有效了。他们担心，量子场论那么成功，可能反而妨碍了一个自我一致的理论的发展。）

不过虽然有这些缺陷，量子场论是成功的物理理论终归是事实。量子场论以"物理实相本质上无实体"的假设为前提。根据量子场论，真正真实的只有场。场不是"物质"，是宇宙的实体。物质（粒子）只是场与场互动时一时的呈现。宇宙间唯一真正的事物是场，而场是无法捉摸、无实体的。场的互动看起来像粒子，因为，场的互动是瞬间的、顿然的，又是在空间很小的区域。

当然，就字面上而言，"量子场论"是非常矛盾的名称。"量子"是已经不可再分的整体，是事物极小的一片。"场"则是事物的全盘区域。"量子场"把两个完全不兼容的名词摆在一起。换句话说，这是一个疑难，因为它违反了我们的范畴规则。我们一向认为事物只能是这样或者只能是那样，但绝不能是又这样又那样。

量子场论对于人为的范畴式思考方法产生了很大的冲击。量子场论对西方思想（以及其他各方面）的贡献，主要也是在这里。我们用这种思考方法建造我们的知觉结构。但是这个僵化的结构却变成了一个监狱，而我们不知不觉间变成了囚犯。量子论大胆地宣称，事物可以是这样又那样（光既是波也是粒子）。[③] 若问这两种描述何者为真，那么这个问题毫无意义。要完整了解，必须两者兼具。

---

① 融合相对论和量子论的，除了量子场论，还有 S 矩阵理论。不过因为 S 矩阵理论对于亚原子现象的细节提供的信息很有限，所以现在只用在强子的互动上。S 矩阵理论后面会讨论。

② 意为"特别为一个目的而设的"——译注

③ 量子论的语言很准确，可是也很诡谲。譬如光好了。量子论从来就不曾说过光同时是波又是粒子。依照玻尔的互补原理，光就其前后的关系，有时候显示类粒子象，有时候显示类波象。我们不可能在一个情况里同时观察到类粒子象和类波象。不过，若想了解"光"，这两个互斥（互补）象缺一不可。就这个意义言，光既是波又是粒子。

1922 年时海森伯还是学生。他问他的教授兼后来的朋友玻尔说："如果原子的内在结构真像你说的那样无法说明，那么，既然没有一种语言可以处理原子，我们又从何了解原子呢？"

玻尔想了一下才说："我想还是可能。不过在这过程当中我们必须弄清楚所谓'了解'是什么意思。"（注六）

用一般的话来说，这意思就是，一个人可以是又好又坏，既勇敢又懦弱，既是狮子又是羔羊。

使用日常语言的两难

不过，尽管有以上种种情况，粒子物理学家仍然不得不把粒子当棒球一样来分析。棒球从空间飞过，有时候还相撞。物理学家就是这样来研究粒子。物理学家研究气泡室照片上粒子互动的轨迹时，他是假设这道轨迹是由一个小小的运动物体造成的；照片上其他的轨迹亦然。事实上物理学家分析粒子互动的方法，差不多就像撞球一样。几个粒子互撞（然后消失），从互撞的地方又飞出几个新造的粒子。简单地说，物理学家根本就是用质量、速度、动量来分析粒子的互动。这些概念全部都是牛顿物理学的概念，用在汽车、电车上面都可以。

物理学家之所以这样做，是因为如果他们还想与他人沟通，就必须使用这些概念。他们现成可用的往往就是一张黑黑的照片，不过上面有白线而已。他们知道：（一）根据量子论，亚原子粒子并不是本身独立存在的；（二）亚原子粒子既有类波特性，也有类粒子特性；（三）亚原子粒子实际上是场与场互动的呈现。但是，那些白线本身却使他们要用古典方法来分析，所以他们就用古典方法来分析。

这种两难选择就是量子力学的基本难题，粒子物理学家必须用古典语言来说明古典概念无法说明的现象，量子力学到处充塞着这种难题，这好比要向人说明吃 LSD（迷幻药）的经验一样。我们用大家平常熟悉的概念为起点，可是一过了起点，平常的概念就不适用了。代替品怎么都说不出所以然来。

海森伯说：

处理量子论的物理学家也被迫使用日常生活的语言。我们做事就当真有电流（或者粒子）这一回事。因为，如果我们禁止物理学家讲电流（或者粒子），他们就再也无法表达他们的思想。（注七）

所以，物理学家凡是说到亚原子粒子，就好比这些粒子真的是小小的物体，会在气泡室留下轨迹，并且还独立（客观）存在。这种权宜之计用处多多。40多年来，物理学家运用这种方法已经发现将近100种粒子。肯尼斯·福特（Kenneth Ford）说，这些粒子简直就是一个粒子动物园。[①]

关于这座粒子动物园，我们要知道的第一件事情是，只要是同种的粒子，看起来就完全一样。只要是同种，每一个电子看起来都一样，看过一个，就等于看过全部。同理，只要是同种，每一个质子都一样，每一个中子都一样。依此类推，同种的亚原子粒子彼此绝对无可分辨。

但是，如果是不同种的粒子，彼此就有不同的特性（属性）。这种特性，第一个是质量，第二个是电荷，第三个是自旋。下面分述之。

粒子的质量

先论质量。譬如质子，其质量比电子大1800倍左右。（但这并不是说质子就比电子大1800倍。因为，质量和大小是两回事。反过来说，一磅铅和一磅羽毛质量就一样。）

物理学家讲到粒子的质量时，除非另有说明，否则指的都是静止质量。粒子静止时的质量叫作静止质量。静止质量之外，任何质量都叫作相对论质量。因为粒子的质量会随速度增加，所以粒子任何相对论质量都可能有。粒子相对论质量的大小依其速度而定。譬如说，在99%的光速时，粒子的质量比静止时大7倍。

不过，质量的增加并不是一直都这样循规蹈矩。粒子速度一旦超过光速的99%，质量就急遽增加。美国麻省的剑桥，以前有一部电子加速器在运作。这部电子加速器是由另一部比较小的馈食加速器供应电子。电子由馈食

---

① 他写了一本最好的论粒子物理的通俗著作，书名叫作《基本粒子的世界》（*The World of Elementary Particles*），1965年纽约Blaisdell出版。

加速器进入主加速器时，速度是光速的 0.99986，主加速器再将电子加速到 0.999999996。其间增加的速度看来可观，其实微不足道。电子初始速度和最后速度的差别，不过相当于一部汽车以 2 小时跑完一段路，而另一部汽车以 1 小时 59 分 59 秒跑完罢了。(注八)

但是速度的增加如此，质量的增加却不然。速度的增加如此微不足道，但质量已经从静止质量的 60 倍增加到 1.18 万倍。换句话说，加速器叫错名字了。加速器(请注意"加速"的定义)为亚原子粒子增加的速度不如质量。粒子加速器应该叫作粒子放大器(增质器)才对。

不论是静止或运动，粒子的质量都是以电子伏特计算的。电子伏特与电子无关。电子伏特是能量单位。(电子通过一伏特电位差所获得的能量为一电子伏特。)计算某物的电子伏特即是计算其能量。这里的要点是，粒子物理学家计算粒子的质量时也是用这种单位。譬如，他们就说电子的静止质量是 0.51 百万电子伏(MeV)，质子的静止质量是 938.2MeV。这是因为质变能、能变质在粒子物理里面是例行现象，所以他们就用能量单位来说粒子的质量。

质量不过只是一种形式的能量——存在的能量。如果粒子是运动的，就既有存在能量(质量)，也有运动能量(动能)。这两种能量都可以在粒子碰撞时用来制造新的粒子。①

用质量最轻的粒子——电子——来对比其他粒子的质量，往往要比直接说粒子的电子伏特数方便。所以，物理学家便设计了一套系统，以电子的质量为"1"，因而(譬如)质子的质量便是 1836.12。有了这一套系统，任何一种粒子我们都可以立刻说出它比电子重多少。本书后面附有一份这样的系统表。

物理学家依照质量，将所有已知粒子从最轻到最重排列出来以后，发现这些粒子大略可归为三个范畴，也就是轻量粒子、中量粒子、重量粒子。可是，不知道为什么，物理学家要为这三个范畴命名时，都不约而同地回到希腊。他们将轻量粒子命名为"lepton"，希腊文意为"the light one"，这是

---

① 不过，因为爱因斯坦的公式 $E=mc^2$ 说质量即是能量，能量即是质量，所以，严格说来，质量并非一种形式的能量，应该说能量不论是何形式皆是质量。因此，譬如动能亦是质量。给粒子加速并因而赋予它能量时，它所获得的质量正好就是必然的能量。凡有能量之处，质量亦如影随形。

"轻子"。中量粒子叫作"meson"，希腊文意为"the midiumsized one"，这是"介子"。重量粒子叫作"baryon"，希腊文意为"the heavy one"，这是"重子"。物理学家为什么不直接称这些粒子为"light""midium""heavy"，这是物理学上一个无解的问题。①

无质量粒子

电子既然是最轻的物质质点（简称质点），所以电子当然是轻子。质子是重量粒子（重子），不过却是最轻的重量粒子罢了。大部分的亚原子粒子是依这样的方法分类的。除去这一大部分，剩下的一部分使我们看到了粒子物理学一种不受概念束缚的现象。这跟量子力学的许多东西一样。这些粒子没有办法放进轻子—介子—重子的架构里面。有的已经为物理学家熟知（譬如光子），有的已经进入理论，不过尚未发现（譬如重力子）。这些粒子共同拥有一个事实，那就是它们全部都是无质量粒子。

"等一下，"我们喊道，"什么叫作无质量粒子？"

"无质量粒子，"津得微研究过这种现象，他说，"就是静止质量为零的粒子。它的能量全部都是运动能量。譬如光子，其一造出来，立刻就以光速前进。不会慢下来，因为没有质量使它慢下来；不会快起来，因为已经没有比光速更快的东西。"

"无质量粒子"是从数学翻译成一般语言的尴尬名词。物理学家当然知道自己说"无质量粒子"是什么意思。"无质量粒子"是他们为一个数学结构里的一种元素取的名字。但是，这种元素在真实世界到底代表什么东西，就不容易说清楚了；事实上是根本不可能说清楚的。因为，依照定义，物体（譬如"粒子"）就是有质量的东西。

佛教禅宗有一种方法，叫作公案。公案与打坐并用，可以改变我们的知觉和理解事物的方式。公案是一种疑难，因为很诡谲，所以无法用一般的方

---

① 不过，现在物理学家用到轻子、介子、重子这些名词时，已经不光指粒子的质量。现在这些名词还指粒子的等级，而粒子的等级是依照质量之外的几个属性界定的。譬如说，斯坦福直线加速器中心和劳伦斯伯克利国家实验室合作的小组于 1975 年发现的 τ 粒子，虽然比最重的重子质量还大，可是似乎却是轻子。又譬如另一个合作小组于 1976 年发现的 D 粒子，虽然质量比 τ 粒子还大，可是却是介子。

式解答。譬如说，禅的公案会问："一手击掌的声音是怎样?"禅师总是要学生一路想着一个公案，不得答案决不罢休。至于答案，绝对不止一个，要看学生的心境而定。

佛经里常见两难之题。我们的理性思考就是在这两难之处跌跌撞撞触及了我们自己的限度。根据东方哲学普遍的看法，善恶、美丑、生死等皆是"假的分别"，彼此没有对方都不可能存在。这种假分别是我们自己制造出来的思想结构。两难之题唯一的起因，无非就是这种自己制造而又刻意维护的幻象。谁能挣脱概念的束缚，谁就能听见一手击掌的声音。

物理学也有很多"公案"，"无质量粒子"即是。一千年前，佛教就开始探讨"内在的"实相。一千年后，物理学家也开始探讨"外在的"实相。但两者最后都发现，要"了解"，就必须跨过两难的障碍。这难道只是巧合吗?

不同种的亚原子粒子依照几种属性来区别。以上讨论的是其中的一种——"质量"。

电荷

以下讨论其中的第二种属性——"电荷"。每一个亚原子粒子都带有电荷，可能是正电，可能是负电，也可能是中性。电荷决定粒子在其他粒子之前会有什么行为。粒子如果是中性，那么不论其他的粒子带什么电荷，它都很冷漠，无动于衷。可是粒子如果带正电或负电，它们彼此对待就不一样了。带电的粒子会彼此相吸或相斥。譬如两个粒子如果都带正电，那么它们就会彼此排斥，于是立刻尽可能保持距离。两个粒子都带负电时亦然。但如果一个带正电，一个带负电，它们就无法抗拒彼此的吸引力，如果能够，就要立刻彼此接近。

带电粒子之间这种相吸相斥的舞蹈叫作电磁。电磁力使原子结合成分子，使带负电的电子在轨道上环绕带正电的核子而行。从原子和分子的层次上来说，电磁力是宇宙基本的"黏胶"。

电荷的存在有一定的量。一个亚原子粒子可以是不带电荷(中性)，可以是带一个单位的正电荷或负电荷，也可以是带两个单位的正电荷或负电荷，但绝对没有介乎其间的情形发生。说什么一个粒子带 114 个单位的电荷，一个粒子又带 1.7 单位的电荷，这种事情是没有的。换句话说，电荷和(普朗克发现的）能量一样，是"量子化"的。电荷的存在是一束一束的，每一束都一样大。为什么会这样是物理学上几个未解的大问题之一。①

电荷的特性再加上质量的特性，一个粒子的人格——姑且这么说吧——就出来了。譬如说，亚原子粒子里面，唯有电子带负电荷以及0.51百万电子伏特的静止质量。有了这样的信息，物理学家知道的就不止一个电子有多少质量，而且还知道电子与别的粒子如何互动。

各种不同的亚原子粒子是按几种属性来区分的。"质量"在前面已经讨论过，现在才讨论完的是"电荷"，以下讨论"自旋"。

自旋

亚原子粒子的第三种特性是自旋。亚原子粒子会像陀螺一样，绕着一种理论轴自旋。不过有一点很大的不同，陀螺的旋转可以快可以慢，但是一种亚原子粒子的旋转，速度却永远不变。

自旋的速度实际是亚原子粒子的基本特性，所以，如果速度有变，亚原子粒子也就毁了。也就是说，粒子的自旋有变，粒子本身也就彻底改变，所以也不叫原来的电子、质子等。这一点使我们不禁怀疑种种粒子是否就是某种潜在实体结构的不同运动状态而已。这也是粒子物理学的基本问题。

量子力学里的每一种现象皆有它的量子象。使现象呈现为"中断式"的，就是这个量子象。这一切在自旋亦是如此。自旋和能量、电荷一样，都是量子化的。自旋的存在都是一束一束的，每一束都一样大。换句话说，陀螺的旋转慢下来时，并不是平滑地慢下来的，而是一小段一小段地慢下来。这些小段很小，又互相紧接，所以很难看出来。陀螺的旋转看起来是连续慢下来的，到最后完全停止。但实际上，这个过程其实是一顿一顿的。

陀螺的自旋好像有一个没有人知道的法则，每分钟自转100次，每分钟自转90次，每分钟自转80次等，绝无任何介乎其间的例外。我们这个假想的陀螺如果想从每分钟100转慢下来，它就必须从100转一路直接降至90转。陀螺的情形如此，亚原子粒子的情形亦然。不过有两点差异：（一）每一种粒子永远都有自己的旋转速度；（二）亚原子粒子的自旋以角动量计算。

---

① 电荷特有的这一面似乎与夸克以及/或者磁单极的某些属性有关。

角动量

自旋物体的角动量依质量、大小、旋转速度而定。这三个属性（不论是哪一个皆然）越大，物体的角动量就越大。大体而言，角动量就是旋转的力量。换上相反的讲法，角动量就是挡住旋转所需的力量。物体的角动量越大，想挡住它旋转所需的力量就越大。陀螺的角动量不大，因为陀螺小，质量也不大。比较起来，旋转木马的角动量就很大。这不是因为旋转木马转得快，而是因为它大而质量很大。

你现在已经了解自旋，那么，除了最后的一部分（角动量），我们刚刚所说的请你都忘了吧！因为，凡是亚原子粒子，都有一个固定的、明确的、已知的角动量，不过，哪有什么东西在旋转？以上这些话如果你看不懂，不要紧。物理学家都说这些话，不过他们也不懂。（如果你想懂，这些话就变成公案。）[①]

亚原子粒子的角动量是固定的、明确的、可知的。但玻恩说，我们却不要想去说物质的本质里真的有什么东西在旋转。（注九）

换句话说，亚原子粒子的"自旋"涉及"有自旋的观念，无自旋的事物……"这一个概念（注十）。这一个概念，就连玻恩这样的物理学家都认为"极为深奥"（注十一）。（真的？！）然而，因为亚原子粒子的行为的确像是有角动量，而且这个角动量又经物理学家判定为明确、固定，所以他们就还是使用这个概念。正因为如此，所以"自旋"在事实上便成为亚原子粒子的一种主要特性。

亚原子粒子的角动量以我们的老朋友普朗克常数为基础。普朗克常数被物理学家称之为"行为量子"。还记得，使物理学发生量子力学这次革命

---

① 粒子自旋这个问题"量"的（数学的）说明并不比非量的说明容易了解。斯坦福研究所分子物理学主任史密斯（Felix Smith）博士有一次跟我讲到他的朋友的故事。这个朋友，是一个物理学家，二战后在洛斯－阿拉莫斯（Los Alamos）工作。有一次他碰到一个问题。当时，伟大的匈牙利数学家纽曼（John von Neumann）正在那里担任顾问。于是他便去请教纽曼。

"这个简单，"纽曼说，"用特征法就可以解决。"

经过说明之后，物理学家说："我恐怕还是不了解。"

"年轻人，"纽曼说，"在数学里面我们不了解事物，我们只使用事物。"

的，就是普朗克常数。普朗克发现，能量的释出与吸收不是连续的，而是中断式的，一束一束的——这个被他称之为量子。能量的释出与吸收有这样量子化的本质。表示这种本质的，即为普朗克常数。一开始有了这种发现，普朗克常数便成为往后了解亚原子现象的必要元素。爱因斯坦踵继普朗克，五年后以普朗克常数说明了光电效应，后来更用普朗克常数来判定固体特有的热。这个领域已经远远超出普朗克当初研究的黑体辐射线。玻尔后来发现，电子绕行原子核的角动量是普朗克常数的函数。德布罗意又用普朗克常数计算物质波的波长，这又成为海森伯不确定原理的主要元素。

普朗克常数在亚原子粒子领域之内非常重要。然而，换到外面的大世界，普朗克常数却完全不可见了。这其中的原因，在于能量释出或吸收的束非常小，而我们的层次非常粗糙，所以，在我们看来，能量便成了一个连续的、平滑的流程。同理，因为角动量最后不可分的单位非常小，所以在宏观世界也看不出来了。譬如，一个网球迷坐在椅子上转来转去看球赛时他的角动量比一个电子大 10^{33} 倍。换一种讲法，美国的国民生产毛额一分钱之差造成的不安，比刚刚这个球迷的角动量一单位之差，大上几千几百亿万倍。（注十二）

物理学家通常并不直接写出亚原子粒子的角动量。他们将光子的自旋定为"1"，然后依此对照其他亚原子粒子的自旋。这个系统既经设定之后，物理学家在其中又发现了一个亚原子粒子难以解释的现象；也就是，凡是同一家族的粒子，其自旋特性都很类似。譬如轻子，其整个家族的自旋都是 1/2。这就是说，轻子的家族里面，每一种粒子的角动量皆是光子角动量的 1/2。同理，重子的家族、介子的家族亦然。介子的角动量相对于光子的角动量，不是 0 就是 1，不是 2 就是 3……（0= 无自旋，1= 角动量相当于光子，2= 角动量两倍于光子，依此类推。）但绝无介乎整数之间的情形发生。本书后面所附的粒子表有所有粒子每一个家族的自旋特性。

量子数

粒子电荷、自旋等重要特性的值都用一定的数字代表，这种数字叫作量子数。每一个粒子都有一组量子数使它成立为一种粒子。[1] 凡是同种的粒子，每一个的量子数都一样。譬如电子，其每一个量子数都一样。质子也是每一个都一样，但电子与质子就不一样。粒子要集体看才有人格特征，个别粒子没有什么人格特征，事实上完全没有人格特征。

反粒子

1928 年，狄拉克将相对论的规则加在量子论上面以后，他的严格形式显示出有一种带正电的粒子存在。由于当时所知的正电粒子就是质子，所以他和大部分物理学家都以为，他的理论已经（在数学上）解释了质子。（有人批评他的理论产生了"错误的"质子质量。）

但是，经过进一步的检验以后发现，他的理论解释的显然不是质子，而是另一种全新的粒子。这种新粒子和电子完全一样，只有电荷和几个重要的属性与电子正好相反。

1932 年，卡尔·安德森（Carl Anderson）在加州理工学院真的发现了这种粒子，他称之为正电子。但是他从来没有听说过狄拉克的理论。物理学家后来又发现，凡是粒子，都有一个正相反的粒子与它相对，两者完全一样，可是几个主要面完全相反。这一种粒子叫作反粒子。反粒子虽然叫反粒子，也是粒子。（反粒子的反粒子又是一个粒子。）

有些粒子是与别的粒子互为反粒子，有些粒子自己就是自己的反粒子。譬如前者带正电的 π 介子是带负电的 π 介子的反粒子，后者如光子自己是自己的反粒子。本书后面的粒子表载有这些粒子与反粒子。

粒子与反粒子的遭遇非常壮观。粒子和反粒子遭遇时，两者就互相消灭对方！譬如电子与正电子遭遇时，两者会完全消失，可是从它们消失的地方又迸发出两个光子，这两个光子马上以光速飞走。实际上这就是粒子与反粒子喷出一线光之后才消失。反过来说，粒子和反粒子也可以由能量中造出来，永远成双成对。

宇宙是由粒子与反粒子做成的。我们这一部分的宗旨几乎都是平常的粒子结合成平常的原子，再结合成平常的分子，再结合成平常的物质，再做成

---

[1]　基本的量子数有自旋、同位素自旋、电荷、奇异性、魅数、重子数、轻子数。

我们这样的人。可是在宇宙的另一半——物理学家认为——反粒子结合成反原子，再结合成反分子，再结合成反物质，再做成反人。我们这一部分宇宙不会有反人。如果有的话，早在一线光之间消失得无影无踪。

物理学家暂时认为亚原子粒子真的是会从时间和空间飞过的物体。他们用一些概念划分这些亚原子现象的范畴。这些概念里面，轻子、介子、重子、质量、电荷、自旋、反粒子等是其中的一些。这些概念都很有用，不过也只是在有限的脉络中有用。这个脉络就是，物理学家为了方便，暂时假装舞者可以离开舞蹈而存在——其实我们每一个人都是这样假装的。

第 10 章

这些舞蹈

时空图

亚原子粒子的舞蹈不会停止，也永远不一样。不过物理学家已经找到一个方法将他们感兴趣的一部分图解出来。

所有的运动最简单的图解就是空间图。空间图表示的是事物在空间里发生的地点。譬如图 27，这张图表示的是加州旧金山和伯克利的位置。垂直轴是南北轴，水平轴是东西轴，这和所有的地图一样。除此之外，地图上面还标有两条路线。一条是直升机在旧金山与伯克利之间飞行的路线，一条是质子在劳伦斯伯克利国家实验室绕行回旋加速器的路线。当然，在地图上这条路线已经经过无限放大。

这张空间图和所有的公路地图一样，也是两度空间的。这张地图表示伯克利在旧金山以北（第一维空间）和以东（第二维空间）多远。地图并没有标示直升机的飞行高度（第三维空间）以及所需时间（第四维空间）。如果我们想表示这个时间，就必须画一张时空图。

时空图（图 28）不但表示事物的空间位置，也表示事物的时间位置。在时空图上，垂直轴是时间轴，水平轴是空间轴。时空图要从下往上读，因为，时间的进行是由时间轴的往上移动表示的。空间轴表示物体在空间里的运动。物体在时空图里进行的路线叫作世界线。譬如图 28 所示的是旧金山到伯克利的飞行路线。

直升机最先是停在旧金山的地面。此时它的世界线是垂直的；因为，这时它只有在时间里移动，没有在空间里移动，在图中是 A 到 B 这条垂直线。等到直升机起飞向伯克利前进时，它就同时在时间和空间里移动了。这时它的世界线就是图中 B 到 C 这条线。飞到伯克利降落以后，因为它又恢复为只在时间里移动，不在空间里移动，所以它的世界线又一变而为垂直线，在

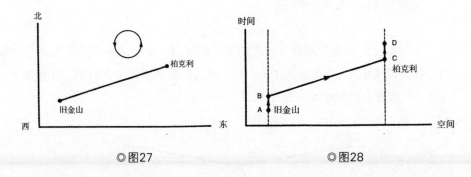

◎图27　　　　　　　　　◎图28

图中是 C 到 D 这条线。所有线上的箭头都表示直升机前进的方向。直升机在空间里当然可进可退，可是在时间里就只能进不能退。图中另外两条虚线是旧金山和伯克利的世界线。这两个地方，除非加州地震，否则就只有在时间里移动。

费曼图解

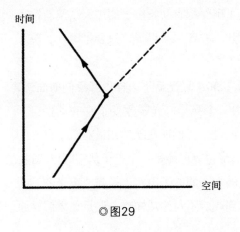

◎图29

在物理学上，物理学家就是用这种时空图来表示粒子的互动的。下面是一个电子发射光子的时空图解（图 29）：

电子从下方开始以某一速度在空间向前运动，在黑点所示的地方释出一个光子。光子以光速向右方飞去。电子因为动量受到刚刚发射光子的影响，速度减慢，转而向左方飞去。

1949 年，理查德·费曼（Richard Feynman）发现，这种时空图所描述的粒子互动，如果用数学表达其概率，两者竟然完全一致。他的发现延伸了狄拉克 1928 年的理论，又使它发展为我们今日所知的量子场论。因为这一点，所以这种图解有时候又叫费曼图解。①

① 这一类图解的原始图解是时空图解没错。不过，费曼发现，与时空描述成互补（转下页）

又是创造与湮灭的舞蹈

下面是一个粒子／反粒子湮灭的费曼图解（图30）。左方飞来的电子与右方飞来的反电子（亦即正电子）在黑点遭遇。两者彼此消灭对方，生出两个光子，以光速向相反的方向飞去。[①]

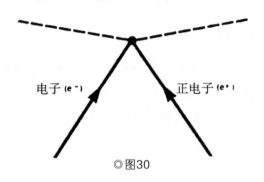

◎图30

在亚原子世界里，凡是一件事情发生，就叫作一个"事件"。在费曼图解里面，事件用黑点表示。凡是亚原子事件都有初始粒子的湮灭以及新粒子的创造为标记。不只粒子与反粒子如此，在亚原子世界，只要是事件，莫不如此。

了解这一点以后，我们再回头看图30，眼光就不一样了。我们前面说，这是一个电子从空间飞过，中途放出一个光子。光子改变了它的动量，于是它向左边飞去，光子向右边飞去。但是，我们现在既然知道亚原子世界的"事件"了，我们就可以说，图30的情形也有可能是一个电子从空间里飞过，放出一个光子以后就湮灭，而从黑点向左飞的电子事实上是新造出来的。因为所有的电子都一样，所以这个解释到底对不对无从知晓，但是如果假设原

（接上页）的"动量－能量空间描述"更接近碰撞实验的实际情形。两者的基本概念一样，不同的是动量－能量空间描述处理的是粒子的动量和能量，而非粒子的时空坐标。这两种描述的图解差别，在于动量－能量描述的图解可以旋转（后面会讨论到）。严格说来，本书此后的费曼图解除非另有说明，否则都是动量－能量空间描述。

① 就图30而言，若详细分析黑点上的情形，我们可以看到一个两步过程。第一步是释出一个光子，第二步才释出另一个光子。技术上来说，这样的一个点如果连接三条以上的线，那么这种图解就不叫费曼图解，而叫曼德尔斯塔姆图解。

来的粒子消灭，新的粒子产生，这种假设会比较简单，比较一致。这个假设之所以可能，完全是因为亚原子粒子的难以分别所致。

还记得上一章讨论到一个典型的气泡室粒子互动。这种互动过程在费曼图解是这样的（图31）：

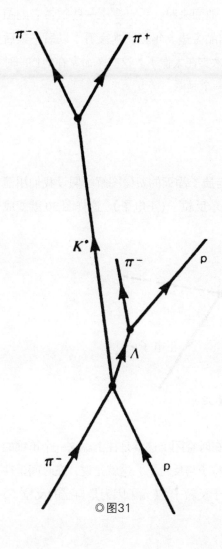

◎图31

这一次事件里，有一个带负电的 π 介子与一个质子相撞，两皆湮灭。然后它们的存在能量（质量）和运动能量创造了蓝姆达粒子和中性的 K 介子这两个新粒子。这两种粒子很不稳定，生命不到十亿分之一秒，于是立刻衰变为别的粒子。（粒子的衰变期请见本书后面附表。）其中中性的 K 介子衰变为一个正电 π 介子和一个负电 π 介子。不过，蓝姆达粒子才有趣。因为，蓝姆达衰变出来的是原来的两个粒子——负电 π 介子和质子。这简直就像把两部玩具汽车压碎之后，不但没有化为碎片，还跑出更多的玩具汽车，甚至其中一些比原来的还大。

亚原子粒子永远在参与这种绝无休止的生灭之舞。事实上，亚原子粒子就是这个绝无休止的生灭之舞。然而，这个20世纪的发现，连带它那开拓人类意识的一切含义，并不是新的概念。事实上地球上有很多人都是这样看他们的实在界的，其中自然包括印度教和佛教徒。

印度教的神话事实上即是微观的科学发现在心理领域上大规模的投射。在印度教里面，湿婆、毗湿奴等神祇一直舞着宇宙的创造与毁灭。佛教，法轮象征着生、死、再生……永不停止的过程。生、死、再生都是色相（形式）世界的一部分。色相的世界是空，是形式。

现在且让我们假想有一群年轻的艺术家建立了一个新的、革命性的画派。他们的作品非常独特。他们把作品拿给一家历史悠久的博物馆的馆长看。馆长看了以后点点头说等一下。他回来时，手上拿了一些很古老的图画，然后把这些画摆在年轻画家的作品旁边。年轻艺术家看了以后不禁后退。因为，他们的新艺术和这些旧艺术实在太像了。这些革命家在他们的时代，以他们的方式，发现了很古老的一个画派。

又是反粒子

现在我们再回头看看图30电子与质子湮灭的费曼图解。假设我们用箭头向上表示粒子（电子），箭头向下表示反粒子（正电子）。这样图30就变成这个样子（图32）：

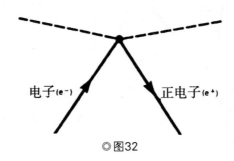

◎图32

时间当然只有往一个方向前进，在时空图上这就是往上。这一个单纯的习惯给了我们一个很简单的方法分辨粒子与反粒子。这就是说，在时间里往前移的世界线属于粒子，往后移的属于反粒子。（光子因为是自己的反粒子，所以没有箭头。）

可是费曼在1949年发现，这个习惯可不只是人为的东西。他发现，在时间里向前传播的反电子场，与向后传播的电子场，在数学上完全一样！换句话说，根据量子场论，反粒子就是在时间里后退的粒子。反粒子不一定就得视为时间里后退的粒子，可是这样看反粒子是最简单、最对称的方法。

譬如，由于从箭头就可以分别粒子与反粒子，所以我们可以将费曼图解随意转动，仍然可以分辨粒子与反粒子。图33是改变费曼图解位置的几个例子。

这些改变每一个都可以成立为一个图解，代表一次粒子与反粒子的互动。[①]将原始费曼图解转完一圈，我们也就呈现了一个电子、一个正电子、两个光子之间每一种可能的互动。费曼图解的准确、简单、对称，使它成为别具一格的诗。

以上所说都是一个事件的费曼图解。下图（图34）是一个两个事件的费曼图解。两个光子在B碰撞，产生一对电子偶（亦即一个电子和一个正电子成对）。然后，一个电子和一个正电子在A彼此消灭对方，造出两个光子。本图的左半部，也就是A点上的互动与图33（中）的电子——正电子湮灭完全一样。

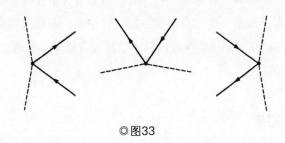

◎图33

如果依照以前的情形，我们会这样来解释这两个事件：两个光子在右下方B点碰撞，产生一对电子偶。电子向右方飞去。正电子向左方飞去，在A点与一个左下方飞来的电子碰撞，两者彼此消灭对方，造出两个光子，彼此方向相背飞去。

可是，如果依照量子场论，这两个事件的解释就简单多了。依照量子场论的解释，这里面全部只有一个粒子——一个电子。这个电子从左下方进入，一直在时间与空间里前进，然后在A点释出两个光子。这改变了它

①　图33的三种互动是：左，一个光子和一个电子湮灭，造出一个光子和一个电子（电子-光子散射）。中，两个光子湮灭，造出一个正电子和一个电子（电子偶创造）。右，一个正电子和一个光子湮灭，造出一个正电子和一个光子（正电子-光子散射）。

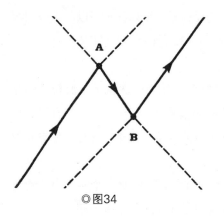

◎图34

在时间里前进的方向，使它在时间里变成后退的正电子。这个在时间里后退的正电子在 B 点又吸收两个光子，再度改变方向，再度变成电子。照量子场论的解释，这里面的粒子只有一个，并不是三个。这个粒子从左到右先是在时间里前进，然后在时间里后退，接着又在时间里前进。

不过，这只是静态时空图像的一个典型。爱因斯坦的相对论描述的时空并非如此。在这个静态的时空图里，时间还有意义，可是在真正的时空里，时间就没有意义了。如果我们检查全部的时间能够像检查空间一样，我们就会发现事件并非顺着时间之流，一件一件揭露，而是一次完全呈现，好比时空上一幅画已经完全画好一样。在这幅画上面，在时间里向前或向后运动都没有意义。有意义的是空间里的向前或向后运动。

时间的幻象

事件在时间里"发展"的幻象，是我们自己知觉的方法造成的。我们的知觉方法只让我们看到整个时空情景里很狭窄的一带。现在假设我们拿一张纸，在纸上剪一道狭窄的开口，然后覆盖在图 34 上面。这样，我们看得到的，就只有整个粒子互动的一小部分。情形如图 35。我们把开口由下往上逐渐移动，于是我们这个有限的视野就看到一连串的事件，一件接着一件发生。

起先〔图 35（1）〕，我们看到的是三个粒子。其中两个光子从右方进入我们的视野，另一个电子

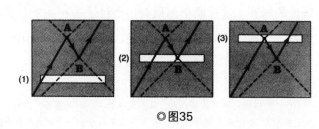

◎图35

从左方进入。接下来图 35(2)，我们看到这两个光子碰撞，产生一对电子偶，其中电子向右方飞去，正电子向左方飞去。最后图 35（3），我们看到这个新正电子与最先的电子碰撞，又产生两个新的光子。

可是这是我们从纸的开口(亦即我们的人为建构)看到的情形。一旦把纸拿开，我们就一眼看到全部的情景。

德布罗意说：

> 在时空里，构成我们的过去、现在、未来的一切，都是积木……随着时间的过去，每一个观察者一直在"发现"新的一块时空。对他而言，这一块一块的时空即是物质世界的连续象。但是，事实上，构成时空诸事件的整体早在他认识它们之前就存在了。(注一)

"等一下，"一位粒子物理学家刚好经过，津得微就问他，"在时间里来回运动，说得容易，我就从来不曾在时间里回去过。如果粒子能够回去，为什么我就不行?"

熵

若要物理学家回答这个问题，答案很简单。物理学家说，宇宙的任何一个部分都有一个混乱〔叫作"能趋疲"（entropy）〕的倾向在逐渐增强。这个倾向的扩张以秩序〔叫作"反能趋疲"（negentropy）〕为代价。[1] 譬如说，假设我们在一杯清水里滴进一滴墨水。一开始的时候，墨水在水里的存在是很有秩序的。也就是说，它所有的分子都聚集在一个很小的区域，与水分子有明显的区隔。

可是，随着时间的流逝，自然的分子运动会使墨水分子与水分子逐渐混合，到最后整杯水就变为一团黑水，其中没有任何结构或秩序，只有一种毫无生气的一致(最高"能趋疲")。

这其中，经验使我们把"能趋疲"的增加和时间的向前运动联系在一起。

---

[1] entropy 的中文术语叫"熵"，音同商。但"能趋疲"较为传神，且本书为行外读者而写，故取之——译注

如果我们在电影上看到一杯黑黑的水越来越清，到最后所有的外来物质全部集中在接近水面的一点，这时我们知道，这只是影片倒放而已。在理论上，这种事情是可能发生的，但是因为或然率（概率）实在太低，所以（或许）绝不会发生。简而言之，时间是向着高概率的方向前进的，而高概率的方向也就是"能趋疲"不断增加的方向。

"能趋疲不断增加"的理论叫作热力学第二定律。热力学第二定律是一种统计式的定律。这意思就是说，一个状况里要有很多实体，这个定律应用起来才会成立。大体而言，因为个别的亚原了粒子皆视为概念上孤立的、短命的实体，所以热力学第二定律不能应用在它们身上。[①]但热力学第二定律的确可以应用在分子上；比较起来，分子比亚原子粒子复杂多了。热力学第二定律当然也可以应用在活细胞、人上面。活细胞比分子更复杂，人又是由几十亿个细胞构成的。但是，到了亚原子或者量子的层次，所谓时间向前流动就完全失去意义。

讲到时间的流动在量子层次失去意义，有一种思维外加一些证据，证明意识在最基本的层次上是一种量子过程。譬如说，已经适应黑暗的眼睛就可以看到单个的光子。如果真是这样的话，那么我们便可以想象，如果我们的知觉扩展到连以前它通路（瑜伽行者控制身体温度和脉搏的通路）之外的机能都有了的话，那么，我们便可以知觉到（经验到）这些过程的本身。如果，在量子层次上时间的流动没有意义；如果，意识在基本上是一种相似的过程；又如果，我们可以靠我们的内在感觉到这些过程，那么，说我们可以经验到时间的消失也就可以理解了。

如果我们能够经验我们的心灵最根本的机能，又如果这些机能本质上都是量子的，那么我们原来的时间与空间的概念就完全不适用了。（就好比不适用于梦境一样。）这样的一种经验将很难用理性的语言描述（"一粒一世界""瞬间即永恒"等），却非常真实。因为这个道理，所以对于东方那些灵性上师以及西方那些吸食 LSD 的人所说的时间的弯曲和消失，我们也许不宜斥为无理。

---

① 但是高能碰撞理论却应用热力学第二定律。而且，势里面也存有时间的可逆，这就是说，当粒子是用传导波函数来呈现时，这里面存有时间的可逆。时间的不可逆是人的测量程序造作出来的东西。

虚光子

亚原子粒子并不是光坐在那里，什么事都不做。亚原子粒子非常活跃。譬如说电子。电子就一直在释出和吸收光子，可是这些光子是翅膀长不硬的。这些光子总是"看不见，看见了……"地变来变去。它们真的是光子——除了不能自己飞。电子一把它们放出来，就立刻又吸回去，所以它们通通叫作虚光子。这里"虚"的意思是指"事实上不是这样，但效应或本质上是这样"。这些光子确实是光子，只不过电子总是一放它们出来，就立刻吸回去，使它们翅膀长不硬罢了。[①]

换句话说，起先是有一个电子，然后是一个电子和一个光子，接着又只有一个电子。这种情况当然违反质能守恒定律。质能定律说我们不能无中生有。但是，量子场论却说我们可以无中生有，只是"有"的时间甚短，只有一千兆分之一秒（10^{-15} 秒）。[②]根据量子场论，这种情形之所以可能发生，道理在于海森伯的不确定原理。

照它原来的构成，海森伯不确定原理是说，我们越确定粒子的位置，就越不确定它的动量；反之亦然。我们的确能够准确地判定粒子的位置，不过这样一来我们就完全无法判定它的动量。如果我们想准确地判定它的动量，我们就完全无法判定它的位置。

除了位置和动量彼此不确定，时间和能量也是彼此不确定。关于一个亚原子事件，我们越确定涉及其间的时间，就越不确定涉及其间的能量（反之亦然）。前面我们说到一个光子的释出与吸收时间是一千兆分之一秒。这个时间测得这么精确。但是，时间测得这么精确，却使我们再也难以确定其中涉及多少能量。正因为这样的不确定，质能守恒定律管理的收支账才不至于混乱。换另一种说法，因为这个事件来得快去得也快，所以电子大可不必把

---

① 从一种观点看，虚光子与真光子的不同之处，在于虚光子的静止质量不是零，只有零静止质量的光子才能逃脱电子。从数学上看待虚光子有两种方法，一种是旧式的微扰理论，一种是费曼微扰理论。前者是说虚粒子的质量与真粒子的质量一样，只是能量不守恒；后者则说虚粒子的能量 - 动量完全守恒，但是没有物理质量。

② 这是一个典型的原子过程。若是高能虚光子，则生命更短。要点在于空间并非真"空"。空间有无限的能量。根据萨法提的看法，虚过程是由"反能趋疲"（信息）的超光速跳跃启动的。"反能趋疲"一时组成了一些无限真空能量来造成虚粒子。

它计算在内。

这种情形就好比有一个警察在维持质能守恒定律，可是如果有人违反这个定律，但很快就过去，他就不予理会。

然而，事实上，违规越严重，就必然发生得越快。如果我们提供必要的能量给一个虚光子使它变成一个真光子，它就不会违反质能守恒定律。我们这样做，虚光子就这样做。所以激动的电子释出的就是真光子。所谓激动的电子，就是它所在的能阶高于基态。电子的基态就是它的最低能阶，这个最低能阶最接近原子核。电子在基态时只能释出虚光子，一经释出又立刻吸收回去，于是它就没有违反质能守恒定律。

电子把基态当作自己的家，但它不喜欢离家。它唯一离家的时候是多出一些能量把它推出基态的时候。在这种情形下，它最关心的就是赶快回到基态（除非它已经被推离原子核太远，变成了一个自由电子）。既然基态是一种低能状态，所以电子自然必须丢掉多余的能量，才能回到基态。所以如果电子所在的能阶高于基态，它就必须丢弃多余的能量——丢弃的形式就是光子，而这个丢弃的光子就是，电子的虚光子里面有一个突然因为电子多余的能量而一直存在，但也因此而没有违反质能守恒定律。换句话说，这一个虚光子突然"擢升"为真正的光子了。至于这个擢升的光子拥有多少能量，就由电子丢弃的多余能量是多少而定。（因为发现电子释出的光子能量都是一定的，所以量子论才成其为"量子"论。）

电子四周总是蜂拥着一群虚光子。[1]如果两个电子十分接近，近到彼此的虚光子云都重叠了，那么其中一个电子释出的虚光子，可能就会被另一个电子吸收掉。下面是这样一种事件的费曼图解。（图36）

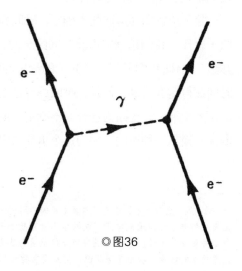

◎图36

两个电子越接近，这种现

---

[1]　电子四周的虚粒子云里还有别的虚粒子，光子只是其中最普通的。

象的发生就越多。当然，这种过程是一种双向道。两个电子都会吸收对方释出的光子。

这也是电子互斥的道理。两个电子越接近，交换的虚光子越多；交换的虚光子越多，它们的路径就偏离得越厉害。两者之间所谓的"排斥力"，只不过是这种虚光子的交换累积的效应罢了。在近接区域，虚光子交换增加；在较远区域，虚光子交换减少。如此而已。根据量子论，所谓"远处的作用"这种东西是没有的。有的只是虚光子的交换多或少而已。这种互动（虚光子的释出与吸收）的发生是有定点的。这个定点就是粒子的位置所在。[①]

电磁力

诸如两个电子带相同电荷的粒子这样互相排斥，便是电磁力的实例。根据量子场论，事实上电磁力就是虚光子的互换。（物理学家爱说电磁力是光子"居间斡旋"出来的。）每一个带电的粒子都一直在释出并吸收虚光子，并且／或者与别的带电粒子交换虚光子。两个（带负电的）电子交换虚光子时，会互相排斥。两个（带正电的）质子交换虚光子亦然。可是一个质子和一个电子交换虚光子时，却互相吸引。

所以，自从量子场论发展出来以后，物理学家就逐渐用"互动"来代替"力"了。所谓"互动"，意指一件东西影响了另一件东西。在"虚光子互换"这样的脉络下，"互动"就比"力"准确多了。"力"只给电子之间的事贴上标签，其他什么事都没说。量子场论里面处理电子、光子、正电子的部分（也就是原来狄拉克的部分）就叫作量子电动力学。

虚光子即使是带电粒子，因为寿命极短，所以在气泡室里面还是看不见。虚光子的存在是用数学推论出来的。所以，说粒子以交换另外的粒子彼此施力，这种超凡的理论明显的是人的心灵"自由的创造"。自然界并不必然就是这个理论所说的这一回事。它只是一种思想建构，准确地预测了自然界下一步要做什么而已。可能有别的思想建构会做得一样好，甚至更好（不

---

① 然而，量子力学的本质似乎却在要求一种操作比光速快的、非动态的"远处的作用"。泡利不相容原理就是一个很好的例子，泡利不相容原理指出了"信号"虚光子交换之外的两个电子运动的关联。

过物理学家实在想不出来）。但是，不论是这个理论或那个理论，我们最多只能说它是否成立；也就是说，我们希望它做什么，它做到没有。至于正确与否，我们没办法说。

我们希望量子论预测一个亚原子现象在某些条件下发生的概率。即便如此，量子论整体并不完全一致。但它实用的实在面使它成立。凡是互动，都可以有一个费曼图解。凡是费曼图解，都有一个数学公式与之对应；这个公式准确地预测了图解中所画的互动发生的概率。[①]

汤川秀树

1935年，物理学毕业生汤川秀树（Hideki Yukawa）决心要把这个新的虚粒子论应用到强相互作用力上。

所谓强相互作用力，是使原子核聚集的力。强相互作用力不得不强，因为，与中子共同构成原子核的质子会互相排斥。由于是符号相同（+）的粒子，所以质子和质子之间都希望尽可能分开，这又是因为其中的电磁力的关系。可是虽说如此，但是质子在原子核内部却维持得十分靠近而又紧密。物理学家认为，与电磁力相比，能够这样抵抗电磁力，把质子捆绑在原子核上的，必定是很强的力。他们很自然地就决定把这种作用力叫作"强相互作用力"。

强相互作用力这个名字取得好。因为，强相互作用力比电磁力强上100倍。它是目前所知自然界最强的力。强相互作用力和电磁力一样，都是宇宙基本的黏胶。电磁力从内外一起维系原子（内则将电子拘在轨道上环绕原子核，外则使原子与原子形成分子），强相互作用力则使原子核聚合。

我们可以说强相互作用力有一点"肌肉肥大"。因为，强相互作用力虽然是目前所知自然界最强的力，可是它的力程也是目前所知自然界所有的力里面最小的。譬如说，一个质子如果逼近原子核，它就会开始感觉到自己与原子核内质子之间的电磁力在排斥它。这个自由质子越接近原子核内的质子，它们之间排斥的电磁力就越强。（譬如距离如果缩短为原来的1/3时，这种互斥的电磁力就增为原来的9倍。此时这种电磁力就会使自由质

---

① 但事实上，每一个互动，其费曼图解往往是一连串的，无限的。

子的路径偏离。如果这个质子离原子核远，这种偏离就温和；离得近，这种偏离就厉害。）

可是，如果我们将自由质子向内推进约十兆分之一厘米，这个质子就会突然被一股比电磁力强 100 倍的力吸进原子核。质子的大小大约也是十兆分之一；这就是说，就算质子已经十分接近原子核，但是只要其间的距离还比自己的大小长度稍远，相对而言就不受强相互作用力的影响。但是，一旦越过这个距离，强相互作用力就会完全将质子压倒。

汤川最后决定用虚粒子来解释这种强大但力程甚短的"强"力。

汤川建立了这样的理论。他说，好比电磁场是虚光子"居中斡旋"出来的一样，强相互作用力也是虚粒子"居中斡旋"出来的。他说，电磁场即是虚光子的交换，同样地，强相互作用力即是另一种虚粒子的交换。电子从不懒散，一直在释出和吸收虚光子。同样地，核子也不是惰性的，一直在释出和吸收自己的虚粒子。"核子"就是质子或中子。因为这两种粒子在原子核里面都可以发现，所以都叫核子。两者因为非常相似，所以粗略说来，质子可以视为带正电的中子。

汤川从已经发表的实验结果知道强相互作用力的力程非常有限。他假设强相互作用力的有限力程即是核子从原子核释出的虚粒子的力程。于是他便着手计算一个虚粒子以几近光速的速度往返核子的时间。这种时间的计算使他得以运用时间与能量的不确定关系，来计算他的假想粒子的能量（质量）。

π 介子

12 年后，以及一次错误的判断以后，物理学家终于发现了汤川假设的粒子。[1] 他们称之为介子。物理学家后来又发现，整个介子家族就是核子用来交换并组成强相互作用力的粒子。他们最先发现的介子是 π 介子。π 介子有三种变体：正、负、中性。

换句话说，质子和电子一样，是非常活跃的。质子一直在释出并吸收虚光子，因而十分容易受电磁场的影响，质子也一直在释出和吸收虚 π 介子，

———————

① 1936 年物理学家发现 μ 介子，看起来很像汤川预测的粒子。可是后来发现 μ 介子的属性完全不是汤川理论所说的属性。他的理论又经过 11 年以后才得到证实。

因而十分容易受强相互作用力的影响。(譬如电子，凡是不释出虚介子的粒子都不受强相互作用力的影响。)

粒子的自我互动

电子释出虚光子，然后被另一个粒子吸去时，我们就说这个电子与这个粒子在"交互作用"。可是如果电子释出虚光子，然后又自己吸收回去，我们就说这个电子在与自己交互作用。因为这种自我互动，亚原子粒子的世界遂成了一个万花筒的世界。它们自己组成这个世界，在其中进行无休无止的变化游戏。

质子和电子一样，可以有一种以上的自我互动。质子最简单的自我互动，就是在不确定原理容许的时间之内，释出又吸收一个虚 π 介子。这种互动与电子释出并吸收一个虚光子类似。一开始先有一个质子，然后是一个质子和一个中性 π 介子，然后又恢复到一个质子。下面就是这个过程的费曼图解(图 37)：

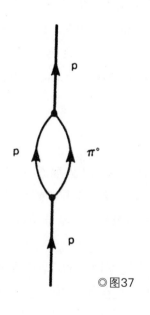

◎图37

因为所有的质子都是一个样子，所以我们也可以假设原来的质子突然消失，然后在同一个时间和空间点上又生出一个质子和一个中性的 π 介子。这个新的质子和 π 介子合起来的质量超过原来的质子，所以违反了质能守恒定律。这其中有一样东西(中性的 π 介子)凭空创造了出来但又瞬即消失(所以这是一个虚过程)。这个新粒子的寿命只限于经由海森伯不确定原理计算出来的时间。这种粒子突然出现，彼此消灭，立刻又创造另一个质子。用比喻的手法来说，只不过一眨眼之间，整个事情已经结束了。

质子自我互动还有另一种方式，那就是质子也能够释出并吸收正 π 介子。可是，当释出并吸收正 π 介子的时候，质子也暂时变成了中性。整个过程是，一开始先有一个质子，然后是一个中子（质量比原来的质子高），外加一个正 π 介子，然后又恢复到一个质子。换句话说，这是质子的几出舞蹈之一。这一出舞蹈一直在把它变为中性又再变回质子。下面是这一出舞蹈的费曼图解（图38）：

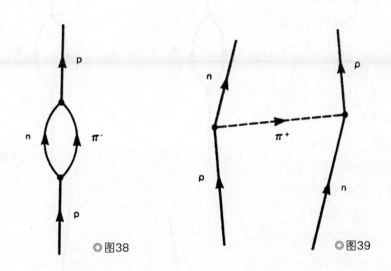

◎图38　　　◎图39

每一个核子四周都围着一层虚 π 介子云。这些虚 π 介子是它一直在释出又吸收的。如果质子太接近中子，以至于两者的虚 π 介子云重叠，中子就会吸去质子放出的部分虚 π 介子。下面是一个质子和一个中子交换虚 π 介子的费曼图解（图39）：

本图解的左半部是一个质子放出一个正 π 介子，自己暂时变成了中子。可是还来不及把正 π 介子吸回来，这个正 π 介子已经被邻近的一个中子吸去了。这种 π 介子被捕获使中子又变为质子。这种正 π 介子的交换使质子变为中子，又使这个中子变回质子。原来的两个核子互换角色以后再度紧密地结合了。

这就是一个典型的汤川交互作用。按汤川 1935 年建立的理论，强相互作用力即是核子之间多重的交换虚 π 介子。在近力程里面，交换的数量（力的强度）大，远的力程外交换的数量小。

同样的情形，中子从来不会光坐着不动。中子和质子、电子一样，一直在自我互动，释出并吸收虚粒子。中子和质子释出及吸收的都是中性 π 介子。下图是一个中子释出又吸收一个中性 π 介子的费曼图解（图40）。

中子除了释出中性 π 介子，也会释出负 π 介子。可是，中子释出并吸收负 π 介子的时候，自己也暂时变成了质子。一开始是一个中子，然后是一个质子加一个负 π 介子，然后又恢复为一个中子。下面是一个中子释出并吸收负 π 介子，变为质子，然后又变回中子的费曼图解（图41）。

如果中子与质子太接近，彼此的虚 π 介子云重叠了，质子就会吸去中子释出的部分 π 介子。下面是中子和质子交换虚 π 介子的费曼图解（图42）。

这又是另一种强相互作用力交互作用了。本图的左半部，中子释

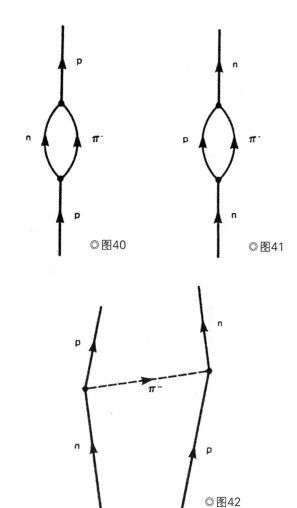

◎图40

◎图41

◎图42

出负 π 介子，自己变成质子，可是还来不及把负 π 介子收回，这个负介子就被邻近的质子吸走，使这个质子变成中子了。负 π 介子的交换使中子变为质子，使质子变为中子。这情形又和以前一样，一对核子彼此交换虚 π 介子以后，角色互换，然后又紧密地结合在一起。

强相互作用力的交互作用种类太多了。在强相互作用力的产生里，π 介子虽然是最常交换的粒子，但别的介子（譬如 K 介子、艾塔粒子）的交换也是有的。所以，说起来，所谓"强相互作用力"是没有的，有的只是核子

之间种种不同数量的虚粒子交换而已。

依照物理学家所说，宇宙基本上是由四种"黏胶"连接的。这四种黏胶除了前面讨论过的电磁力的强相互作用力，还有"弱相互作用力"和引力。[①]

引力

引力是一种长力程的力。引力结合的是太阳系、银河、宇宙。可是在亚原子的层次上，引力小到可以不计，所以物理学家通常完全不予理会。不过未来的理论有望将引力包括在内。[②]

弱相互作用力是四种力里面最不为人了解的一种。弱相互作用力的存在是从某些亚原子交互作用所需的时间推论出来的。强相互作用力很强，力程很短，所以强相互作用力的交互作用发生都很快，历时大约为10^{-23}秒。可是，物理学家发现，有另外一种粒子交互作用既不涉及电磁力，也不涉及引力；所需的时间又长了很多，大约为10^{-10}秒。因此他们从这个奇怪的现象推论出必然还有第四种力。由于他们知道这种力比电磁力弱，所以便称之为弱相互作用力。

这四种力由最强到最弱次序是：

强相互作用力（核子力）＞ 电磁力 ＞弱相互作用力 ＞引力

由于强相互作用力和电磁力都可以用虚粒子来解释，所以物理学家便假设弱相互作用力和引力也可以。与引力有关的粒子是重力子，物理学家已经将重力子理论化，但还未曾证明它的存在。与弱相互作用力有关的粒子是"W"粒子。关于"W"粒子，物理学家已经建立很多理论，但发现得不多。

相对于电磁力而言，强相互作用力的力程很有限。因为，相对于光子而

---

① 最近的证据显示温伯格-萨拉姆理论（Weinberg-Salam theory）更加可信。温伯格-萨拉姆理论是说，电磁力和弱相互作用力实际上只是一种力在不同距离的粒子之间作用，因而有了不同的呈现而已。

② 譬如并用2自旋及3／2自旋虚交换粒子的超重力理论。

言，介子的质量很大。还记得那个警察吗？他在维持质能守恒定律。如果有人违反这个定律的时间很短，他也可以睁一只眼闭一只眼。但是，违规越严重的，时间其实也越短。无中生有暂时产生介子，比无中生有暂时产生光子，更违反质能守恒定律。所以，介子的产生与吸收必然也要更快，才能受到时间与能量不确定关系的保护。虚介子的寿命很有限，所以力程也很有限。统御这种现象的大原则是这样的：力越强，中介粒子质量越大，力程就越短。强相互作用力的力程大约只有十兆分之一（10^{-13}）厘米。如此，电磁力的力程就比强相互作用力大多了。但其实电磁力的力程是无限的，因为，光子根本没有静止质量！

虚粒子

"等一下"，津得微愿意和我们交换一下意见，他说，"这不合理。虚光子是放出来也快，吸回去也快。这样就不会违反质能守恒定律。对不对？"

"对。"一个粒子物理学家向回旋加速器走去时顺便回答他。

"既然是这样，那么一个粒子或者什么东西，既然是在一定时间之内，在不确定原理限定的时间之内，放出来又吸回去，那它的力程怎么有可能无限呢？这完全没有道理。"

津得微抓到了一个要点。乍看之下他说得没错，可是，仔细验证以后，就会发现这里面有一个很微妙的逻辑使电磁力力程无限有道理。不确定原理容许时间与能量（亦即质量）平衡，时间与质量平衡即可以免去质能守恒定律的限制。既然如此，虚光子因为根本没有（静止）质量，那当然全世界的时间都归它所有了。实际上就是说，它想到哪里就到哪里。换句话说，"真"光子和"虚"光子之间实际上毫无差别。一定要说有差别，那就是"真"光子的产生不违反质能守恒定律，而"虚"光子的产生则借着海森伯不确定原理，暂时避开了质能守恒定律。

大家常说，一个成功的物理理论在做非数学的解释时，听起来往往是多么"不真实""象牙塔"，我们上面谈的就是一个好例子。之所以会这样，原因在于，物理理论如果想要比较准确地描述现象，就会越来越离开日常的生活经验（也就是越来越抽象）。不知道为什么，这种理论，譬如量子论、相对论，虽然高度抽象，准确程度却非常高。这些理论都是人类心灵自由的创造。若与日常生活经验有什么连接，那并不在于它们的严格形式的抽象内容，而是在于它们成立。①

一种是转瞬即逝的、虚的（无—有—无），一种是"真"的（有—有—有），这两种状态不一样。佛教对于实相和我们看实相的方式也有分别。费曼曾说，（光子）之所以有实状态和虚状态的差别，完全是透视的问题：

……从一个观点看是实过程的，实际上有可能却是一个虚过程，发生的时间比较延宕。譬如，如果我们想研究一个实过程，例如光的散射，在我们的分析里，只要我们愿意，原则上我们都可以把光源、散射器以及最后的吸收器包括在内。我们会想象光源放光以前，这个过程没有光子出现……然后光源放光，光散射，最后由吸收器吸收……但是如果是这样，这个过程应该是虚的；因为，我们开始时无光子，结束时也没有光子。我们用我们为实过程建立的公式来分析这个过程，企图将这个分析切成一部一部，每一部分别对应光的发射、散射、吸收。（注二）

根据佛教的理论，实相本质上是"虚"的。实相里面看来是真实的东西，譬如树木、人，都是由有限的知觉方式产生的瞬间幻象。这个幻象是错将全面虚过程里的各个部分误认为"真实"（恒常）"事物"。"悟"就是明白"事物"——包括"我"在内——都是转瞬即逝的，虚的状态；没有分出来自己存在。未来是时间的幻象显示的幻象，"事物"即是过去的幻象与未来的幻象短暂的结合。

虚粒子释出虚粒子，这个虚粒子又释出粒子的虚粒子……这个过程就这样逐渐衰减下去。粒子自我交互作用就这样变得纠缠不清。下面是一个虚粒子（负 π 介子）暂时转变为两个虚粒子（一个中子和一个反质子）的费曼图解。（图43）（狄拉克1928年的理论预测了反质子，张伯伦和塞格雷于1955年证实。）

这是粒子自我交互作用最简单的例子。下图是一个质子在不确定原理容许的一瞬间跳的美妙舞蹈。这是福特在他的《基本粒子的世界》这本书里面

① 关于这一方面，见保罗·席尔普（Paul Schilpp）所编的《哲学科学家阿尔伯特·爱因斯坦》（*Albert Einstein，Philosopher-Scientist*），第一卷。纽约 Harper & Row1949 年出版。

画的图解（图44）。（注三）在这一个质子变为一个中子和一个 π 介子，然后又变回质子之间，总共有 11 个粒子瞬间出现又消失。

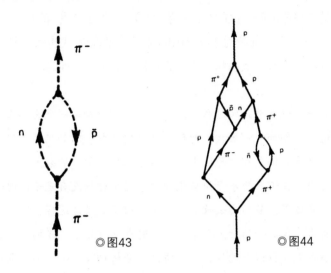

◎图43　　　　◎图44

　　质子从来不会坐着不动。质子一方面在质子与中性 π 介子之间变换，一方面也在中子和中性 π 介子之间变换。中子也不会一直只是中子，中子一方面在中子和中性 π 介子之间变换，一方面也在质子和负 π 介子之间变换。负 π 介子也不会一直是负 π 介子，负 π 介子一方面在中子和反质子之间变换，一方面……总之，换句话说，所有的粒子潜在里（按照一个概率）都是别的粒子的组合。每一种组合都有一个发生的概率。

　　量子论处理的就是概率。根据量子论，每一种组合的概率都可以准确地计算出来；可是这里面哪一个组合会发生，则纯属偶然。

　　所有的粒子潜在里都是别的粒子种种的组合。这种量子观与一种佛教观不谋而合。根据《华严经》所说，物理实相的每一个部分都是其他所有部分共同构成的。《华严经》用因陀罗的网（Indra's net）来说明这种情形。因陀罗的网是挂在因陀罗神宫殿的宝石网。

　　用一个英国学者诠释的话来说：

　　据说，因陀罗的天上有一个珍珠网。这个珍珠网的排列使你只要看其中的一颗，就会看到其他所有珍珠反映在里面。一样的情形，这个世界的每一件东西并不是只有自己。这个世界，每一件东西都和其他东西有关。事实上

每一件东西即是其他的一切东西。（注四）

根据大乘佛教，万事万物相成相生因而才出现物理实在界。[1]

我们这本书虽然不是专论物理学与佛教的关系，不过两者之间——尤其是粒子物理学与佛教——实在有很多地方相近，又相近得叫人惊奇，所以两边的读者都必须去发现另一边的价值。

下面是一个三个粒子交互作用的费曼图解（图45）。这是粒子物理学最叫人大开眼界的一面。

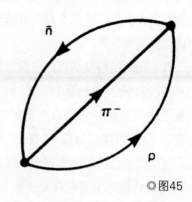

◎图45

真空图解

这次的交互作用里面，既没有世界线上去，也没有世界线出来。纯粹因为发生，所以发生。这次的交互作用没有道理，没有原因，反正就是从无有之处发生了。这三个粒子在无有之处自动地存在了一下子，然后又消失得无影无踪，无迹可寻。讲这种交互作用的费曼图解叫作"真空图解"。[2]之所以叫真空图解是因为这种交互作用刚好在真空里发生。"真空"，按照我们一般的理解，是一个全空的空间。可是真空图解却明白地显示没有全空的空间这种东西。事实上，从这个空间中有某种东西出来，然后这种东西又在这个空间立即消失。

到了亚原子领域，真空显然就不再空了。既然如此，那么所谓全空的、不毛的、寸草不生的"真空"的概念又是哪里来的？说起来，原来都是我们

---

① 和佛教与道家学者布罗菲尔德（John Blofeld）教授讨论以后，笔者相信，对于这个概念，《华严经》里面还有更好的比喻。在物理学上与佛教缘起论类似的，也许是杰弗里·周（Geoffrey Chew）的靴襻理论。

② 布莱恩·约瑟夫森（Brian Josephson）、萨法提、赫伯特（Nick Herbert）各自都思考到人的感官系统可能可以检测到虚粒子舞蹈在真空里的零点真空波动——这种粒子活动是不确定原理所预测的。果真如此的话，这种检测可能是某种神秘的理解机制的一部分。

自己造出来的。真空这种东西在真实的世界里是没有的。那是一种思想建构，一种理想，但我们误以为真。

"空"与"满"的区别和"有"与"无"一样，都是一种假的区别。那是一种经验的抽象，但我们误以为那是经验本身。或许是因为我们活在我们的抽象中太久了，我们不再知道抽象是由真实世界汲取出来的。我们把抽象当成了真实的世界。

真空图解是科学认真而充满幻想的产物。可是真空图解也提醒我们，我们可以在知识上创造自己的"实相"。照我们平常的概念，"真空"里不可能出现任何"东西"。可是真空图解告诉我们，在亚原子领域，"真空"里可能出现"东西"。换句话说，"真空"（或"无"）这种东西是没有的，有的只是我们这个爱讲范畴的脑筋创造的概念而已。

大乘佛教的主要经典是《大智度论》，有 12 卷，其中最重要的是《心经》。《心经》有一个人乘佛教最重要的观念：

……色即是空，空即是色。

下面是一个六种粒子交互作用的真空图解（图 46）：

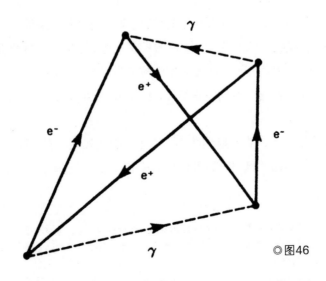

◎图46

这个图解描述的是空变色、色变空的美妙舞蹈。或许智慧的东方人说的没错，色即是空，空即是色。

不论如何，真空图解呈现的是"有"变"无"、"无"变"无"的非比寻常的转变。这种转变在亚原子领域里一直在发生，只受不确定原理、守恒律、概率的限制。[①]

守恒律

守恒律总共有 12 个。有的每一种亚原子粒子交互作用都受到限制，有的只限制几种亚原子粒子交互作用。这里面有一个简单的大原则，那就是，力越强，它的交互作用越受守恒律限制。譬如，强相互作用力交互作用受所有 12 个守恒律的限制，电磁力交互作用受 11 个守恒律的限制，弱相互作用力交互作用只受 8 个守恒律的限制。[②]重力交互作用物理学家尚未研究（因为还没有人发现重力子），不过可能违反更多守恒律。

不过，虽说如此，在守恒律管辖的范围，守恒律仍然是构成粒子交互作用一切形式的规则，不可违反。譬如，质能守恒定律就决定所有自生自发的粒子衰变都是"下坡"（downhill）的。这就是说，当一个粒子自发地衰变时，总是变为比较轻的粒子。这个较轻的新粒子的总质量总比原来的粒子的质量小。原来旧粒子与新粒子所差的质量已经转变为新粒子的动力能，让它飞走了。

"上坡"的交互作用只有在旧粒子除了原有的存在能量（存在能量就是质量），已经现成备有动力能的时候才有可能。因为，备有动力能才能创造新的粒子。譬如两个质子碰撞就会产生一个质子、一个中子、一个正 π 介子，这三个新粒子的质量比原来的两个质子大。之所以会这样，是因为抛射质子的动力能，在创造新粒子的时候进入的缘故。

---

① 守恒律的检核是绝对的，但是守恒律允许的，实际上有很多会遭到概率律的排除。

② 这12个守恒律是能量、动量、角动量、电荷、电子数、μ介子数、重子数、时间反转（T）、结合空间反演与电荷共轭（PC）、时间反演个别（P）与电荷共轭个别（C）、奇异性、同位素自旋。

电磁力交互作用在力阶上向下走了一层，失去同位素自旋。弱相互作用力交互作用再下一阶，又失去奇异性、字称、电荷共轭不变（不过PC联合还是成立），最后一阶是微观规模的重力子交互作用。这一步物理学家还没走。

除了质能守恒，动量在所有的粒子交互作用当中亦守恒。粒子进入交互作用时，它携带的总动量必然与出来时相等。之所以一个粒子自发的衰变才会至少产生两个新粒子，原因是，既然一个粒子静止时动量为零，如果它只衰变为一个粒子然后飞走，这个新粒子的动量就必然超过原来的粒子。但如果至少产生两个粒子，因为这两个新粒子会往相反的方向飞，所以两者的动量抵消，总动量依然为零。

在所有的粒子交互作用里，电荷亦守恒。如果进入交互作用的粒子总电荷是正二（+2，譬如两个质子），离开时必然也是正二（此时正负粒子已经彼此抵消）。除了以上所说的电荷等守恒，自旋亦守恒。当然，要使书本的自旋守恒比电荷守恒复杂多了。

除了以上种种守恒，量子数亦守恒。譬如，如果有两个重子（例如质子）进入交互作用，那么所产生的新粒子里面必然也要有两个重子（譬如一个中子和一个蓝姆达粒子）。

质子之所以是稳定粒子（即不会自发衰变），由这个重子数守恒律外加质能守恒律就可以"解释"。自发的衰变必然是下坡的，否则无法满足质能守恒定律。但是，因为质子是最轻的重子，所以，质子如果向下坡衰变，就必然违反重子数守恒。质子果真自发衰变，就会变成比自己轻的粒子。但是比质子轻的重子是没有的。换句话说，质子如果衰变，我们这个世界就会有一个比较轻的重子。这种事情从来不曾有过。物理学家到目前为止能够用来解释质子稳定的，就只有（重子数守恒）这个方案。另外一个类似的轻子数守恒解释了电子的稳定。（电子是最轻的轻子。）

在我们所说的 12 个守恒律里面，有一些确实是"不变的原理"。所谓不变的原理，是指"即使条件改变（譬如实验的地点改变），所有的物理定律仍然成立"的法则。我们可以这么说，"所有的物理定律"都是一个不变的原理的"守恒量"。譬如时间的反转就是一个不变的原理。根据这个原理，一个过程若要可能，就必须能够在时间内反转。譬如，如果一次正电子—电子湮灭会产生两个光子（确实可以），那么两个光子的湮灭也要能够产生一个正电子和一个负电子才可以（确实可以）。

对称

守恒律和不变原理是基于物理学家所说的"对称"。空间无论是在哪一个方向，在什么地方都是一样（前者叫等向性），后者叫均匀。这就是对称的例子。时间的均匀是另外一个例子。这种对称的意思无他，不过是说今年春天在波士顿进行的一项物理实验，明年秋天在莫斯科再进行一次，结果还是一样。

换句话说，物理学家如今相信，最基本的物理法则，守恒律和不变原理等，基础都在于我们的实在界。不过这个实在界因为基础属性太强了，所以反而从来就不受注意。但这（也许）并不是说，物理学家花了三百年才知道即使我们把电话在全国移来移去，也不会使它变形或变大变小（因为空间是均匀的），不会使它颠倒（因为空间是等向性的），也不会比原来多出两个礼拜（因为时间是均匀的）。每一个人都知道我们的物理世界就是这样建造的。亚原子实验在哪里在何时进行都不是重要的数据。物理定律不会因时因地改变。

不过我们确实有一个意思是说，物理学家花了三百年的时间才明白，原来最简单最美丽的数学结构存在于这些清楚明白的情况里，一点都不难接受。

夸克

大略说来，理论物理学分为两派。一派循旧方法思考，一派循新方法思考。前一派不理会"两面镜子"的困境，继续寻找宇宙的"积木"。

就这些物理学家而言，到目前为止，最可能当选"宇宙最终积木"的候选者是夸克。夸克是一种假设的粒子，1964年由盖尔曼（Murry Gellman）建立理论。夸克这名字来自乔伊思（James Joyce）的小说。

盖尔曼的理论说，所有已知的粒子都是由几种（12种）夸克种种组合组成的。很多人都在寻找夸克，可是到目前为止还没有人发现。夸克是很狡猾的粒子（现在已知的粒子以前也是一样），有些特性很奇怪。譬如说，它的电荷（理论）有说是1/3单位的。在以前，粒子凡是发现时，电荷从来没有不是整个单位的。不久的将来，夸克大追寻将令人兴致高昂。但不管将来发现的是什么，有一件事已经确定，那就是，夸克的发现将打开一个全新的研究领域，这个领域就是："夸克是什么做的？"

至于依循新方法研究的物理学家，因为他们用来了解亚原子现象的方法太多了，所以我们无法在此一一列举。在这一派物理学家里面，有一些认为空间和时间就是我们目前所认知的这些。戏、演员、舞台都是一个潜在的四度几何的各种呈现。有的物理学家（譬如芬克斯坦）则认为，"时间之下"有一些过程。他们在追寻这些过程。时间和空间这些经验实在界的布匹，就是从这些过程衍生出来的。不过这个理论到目前为止还只是思维，还未经"证明"（以数学表示）。

S矩阵理论

到目前为止，这种不眠不休追寻最后粒子的发烧病，最成功的起步就是S矩阵理论。在S矩阵理论里面，重要的是舞码而不是舞者。S矩阵理论和人家不一样；因为，S矩阵理论着重的不是粒子，而是粒子的交互作用。

"S矩阵"是Scattering Matrix（散射矩阵）的缩写。粒子碰撞时就发生散射。矩阵是一种数学表，S矩阵就是一种表示概率的数学表。

粒子碰撞以后发生的事有几个可能。譬如，两个质子的碰撞可能会产生：（1）一个质子、一个中子、一个正 π 介子；（2）一个质子、一个蓝姆达粒子、一个正 K 介子；（3）两个质子、六个什锦 π 介子等各种亚原子粒子的组合。这些（不违反守恒律）的种种可能的组合都有一个发生的概率。换句话说，这种种可能有一些经常发生，有一些不常发生。各个组合的概率又要看碰撞时，有多少动量带进碰撞区而定。

S矩阵将这些概率表列出来，表列的方式使我们只要知道一开始是什么粒子，这些粒子又带有多少动量，就能够查出或计算出这些粒子碰撞以后可能的结果。当然，粒子可能的组合太多了，如果要将所有的概率全部列出，S矩阵就会变得十分庞大。事实上物理学家的确也还没有列出这样一张完整的表。不过，由于物理学家每一次所关心的也只有S矩阵的一小部分，所以这并不是一件迫切的工作。整个S矩阵的这些小部分叫作S矩阵的元素。S矩阵理论的限度在于，到目前为止，它只适用于交互作用强的粒子（介子和重子）。若将介子和重子划为一群，则这一群粒子叫作强子。

下面是一次亚原子交互作用的S矩阵图解（图47）：

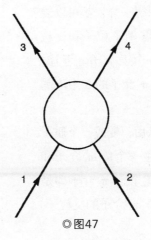

◎图47

这个图解很简单。圆圈是碰撞区。粒子1和2进入碰撞区，粒子3和4从碰撞区出来。这个图解没告诉我们碰撞点发生什么事。它只说有什么粒子进去，什么粒子出来。

S矩阵图解不是时空图解。S矩阵图解不说粒子在时间或空间里的位置。这是故意的。因为，我们不确知交互作用的粒子在什么位置。因为，我们决定要测量它们的动量，所以它们的位置便不可知了(海森伯不确定原理)。因为这个道理，所以S矩阵图解才会只说交互作用发生在(圆圈内的)某一个地方。S矩阵图解纯粹只是粒子交互作用的符号表示。

但是，一开始是两个粒子，结束时两个粒子的交互作用只是粒子交互作用的一种而已。S矩阵图解还有种种形式。下面是其中一些例子(图48)：

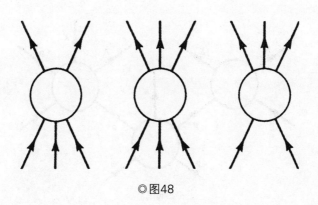

◎图48

S 矩阵图解和费曼图解一样，都可以旋转。箭头方向的不同也区别了粒子和反粒子。下面是一个质子与一个正 π 介子互撞，产生一个质子和一个负 π 介子的 S 矩阵图解（图 49）。

这个图解经过转动以后，变成一个质子与反质子湮灭，然后产生一个负 π 介子和一个正 π 介子的图解（这个正 π 介子即是原来的交互作用里那个负 π 介子的反粒子）（图 50）。

图解每转动一次，描述的就是另一种交互作用的可能。我们现在举的这个 S 矩阵图解可以转动四次。凡是转动 S 矩阵的一个元素描述得到的粒子，全部都有密切的关系。事实上，凡是一个 S 矩阵图解呈现的粒子（包括转动以后发现的），全部皆是互相界定的。要说哪一个粒子才是"基本的"，这个问题毫无意义。

因为从一个交互作用产生的粒子总是立即涉入别的交互作用，所以 S 矩阵的个别元素，可以在图解上联结成一个相关交互作用网。（图 51）这种网和所有的交互作用一样，每一个都和一个概率有关。这些概率都是可以计算出来的。

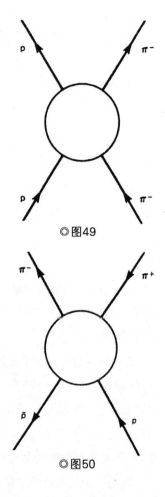

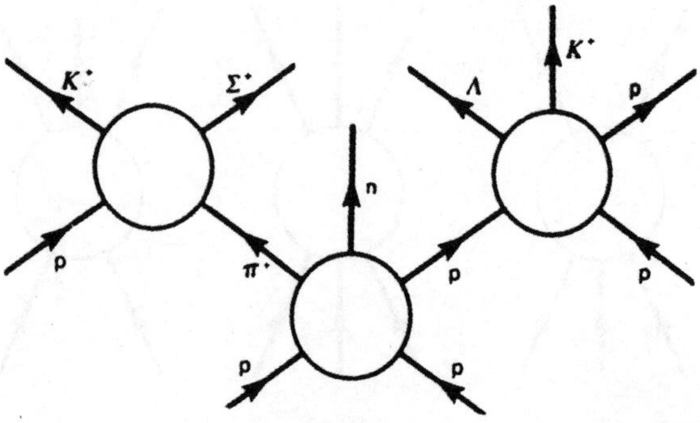

◎图49

◎图50

◎图51

根据 S 矩阵理论，"粒子"即是一个交互作用网的中介状态。S 矩阵里的直线并不是粒子的世界线，而是能量流通的反应管。譬如中子就是一个反应管。一个质子和一个负 π 介子就可以构成一个中子（图 52）：

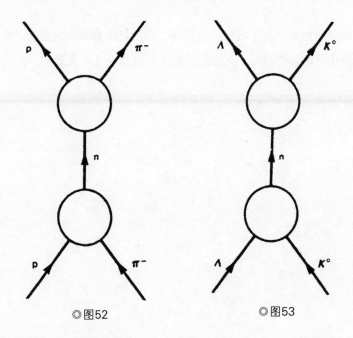

◎图52　　　　　　◎图53

可是，如果有比较多的能量，一个蓝姆达粒子和一个中性 K 介子也能够造出中子反应管（图 53），其他好几种粒子组合也都能够做到。

简而言之，S 矩阵理论根据的是事件（event），而非东西（thing）[1]。舞者不再自成有意义的实体。事实上舞者除了互相界定，则无从界定。S 矩阵理论里面只有舞码。

从牛顿以及他的苹果以来，我们已经走了很长的一段路。可是，苹果是清楚明白的真实世界的一部分。我们吃苹果的时候很清楚谁在吃，吃什么。这一切和吃这个行为有明显的分别。

我们把我们的经验形式用一个认识论的网罗织起来，"物体独立于事件

215

而存在"这种观念即是这个网的一部分。我们毫无疑问地接受这个观念，所以我们觉得这个观念很亲切。这个观念深深地影响了我们看待自己的方式。我们总认为自己与他人和环境是分开的，这种根深蒂固的感觉根源即是这种观念。

科学思想史如果教了我们什么东西，那就是执着观念的愚蠢。在这一点上，它是东方智慧的回应。东方的智慧说，执着观念是愚蠢的。

部六

悟 理

（量子逻辑与贝尔定理）

第 11 章

超越两者

物理与悟道

物理和悟道有什么关系？物理和悟道看起来是分属于两个截然不同的领域。前者属于物理现象的外在世界，后者属于知觉的内在世界。但是，如果进一步检查，就会发现物理和悟道并不像我们认为的那样"各自为政"。首先，只有透过我们的知觉，我们才能观察物理现象，这是一个事实。两者之间有许多本有的相似，此其一端。

悟道使我们挣脱概念的束缚（挣脱无明的蒙蔽），直接知觉那完全无分别的实相无以言宣的本质。我们以前是这个"无分别的实相"的一部分，现在是，将来也是。问题在于我们看实相毕竟不如觉者。每个人都知道（是吗？），文字是事物的代表（"代"表）。文字不是事物，只是符号。若是根据悟的哲学，则一切事物皆是符号。符号的实相是幻象，可是我们却都活在这个幻象里面。

无分别的实相虽然无法用语言表达，可是（如果用更多的符号）还是能谈。对于不知不觉者而言，物理世界是由许多相离的部分组成的。可是若是根据世界各地的悟道者而言，这些所谓相离的部分事实上并没有相离。他们每一刻的悟（grace、insight、samadhi、satori）都在向他们揭示一切事物——宇宙所有相离的部分——皆是整体的呈现。实相只有一个，它是全体的、统一的，它是一。

我们前面已经说过，要了解量子物理学必须先修正我们平常的概念（譬如一件东西不可能同时是波又是粒子的概念）。但是，从现在开始，我们要明白，我们必须比以往更完整，甚至比以往不曾有过地改变我们的思想过程，才能了解物理学。我们前面已经知道量子会做决定，会知道别的地方发生的事情。但是，我们现在更要明白，量子现象的关系是这样密切，密切到以往斥之为"太玄了"的事物，现在成了物理学家认真谈论的东西。

简而言之，悟和物理都需要我们挣脱平常的思想过程（最后并且完全"超越思想"），并且知觉到实相的一体。两者在这之间有极多共通之处。

悟是一种存在状态。悟和每一种存在状态一样，都是无可描述的。一般人都有一种误解，错将存在状态的描述误认为存在状态本身。譬如说幸福。请你描述一下幸福，你会发现这是不可能的。我们可以谈，可以叙述随着幸福的状态而来的展望和行为，但我们无法叙述幸福本身。幸福和幸福的叙述是两回事。

幸福是一种存在状态。这意思是说，它存在于直接经验的领域里面，它能密切地知觉到感情和感觉。感情和感觉本身就是不可叙述的，所以它们构成的幸福状态也就不可叙述。"幸福"这两个字的标签，是符号。我们把它贴在这种状态上面。"幸福"属于抽象或概念的领域。存在状态是一种"经验"，存在状态的描述是一种"符号"。经验和符号的规则不一样。

贝尔定理与量子逻辑

物理科学是在量子逻辑这个令人肃然起敬的题目下发现这一点的。我们平常的经验和物理学法则，都不以为实相各相离的部分（譬如你、我、拖船等）有成立关系的可能，但这种可能性已经在贝尔定理的名下进入物理学。量子逻辑和贝尔定理带我们深入理论物理最远的边境。这两者就连很多物理学家都没听说过。

贝尔定理和量子逻辑（目前）的关系还没有建立。倡言其中之一者很少关心另一者，可是两者确实有很多相通的地方，两者在物理学上都是崭新的东西。当然，一般物理学家都认为激光核聚变和寻找夸克是理论物理学的新领域。这一点就某种意义而言没有错。但是，这些研究和贝尔定理与量子逻辑差别很大。[①]

激光核聚变和寻找夸克是现有物理学范式之内的研究题目。范式是一

---

① 激光核聚变和寻找夸克现在已经是实验物理的一部分了。理论物理现在的新疆界应该是孤子和统一规范理论。

种思想过程，一种架构。但是若就现有架构而言，贝尔定律理和量子逻辑就太过爆炸性了。前者告诉我们，所谓"自立的部分"这种东西是没有的，后者使我们从符号的领域回到经验的领域。宇宙的每一个部分都有密切而立即的关联，但是在以前，这种话只有悟道者和一些科学上令人痛恨的人物才会说。

冯·纽曼

量子论的主要数学元素，我们的故事的英雄，就是波函数。因为有波函数，我们才得以判定观察系统和一个被观察系统交互作用以后可能产生的结果。但是波函数拥有这么崇高的地位，并不只来自发现波函数的薛定谔。波函数的崇高地位也来自一位匈牙利数学家约翰·冯·纽曼（John von Neumann）。

1932 年，纽曼出版了一本以数学分析量子论的著作，书名叫作《量子力学的数学基础》（*The Mathematical Foundations of Quantum Mechanics*）。（注一）纽曼的这本书实际上是在问一个问题，那就是："如果波函数这种纯粹数学的创造物果真应该描述真实世界的某种东西，这种东西会是什么样子？"他得到的答案我们在前面已经讨论过。

波函数是一只奇怪的动物，它会一直改变。每一瞬间都和前一瞬间不一样。它是自己描述的那个被观察系统所有可能性的合成。但并不是这些可能性随便混合而成，它是一种有机的整体，一方面是自己之内的事物，一方面是其中的各部分一直在变化。

这个自己之内的事物会一直发展，直到盲人在它所代表的被观察系统做了观察（测量）为止。如果这个被观察系统是一个"独自传导"的光子，那么光子和测量仪器（譬如照相图版）交互作用之后所有可能产生的结果，都会包含在代表这个光子的波函数里面。①（譬如说这个波函数会包括在照相图版的 A 区检测到光子的可能性，在 B 区检测到光子的可能性，在 C 区检测到光子的可能性。）光子一开始运动，与光子有关的波函数就开始依照一个

---

① 量子力学的严格形式有各种诠释。譬如纽曼就认为只有相似的粒子，譬如光子群，才会有波函数，单个粒子没有。现在只有少部分物理学家同意这个观点，其余的大部分都不同意。

因果律（薛定谔波方程式）发展，直到光子与观察系统交互作用为止。波函数包含的所有可能性有一个就会在交互作用的这一刻实现，其余的立即消失。这些消失的可能性就是消失了，除此之外无他。这个时候，波函数这只纽曼一直想要描述的奇异动物会突然"崩塌"。这个波函数的崩塌意味着，光与测量仪器的交互作用可能产生的结果里面，有一个可能性变为一（发生了），其余的变为零（不再可能）。反正，这时候，在同一时间内只会在一个地方检测到光子。照这个观点来看，那么波函数并不是那么像是事物，可是却又不只是观念。它占据的位置很奇怪，介于观念与现实之间。一切事物在这里都可能，但都未成现实。海森伯将它与亚里士多德的"势"相提并论。

这种研究途径不知不觉间塑造了物理学家的语言，因而也塑造了大部分物理学家的思想。这其中包括那些认为波函数是一种数学虚构的物理学家。他们认为，波函数是一种抽象的创造，操作起来不论如何就是会产生真实事件的概率，在真实的（有别于数学的）时间和空间里发生。

不用说，这种途径当然也造成了很多问题。譬如说，波函数到底是在什么时候崩塌的？（测量问题）是在光子撞击到照相图版的时候？是在照相图版冲洗出来的时候？是在我们看照相图版的时候？再说，说崩塌又是什么东西崩塌？波函数崩塌之前又在哪里？所有这一切问题，纽曼当时说不清楚，如今还是说不清楚。波函数可以描述为一种真实事物——这样的波函数观一般都归之于纽曼。但是，"量子力学的数学基础"里面讨论了两种了解量子现象的途径，这种波函数不过是其中之一。

投射的命题

另一种途径纽曼比较少着力在上面，这种途径就是检查表达量子现象时不得不用的语言。在《量子力学的数学基础》这本书的"投射的命题"这一段里，他说：

> ……一方面是物理系统诸属性之间的关系，一方面是（波函数）这种投射，才使这一方面的一种逻辑微积分成为可能。可是，与一般的逻辑概念不同的是，这种物理系统是由"同时存在的可决定性"（不确定原理）扩展出来的，而"同时存在的可决定性"便是量子力学的特性。（注二）

量子论的崭新属性可以用来建立一种与一般的逻辑概念不同的"逻辑微积分"——纽曼认为这种看法是另一种可以将波函数描述为真实事物的途径。

可是除了这两种解释，大部分物理学家对波函数大多数采取另一种解释。他们认为波函数纯粹是数学的建构，是抽象的虚构，所以不代表现实世界的任何东西。不幸的是，这个解释还是没有回答这个问题："如果是这样的话，那波函数预测概率时为什么那么准确，而且还可以经由实际经验证实？"事实上，如果将波函数界定为与物理实相完全无关，为什么波函数却是什么事都能预测？哲学上有一个问题是："为什么心灵能够影响物质？"波函数的问题无疑是这个问题的科学版。

纽曼的第二种方法使他远远越过了物理学的疆界。他的简短著作指向了一种本体论、认识论以及现在才出头的心理学的融合。简而言之，纽曼认为，问题在于语言，这里隐藏着量子逻辑的胚胎。

说是语言的问题，纽曼便提出这个问题，那就是："量子力学是什么？"为什么这么难解？力学研究的是运动，所以量子力学研究的就是量子的运动。可是，量子又是什么？按照字典的解释，quantum（量子）是东西的量。问题是，是什么东西的量？

一个量子就是一次行为。（一次行为？）问题在于，量子可以是波，也可以是粒子，但粒子绝不是波。除此之外，当量子是粒子的时候，它也不是一般意义的粒子。亚原子"粒子"不是"东西"。（我们无法同时判定它的位置和动量。）一个亚原子"粒子"（量子）是一组关系，或一个中间状态。这组关系或状态可以破坏，可是破坏之后生出来的却是更多一样基本的粒子。"……初次遭遇量子论若不感到震惊，"玻尔说，"就不可能了解量子论。"（注三）

但是，量子论并不是因为复杂才不好说明。量子论之所以难以说明，是因为，我们必须用来说明量子论的文字却是不足以说明量子论。建立量子论的几个人都很清楚这一点，也讨论了很多。其中譬如玻恩，他说：

我们不得不用一般语言来描述一个现象，不用逻辑或数学分析，而是诉诸景象的想象。这就是问题最终的起源。一般的语言都是随着日常经验成长，所以永远无法超越这个限度。古典物理学一直限制自己只使用这一类的概念。古典物理学分析可见的运动，由此发展出两种基本过程来呈现运动，一个是运动粒子，一个是运动波。若要给运动一个图画式的描述，除此之外

别无他法。即使到了原子过程这个领域，我们还是得用，可是古典物理学就在这里塌缩了。(注四)

我们想把亚原子现象用视觉来想象时，遭遇到说明的问题——目前大部分物理学家都这样认为。所以，我们必须放弃"一般语言"的说明，限制自己只用"数学分析"。要学习亚原子物理学，我们必须先学数学。

"不用!"芬克斯坦说了。芬克斯坦是佐治亚理工学院物理学校教授。数学和英语、中义一样，都是一种语言，都是由符号构成的。"从符号得到的说明是最多的，但还是不完整。"(注五)亚原子现象的数学分析在"质"上面并不比其他符号的分析好。因为，符号的规则和经验不同，符号只有自己的规则。简单一句话，问题不在语言里面，语言本身就是问题。

经验与符号的不同就好比神话①与理念的不同。理念模仿经验，可是无法代替经验。它是经验的代替品，是死的符号以一对一的基础模仿经验建立起来的人为建构。古典物理理论就是理论与实相一对一对应的例子。

爱因斯坦说，除非真实世界的每一个元素在理论里都有一个明确的翻版，否则这个理论不能称其为完整。爱因斯坦的相对论(虽然是新物理学的一部分)就是最后的古典理论。因为相对论是与现象以一对一的方式建立的。他说，一个物理理论要与现象有一对一的对应才算完整。

不论"完整"的意思是什么，对于一个完整的理论而言，这样的条件都是必要的，那就是，物理实相的每一个元素在物理理论里面都有一个翻版。(注六)

量子论就没有这种理论和实相之间一对一的对应(量子论只能预测概率，无法预测个别事件)。根据量子论，个别事件的发生纯属偶然。量子论里没有理论元素来对应每一个真正发生的个别事件。所以根据爱因基坦的看法，量子论是不完整的。这就是爱因斯坦与玻尔论战的基本问题。

———————————

① 一个民族由经验中得来的记忆、恐惧等表现于神话中，谓之 mythos——译注

神话指向经验，但并不代替经验。神话和重智主义相反①。原始仪式（譬如足球赛）的颂歌是神话很好的例子。神话赋予经验以价值、新鲜、生气，但没有想取代经验。

至于理念，从神学上说来，理念就是原罪，就是吃知识的禁果，就是被赶出伊甸园。从历史上说来，理念就是文学革命的成长，就是口说传统诞生了文字传统。不管从哪一个观点看，（严格照字面说来）理念是一封无法投递的信。"知识，"卡明斯（E.E.Cummings）说，"是说死亡的礼貌字眼，但不是沉埋地下的想象力。"他是在说理念。②

依照芬克斯坦的看法，我们的问题在于，只是用符号，我们无法了解亚原子现象或任何一种经验。海森伯说：

概念一开始是由特定情况和经验的综合汲出的抽象形成的。可是后来却得到了自己的生命。（注七）

直接的经验与虚构的语言

在符号的互动里迷失，就好比将洞穴里的影子当作洞穴外面的世界（亦即直接的经验）一样。对于这样的处境，解答在于用 mythos（神话，虚构）的语言接触亚原子现象以及所有的经验，而非用理念的语言。

芬克思坦如是说：如果你想把量子看成一个点，你就中计了。你是在用古典逻辑塑造量子。整个的要点在于量子不会有古典的象征。我们要学会与经验一起生活。

问题：你如何与他人沟通这种经验？

答案：这种经验是不用沟通的。你只要说你如何制造量子，如何测量量子，别人就会有这种经验。（注八）

---

① intellectualism：重智主义"这个名词可适用于任何给予精神、观念和理智以优先地位的哲学主张"。（西洋哲学辞典，第178条。布鲁格编著，项退结编译，"国立编译馆"暨先知出版社印行1976年版）——译注

② 卡明斯全名 Edward Estlin Cummings，是美国诗人兼画家，对反偶像、反教条、反迷思非常认真，所以连名字都坚持小写——译注

按芬克斯坦的看法，mythos 的语言暗指经验但不取代经验，也不塑造我们对于经验的知觉。这种语言才是真正物理学的语言。这是因为，不但我们用于沟通日常经验的语言有一套规则，就连数学也有一套规则。这是古典逻辑。但是经验遵循的规则就宽容了许多。这是量子逻辑。量子逻辑不但比古典逻辑令人兴致高昂，也比古典逻辑真实。量子逻辑根据的不在于我们怎么想事物，而是在于我们怎么经验事物。

我们用古典逻辑描述经验（从开始学写字以来我们就一直在做这种事）的时候，可以说，我们就把眼罩遮在我们眼睛上了。眼罩不只限制我们的视野，甚至还扭曲我们的视野。眼罩就是我们所说的古典逻辑的那一套规则。古典逻辑的规则界定都很明确，很简单，唯一的问题是古典逻辑与经验不一致。

分配律

古典逻辑和量子逻辑最大的不同，在于古典逻辑的分配律这条规则。分配律是说，"A 和 B 或 C"的意思与"A 和 B，或 A 和 C"的意思是相同的。换句话说，"我丢铜板就会出现正面或反面"的意思和"我丢铜板就会出现正面，或者我丢铜板就会出现反面"的意思一样。分配律是古典逻辑的基础，可是在量子逻辑上却不适用。这一点在纽曼的论著里最重要，却最不为人所知。1936 年，纽曼和同事伯克霍夫（Garrett Birkhoff）发表了一篇论文，奠定了量子逻辑的基础。（注九）

在这篇论文里面，他们用一个物理学家都知道的现象做例子，证明了分配律的错误。他们由此借着数学告诉我们，由于真实世界的规则不一样，所以用古典逻辑无法描述经验（包括亚原子现象）。经验所遵循的规则被他们称为量子逻辑，符号遵循的规则被他们称之为古典逻辑。

芬克斯坦模仿纽曼和伯克霍夫的例子，对分配律的错误做了另一次证明。他的证明需要三片塑胶。你会发现这些塑胶是透明的，颜色接近太阳眼镜，事实上太阳眼镜用的就是这种镜片，只不过厚了一点而已。由于它的特性，这种镜片可以降低反光。这种镜片叫作偏光镜。偏光镜片的太阳眼镜当然就叫作偏光太阳眼镜。

偏光镜是一种很特殊的滤光镜。通常是把塑胶拉长做成的。塑胶被拉长以后，里面所有的分子全部都会被拉成长形，依相同方向排成直线。这些分子经过放大以后看起来如下图（图54）：

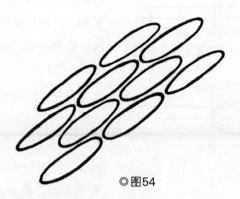

◎图54

就是这些瘦长的分子在光线通过的时候把光线偏折的。

以波现象来了解光的偏折最容易。像太阳这种普通的光源，光波从其中发出的时候有各种"姿势"——垂直、水平和介于其中的任何角度。这不但只是说光会从光源向所有的方向发射，而且不管是什么光，它的光束里面一定有一些光波是垂直的，有些是水平的，有些是斜的，等等。对于光波而言，偏光镜仿如栏栅。光波是否能通过这道栏栅要看它的角度是否与偏光镜顺接而下而定。如果偏光镜排成垂直，那就只有垂直的光波能够通过，其他的光波全部被挡下来。（图55①）。所有通过垂直隔光镜的光波都排成垂直方向，这时这种光就叫作垂直偏振光。

如果偏光镜排成水平，那就只有水平的光波能够通过。其他的全部都被挡下来。（图55②）。所有通过水平偏光镜的光波都排成水平，这时这种光就叫作水平偏振光。

不管偏光镜如何排列，只要是通过的光波，全部都会按相同的角度排列。偏光镜上面的箭头所指的是通过的光线受到偏振的角度。这也就是镜片里的分子被拉长的方向。[①]

现在请你拿出一片偏光镜，使箭头朝上或朝下，这时凡是通过这片偏光镜的光线都垂直偏振了。现在请你再拿一片隔光镜放在这片偏光镜的棱面，

---

① 按图55所示，偏光镜上并没有箭头。作者指的是原来说要附在书末的偏光镜。不过读者不必迷惑，图中两个方块内的垂直线和水平线，即是镜片内分子排列的方向，亦即是光受到偏振的方向——译注

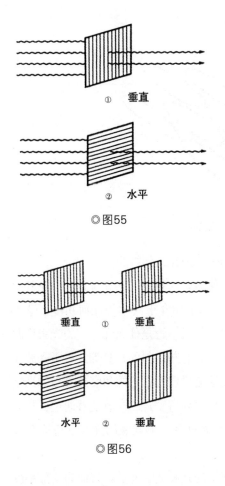

◎图55

◎图56

箭头也是朝上或朝下。现在你会发现，除了因为镜片着色使光线稍微变弱，其他凡是通过前面镜片的光线，也都全部通过了后面的镜片。（图56①）

现在请你慢慢将其中的一片由垂直向水平慢慢转动。这时你会发现，通过这两片偏光镜的光线越来越少。等到你转动的这一片完全转为水平时，就完全没有光线通过了。（图56②）这是因为，前面的镜片只通过垂直隔振的光，后面的镜片只通过水平隔振的光，所以到最后是完全没有光通过。不论是前面的镜片垂直后面的镜片水平，还是相反，这种情况完全一样。偏光镜的秩序无关紧要。只要两片偏光镜一垂直，一水平，就完全没有光通过。

不论如何，只要两片偏光镜互成直角，就会阻挡所有的光线。这一对镜片不管怎么摆都没有关系。

完成这个步骤之后，现在请你再加上一片偏光镜，不过这次要依斜角摆设。先是加在原来两片偏光镜的前面（图57）。这时的情形是，原来的情况还是原来的情况。原来是完全没有光通过，现在还是完全没有光通过。现在请你把斜角摆设的偏光镜摆到最后面（图58）。这时的情况依然没有什么变化。原来没有光通过，现在还是没有光通过。

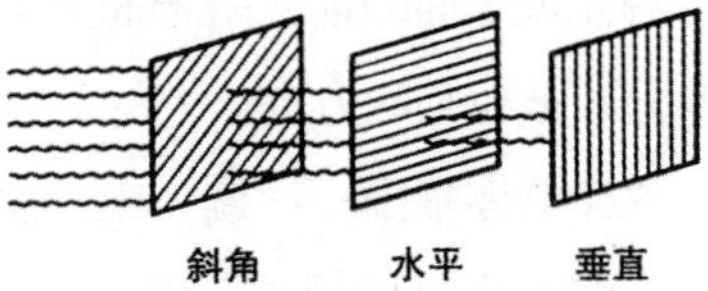

斜角　　水平　　垂直

◎图57

接下来就是最有意思的一步了。现在请你把斜角摆设的偏光镜放在水平

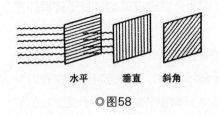

水平　　垂直　　斜角

◎图58

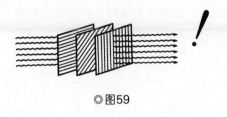

◎图59

偏光镜和垂直偏光镜的中间。情况如何？情况是，当你按这样的秩序摆设偏光镜时，光线可以从前面全部通过这三片偏光镜！（图59）

换句话说，水平偏光镜和垂直偏光镜合在一起，对光线而言，就好比木门一样，是个障碍。两者之前或之后放一个斜角偏光镜完全不会改变这种情形。但是，如果斜角偏光镜是放在两者之间，光线就全部通过。只要一拿掉斜角偏光镜，光线又完全消失。因为水平偏光镜和垂直偏光镜又合起来阻挡了光线：

全部的情况用图解表示，如图（图60）：

为什么会这样？根据量子力学所说，斜角偏振光并不是"混合"了水平偏振光和垂直偏振光。我们不能说这是斜角偏振光水平的部分通过了水平偏光镜，垂直的部分通过了垂直偏光镜。事情没那么简单。根据量子力学所说，真正的情形是，斜角偏振光是自立的自在之物。如果是这样的话，那么，一个自立的自在之物为什么能够通过三片偏光镜，却无法通过两片偏光镜？

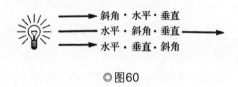

斜角・水平・垂直
水平・斜角・垂直
水平・垂直・斜角

◎图60

我们只要想到光也是一种粒子现象，疑难所在立刻显现无遗。这就是说，光子如何能够分解成水平偏振的部分以及垂直偏振的部分？按照定义，这是不行的。

量子逻辑和古典逻辑有很大的差异。这个偏振光的疑难又在这个差异的心脏地带。这个疑难的形成，在于我们的思想过程遵循的是古典逻辑的规则。我们的智力告诉我们，我们刚刚看到的情形是不可能的（光子毕竟只能这样偏振或那样偏振）。但是，不论如何，只要我们在水平偏光镜和垂直偏光镜之间安插一个斜角偏光镜，原来没有光的地方就看到了光。我们的眼睛不知道它们亲眼所见"不可理喻"。这是因为，经验遵循的是量子逻辑的规则，不是古典逻辑的规则。

斜角偏振光的"自在之物"这种特性，反映了经验真正的本质。我们的符号式思想过程把"是彼就不是此，是此就不是彼"这种范畴强加在我们身上。这种思想过程永远要我们只与这个或者只与那个对峙，要不就要我们把这个和那个混合起来对峙。它会说，偏振光会是水平偏振或者垂直偏振，或者是水平和垂直混合偏振。但这是古典逻辑，是符号的规则。若是经验的领域，则无物只能这样，只能那样。在经验的领域，事情的选择永远不止一种，不过往往是无限多情况中的一种。

芬克斯坦讲到量子论的时候如是说：

这个游戏没有波的分，这个游戏遵循的方程式确实是波动方程式。可是此处无波打转（这是量子力学的一座巅峰），亦无粒子打转。此处打转的是量子——这是第三种选择。（注十）

让我们不要说得那么抽象。姑且想象我们在下棋，棋盘上有两个棋子，一个是将，一个是卒。如果这些棋子遵循的是量子现象的规则，那么我们就不能说，介于将和卒之间绝无他物。"将"和"卒"两端之间，会有一个造物，叫作"将卒"。"将卒"既非"将"亦非"卒"，亦非一半将一半卒粘在一起。将卒就是将卒。"将卒"是一种自立的自在之物。将卒不比那种德国牧羊人玩偶。德国牧羊人玩偶分得出牧羊人的部分和牧羊犬的部分，可是将卒分不出将的"部分"和卒的"部分"。

将和卒之间不止一种"将卒"。一种将卒是一半将，一半卒。又一种将卒是三分之一将，三分之二卒。再有一种将卒是四分之三将，四分之一卒。事实上，就每一种将和卒的比例而言，只要存有一种将卒，就会与其他将卒截然不同。

叠置

这种"将卒"，物理学家说是连贯的"叠置"。一件东西上面又加一件或好几件，叫作叠置。一张照片重复曝光是摄影家的毒药。但是，重复曝光的照片就是其中一个影像或另外一个影像的叠置。不过，连贯叠置不只是一件东西叠置在另一件东西上面。连贯叠置是一种自在之物，不但与自己的组成部分截然不同，它的组成部分彼此亦截然不同。

斜角偏振光就是水平偏振光和垂直偏振光连贯叠置而成。量子物理学多的是这种连贯叠置。事实上，连贯叠置所在，即是量子力学数学的心脏。在这里面，波函数即是连贯叠置。

每一次量子力学实验都有一个被观察系统，每一个被观察系统都有一个相关的波函数。一个被观察系统（譬如光子）的波函数，即是这个被观察系统与一个测量系统（譬如照相图版）交互作用之后，一切可能结果的连贯叠置。薛定谔波动方程式就是描述这一切可能性的连贯叠置在时间内的发展。不论什么时候，我们都可以用这个方程式计算这个自在之物，这个可能性连贯叠置的形式。这个可能性的连贯叠置被我们称为波函数。做完这一点之后，接下来我们就可以计算波函数所含的每一个可能的概率。这样我们就得到一个概率函数，概率函数由波函数算出，不过和波函数不同。简单来说，这一切就是量子物理学的数学。

换句话说，在量子论的系统陈述里，没有一样东西只是这样，或只是那样，介于其中别无他物的。物理毕业生通常学到的数学技巧是将每一个"这个"加在每一个"那个"上面，最后得到的结果既不是原来的"这个"，也不是原来的"那个"，而是一个全新的东西，叫作两者的连贯叠置。

根据芬克斯坦的看法，量子力学概念上最大的一个困难，把波函数（连贯叠置）视为真实的东西，并会发展、会崩塌是不对的。但是反过来说，以连贯叠置为纯粹的抽象，完全不代表我们平常遭遇的任何事物的观念也是不正确的。连贯叠置其实的确反映了经验的本质。

连贯叠置如何反映经验？纯粹的经验本来就不限于两个可能性。对于一个状况，我们思想上的概念化总是会为我们创造一种假象，以为一个两难的情况就只有两种设定。这个假象是因为我们认为经验遵循的规则和符号一样。在符号的世界里，每一件事情都只能是这样，或只能是那样。没有既这样又那样的。可是在经验的世界里，现成就有很多选择。

量子逻辑

譬如说有一个法官要在法庭上审判自己的儿子。法律只容许两种判决，也就是"有罪"和"无罪"。但是对于这个法官而言，他却可以多了一种判决，那就是，"他是我儿子"。所以，法律上禁止法官审判有个人关切的案子，无疑是微妙地承认经验绝不限于"有罪""无罪"（或"善""恶"等）范畴的选择。选择，只有在符号的领域才这么清楚明白。

有一个故事说，黎巴嫩内战的时候，一群士兵把一个美国人挡下来问话。他只要答错一个字就可能丧命。

"你是基督徒还是穆斯林？"士兵问他。

"我是观光客！"他叫着说。

我们问问题的方式往往欺骗了我们的答案。这个美国人因为恐惧死亡，因而一举突破了这种欺骗。同理，我们的思想方式也拿"只能是这样或只能是那样"的透视欺骗了我们。经验本身绝不这么狭窄。每一个"这样"和"那样"之间总是又有另一种选择。承认经验的这种特质是量子逻辑不可缺的一部分。

证明

物理学家跳的是一种外人不知的舞。跟他们相处或长或短，简直就是进入另一种文化。在这种文化里，每一种说法都要遭受挑战，说是必须"证明给我看！"

如果今天你告诉你的朋友说，"我觉得今天早上很棒"。我们知道他不会说"证明给我看"，可是，如果有一个物理学家说，"经验不受符号规则的限制"，他立刻就会拿出一个证明。真的尝试要证明了，他总是得先说："我的意见是……"

不过，物理学家对别人的意见总是没什么感觉。不好的是，这样有时候会使他们思想狭隘——非常狭隘。你不跳他们的舞，他们不会与你共舞。

他们的舞码会要求，凡是断言，就要"证明"。"证明"并不证实一个断言"正确"（true，意思是指符合这个世界真实的情形）。"证明"只是一种数学表示，表示一个断言在逻辑上连贯。在纯数学领域里，一个断言可以和经验完全无关。只要有前后一贯的"证明"，数学家就会接受。没有，就排除。物理学亦然；但另外还要求断言必须与物理实相有关。

科学断言的"真理"和实相的本质之间好似很有关系，可是事实上完全没有。科学"真理"与"实相真正是怎样"完全无关。科学理论只要前后连贯，在经验间建立正确的关系（预测事件正确），就是"正确"的。简单来说，如果科学家说一个理论正确，他的意思就是说这个理论在经验间建立了恰当的关系，所以有用。每当碰到"正确"这两个字时，如果我们换成"有用"，其中恰当的透视里面就出现了物理学。

伯克霍夫和纽曼创造了一个"证明"，证明古典逻辑与经验相违。这个证明当然是奠基在经验上的。特别拈出来说的话，这个证明是以随偏振光的各种组合发生或不发生的事情为基础的。芬克斯坦把他们的证明略加修改，借来证明量子逻辑。

他的证明，第一步是实验水平的、垂直的、斜角的偏振光的各种组合。这一步我们已经做过。我们已经发现哪一次光的发射通过了哪一面偏光镜。光会通过两片垂直偏光镜、两片水平隔光镜、两片斜角偏光镜、一片垂直偏光镜与一片斜角偏光镜、一片水平偏光镜与一片斜角偏光镜。因为这些情况都是真正发生过的，所以叫作"容许跃迁"。同理，我们也发现光无法通过一片水平偏光镜与一片垂直偏光镜，以及这两种偏光镜互成正角的任何组合。这些组合就叫作"禁制跃迁"，因为光从来未曾通过这种组合。以上是第一步。

跃迁表

第二步是把这些数据列出一个表，这个表就叫作跃迁表。右边就是这样的一个跃迁表（图61）：

左边一行字母代表发光。发光的意思无他，就是发光。在本表里面，发光就是灯泡发射光波。这一行字母每一个右边都有一个")"记号，这个记号表示光的发射。譬如"H)"就

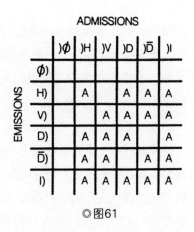

◎图61

表示水平偏光镜放出水平偏振光。上面的一列字母表示容许，容许表示接受发光。这一列字母每一个左边部有一个")"记号，这个记号表示容许。譬如，")H"就表示水平偏振光波到达眼球。

这一行一列字母里，0（零）以及通过0的直线代表"零过程"。这个零过程的意思是说，我们决定今天去看电影，不做实验了。所以零过程表示没有发光，完全没有。字母"I"代表"合一过程"。合一过程是一个过滤器，不过什么东西都通过。换句话说，"I"告诉我们的是一个全开的窗户通过了什么偏振光——所以其实是每一种都有。

另外是两种斜角偏振光，因为有两种才完整。"D"代表左倾偏振光，"$\overline{D}$"代表右倾偏振光（图62）。

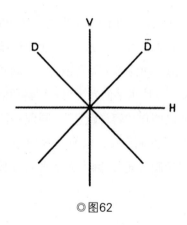

◎图62

我们在跃迁表里找一个我们有兴趣的发光。譬如水平偏振光 H）好了，因为水平偏振光能通过另一面水平偏光镜，所以我们就在水平偏振发光线和水平偏振容许线交叉的方块里记一个"A"。水平偏振光也能够通过左倾斜角偏振光）D、右倾斜角偏振光）以及全开的窗户 I，所以三者与水平偏振光交叉的方块都各记一个"A"。

请注意，由于水平偏振光无法通过垂直偏光镜，所以水平偏振发光线与垂直偏振容许栏）V 交叉的方块是空的。空的方块表示禁制跃迁。所有的零过程方块都是空的。因为我们没有做实验，所以没有任何事情。所有的"I"方块都有"A"。因为，全开的窗户什么光都能通过。以上，做好这个跃迁表是证明的第二步。

第三步是为跃迁表上的资料画一张图解（图 63）。这种图解叫作栅格。数学家用栅格来表示事件或元素的秩序。栅格很像我们研究家族根源用的家谱树。这种栅格里面，位置高的元素包含位置低的元素。线条表示通过谁，与谁有关联。

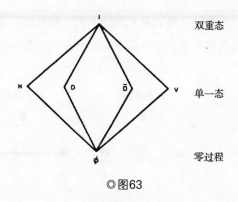

◎图63

栅格自然和家谱树不完全一样，不过却表示了相同的包含性的秩序。栅格的底部是零过程。由于零过程就代表没有任何种类的发光，所以零过程的下方就没有任何东西。再上一层是各种偏振状态，这一层的元素叫作单一态。单一态已经是我们对光波偏振可能做的最简单的陈述，无法更简单了。对于偏振状态，充其量我们只能说"这道光水平偏振"，除此之外，这句话再也不能告诉我们其他什么事情。这是"最多，但不完整的描述"，这是我们的语言本有的不足。

再上一层包含的是双重态。我们现在这个栅格里只有一个双重态。双重态包含了它下面一阶所有最多但不完整的描述——这一次简单的实验里，我们对光的偏振能说的就是这些，而这些全部都包含在这个双重态里了。栅格若是代表比较复杂的现象，层次也就更多，可能有三重态、四重态等。以上说的是一个最简单的栅格。不过，简单虽然简单，却已经很生动地显示了量子逻辑的本质。

首先，请注意图中的双重态。图中双重态 I 包含了四个单一态。在量子逻辑里这是常见的典型，可是对古典逻辑而言，这却是矛盾。因为，古典逻辑的双重态，照定义看，只有两个单一态，不多不少。量子论说，在每一个"这个"和每一个"那个"之间永远至少有另一个选择。栅格即是这种看法生动的显示。就现在这个栅格而言，这个栅格已经有两种选择（"D"和"D̄"），可是没有画出来的却更多，每一个都是现成的选择。譬如说，D是斜角偏振45°的光，可是，光还可以有46°、47°、48½°等角度的偏振。所有这些偏振状态全部包含在双重态I里面。

古典逻辑和量子逻辑都用一个"点"代表单一态。至于双重态，古典逻辑是用两点代表，可是量子逻辑却用两点间画一线代表。换句话说，不只界定双重态的两点包含在双重态里，两点间的所有点也都包含在内。（图64）

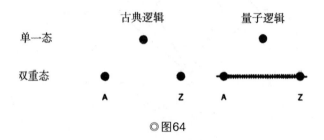

单一态

双重态

古典逻辑　　　　量子逻辑

A　　Z　　A　　　Z

◎图64

现在让我们再回到分配律。分配律说，"A 和 B 或 C"等于"A 和 B 或 A 和 C"。（制作跃迁表的全部目的，就是要用栅格证明分配律的错误。）

数学家用栅格图解来判断栅格里面哪些元素相关，又如何相关呢？（图65）

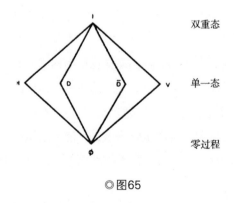

双重态

单一态

零过程

◎图65

元素相关的方式有"和"（and）与"或"（or）两种。如果我们要看的是两个元素"和"的关系是怎样的情形，我们就从这两个元素沿线"向下"走，一直到两者相遇为止（这个相遇的地方，数学家称之为"最大低限"）。譬如说，假设我们关心的是"H和D"，我们就从H同时从D沿线向下找，结果两者在相遇。这就是说，这个栅格告诉我们"H和D"等于Ø。又譬如我们关心的是"I和H"，我们从最高点的I沿线找，最后发现I和H的最低共同点是H。这表示这个栅格告诉我们"I和H"等于H。以上说的是"和"的关系。下面讲"或"的关系。

我们要从我们关心的元素沿线往上找，才能找到两个元素之间"或"的关系情形如何。在"或"的关系里，两个元素相遇的点叫作"最小上限"。假设我们关心的是"H或V"，我们就从H同时从V沿线往上找。结果发现两者在I相遇。这就是栅格告诉我们"H或V"等于I。同理，譬如我们关心的是"D或I"，我们就两者沿线往上找，结果两者在I相遇，这就是栅格告诉我们"D或I"等于I。以上就是"或"这种关系的情形。

这里面的规则很简单。找"和"的关系就向下找，找"或"的关系就往上找。

冯·纽曼对分配律的反驳

下面我们就要做出证明了。这个证明本身其实很简单，只是事先的说明复杂而已。古典逻辑的分配律说，"A和B或C"等于"A和B或A和C"。现在，如何看这条规则在经验上是否正确？首先，我们必须用真正的经验情况（譬如光的偏振）代入这条公式，然后再使用栅格方法。这样，我们的证明是这样进行的：古典逻辑的分配律说，"水平偏振光和垂直偏振光或斜角偏振光"等于"水平偏振光和垂直偏振光，或水平偏振光和斜角偏振光"。为了方便起见，我们把上面这些按照前面设定的缩写字母写成"H和D或V"等于"H和D，或H和V"。

有了这个等式，现在回到栅格上。我们先解决等式左边的"D或V"，我们沿线往上找（记住"或"的关系要往上找），发现两者在I相遇。所以，这就是栅格告诉我们"D或V"等于I，于是以I代替原来的"D或V"。这样，原来的"H和D或V"就变为"H和I"。有了"H和I"，我们再从H和I向下找（记得"和"的关系要向下找），结果发现两者的最低共同点是H。

所以，栅格告诉我们"H和I"等于H。

简而言之：

"H和D或V"等于"H和D，或H和V"

"H和I"等于"H和D，或H和V"

"H"等于"H和D，或H和V"以上解决了等式的左边。

下面我们再来解决等式的右边。右边要先解决"H和D"。从H和D往下找，两者在相遇。所以"H和D"等于"∅"。（图66）

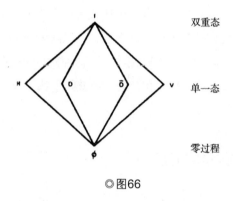

双重态

单一态

零过程

◎图66

以"∅"代换"H和D"，得出"∅或H和V"。现在再来解决"H和V"。我们从H和V向下找，两者在相遇。所以，栅格告诉我们"H和V"等于"∅"。以"∅"代换"H和V"，等式的右边变为"∅或∅"。而栅格和常识都告诉我们"∅或∅"等于"∅"

简言之：

"H"等于"H和D，或H和V"

"H"等于"∅或H和V"

"H"等于"∅或∅"

"H"等于"∅"

可是，"H"并不等于"∅"！"H"是水平偏振光，"∅"是一个非实验——也就是根本没有光发出。分配律不成立了！

这就是伯克霍夫和纽曼完成的又一个证明。这个证明尽管简单，可是很重要。因为，这个证明打破了一个千年的幻觉——错以经验和符号为规则一样的幻觉。回到原先的等式。除了没有代表"和"以及"或"这两个连接词的符号，这个等式在物理学家读起来已经变成这样：

"H 和 D 或 V" "H 和 D，或 H 和 V"

"H 和 I" $\stackrel{?}{=}$ "∅ 或 H 和 V"

"H" $\stackrel{?}{=}$ "∅ 或 ∅"

"H" ≠ "∅"

芬克斯坦的理论是一种"过程"的理论。量子逻辑不过是其中的一部分。依照这个理论的看法，宇宙的基本单位是事件或过程。事件以某些方式（容许跃迁）联结成网，这些网合起来形成更大的网。从这个阶梯式组织往上，就是各种网的连贯叠置。这个连贯叠置不是"这个网"，不是"那个网"，它自己自成明确的实体。

芬克斯坦理论里的基本事件在时间和空间里并不存在。这些基本事件优于时间和空间。照芬克斯坦的看法，时间、空间、质量、能量都是从基本事件衍生出来的第二性质。事实上，芬克斯坦最新的一篇论文就叫作《时间之下》（*Beneath Time*）。

量子拓扑学

这个大胆的理论完全背离传统物理学和传统思想。芬克斯坦理论的数学叫作量子拓扑学。若与量子论、相对论那么复杂的数学相比，量子拓扑学实在非常简单。到目前为止，量子拓扑学还不完整（因为缺乏"证明"）。它也可能和许多理论一样，永远不可能完整。但有一点不同的是，它有一种潜在的可能，可能会彻底改变我们的概念架构。

纽曼发现我们的思想过程在真实世界上投射了虚假的限制。这个发现本质上就是使爱因斯坦找到广义相对论的发现。在广义相对论之前，大家都毫无疑问地接受欧几里得几何学，视之为宇宙的基本结构。可是爱因斯坦证明欧氏几何学没有这种普遍性。古典逻辑也有类似的情形。到目前为止，我们都毫无疑问地接受古典逻辑，视之为实在相本质的自然反映，可是伯克霍夫和纽曼证明古典逻辑并没有这种普遍性。

这种种发现里面蛰伏着一种觉悟，非常大的觉悟，那就是，人类心灵有塑造"实相"的力量，但这种力量到目前为止却依然不受怀疑。就这一点觉悟而言，物理哲学已经和佛教哲学不可分。佛教哲学，即是悟的哲学。

第 12 章

科学的结束

悟与统一

悟的状态非常重要的一面，是经验到一种无所不在的统一。这时，"这个"和"那个"都不再是分开来自立的实体，而是同一件事物不同的形式（色）。凡是事物，都是一种"显化"。不过如果你问的是"什么东西的显化"，这个问题就没有办法回答。因为，这个"什么"是超越文字、超越概念、超越形式甚至超越时间与空间的如如。凡是事物，皆是这个如如的显化。如如因为这样，所以这样。我们这样说着，而经验——这个如如的经验——就在这些文字之外。

如如借以自显的形式每一个无非圆满。我们自己是如如的显化。万事万物都是如如的显化，每一事物、每一个人都是十足圆满的如如。

14 世纪的佛教徒隆钦巴说：

万事万物不过出现而已。

圆满自在，

无关善恶，

无关取舍，

吾人何妨放声一笑。（注一）

我们也可以说"上帝在天堂，一切事物又与世界相安无事"。不过从悟者的观点看，这个世界除了这样，还是这样。这个世界不好不坏，这个世界只因为是这样，所以是这样。因为是这样，所以就圆满地这样。除了这样，别无他样。这个世界圆满，我圆满，我就是圆满的我。你圆满，你就是圆满的你。

如果你是快乐的人，那么你就是自己圆满的显化————一个快乐的人。如果你不快乐，你就是自己圆满的显化————一个不快乐的人。如果你是善变的人，你就是自己圆满的显化————一个善变的人。如如即是如如。不如如亦是如如，无事不如如，如如之外别无他物。凡事皆如如。我们是如如的一部分，事实上我们就是如如。

量子关联

上面的这些话如果用"亚原子粒子"来代替人，也就非常接近粒子物理学的概念动力学了。不过，这种统一观进入物理学还有另一种意义。量子物理学的前锋注意到量子现象之间有一种"关联"。这种古怪的现象一直到最近都还缺乏理论上的意义。物理学家认为，这种古怪的现象只是意外，要等理论充分发展以后才能解释。

1964 年，位于瑞士的欧洲核子研究组织（CERN, European Organization for Nuclear Research）的物理学家贝尔（J.S.Bell）开始全力研究这种奇怪的现象。他研究的结果可能使这种"关联"成为物理学未来的焦点。贝尔博士发表了一项数学的证明，后来被称之为贝尔定理。贝尔定理后来又历经十年的改良，才成为目前的样子。但即使最保守地说，它现在的形式也已经很戏剧性。

贝尔定理是一个数学建构。这个数学建构对于非数学家而言，是一本无解的天书。可是它的意义对我们基本的世界观却有很深的影响。有的物理学家还认为这可能是物理学史上最重要的一件作品。贝尔定理的种种含义里面，有一个是说，宇宙那些"各自分离的部分"，事实上在一个深刻而基本的层次上是紧密关联的。

简单地说，贝尔定理和统一的悟是相容的。

量子现象无可解释的关联现象可以从几个方面看出来。第一个是我们已经讨论过的双缝实验。双缝全开的时候，光波通过以后会互相干扰，在屏幕上形成一个明暗带相间的图像。如果只开一条缝，光在屏幕上照出来的样子就是平常的样子。问题是，双缝全开的时候，单个光子又如何知道自己是否能够到达屏幕上固定属于暗的地带？

单个光子最后还是属于众多光子的一部分。这些光子在只开一条缝时，分布的情形是一个样子，双缝都开的时候，又是另一种样子。问题是，假设单个光子通过了其中的一条缝，它又如何知道另外一条缝是开还是关？可是不论如何它就是知道。因为，只开一条缝时，屏幕上永远不会出现干涉型；可是只要双缝都开，立刻就出现干涉型。

这种关联性属于一种量子现象，十分令人迷惑。可是，这种现象在另一种实验上更令人迷惑。假设现在有一个物理学家所谓的双粒子零自旋系统。这意思是说，这个系统内的两个粒子彼此抵消对方的自旋。如果一个是上自旋，另一个就是下自旋；如果一个是右自旋，另一个就是左自旋。两个粒子不论方向如何，其自旋总是相等而相消。

现在我们用一种方法（譬如电力），在不影响两者的自旋之下，将它们分开。一个朝一个方向飞走，另一个朝相反的方向飞走。

亚原子粒子的自旋可以用磁场来定向。譬如说，假设有一束电子，其中各电子的自旋方向随机，那么我们可以使这一束电子通过一种磁场（叫作斯特恩－盖拉赫器），出来的时候，磁场已经把电子束分成相等的两束。一束向上自旋，一束向下自旋。如果只是一个电子通过这个磁场，那么出来的时候不是向上自旋就是向下自旋。这个实验可以设计成向上或向下自旋的可能性是 50 对 50。（图 67 ①）

如果我们把这个磁场重新定向（改变轴心），我们就可以把两束电子的自旋方向改为向右和向左。如果只有一个电子通过磁场，出来以后向左和向右自旋的可能性各为一半。（图 67 ②）

现在假设我们已经把原来的双粒子系统分开，然后使其中一个通过磁场。这个磁场的轴心将使它出来以后

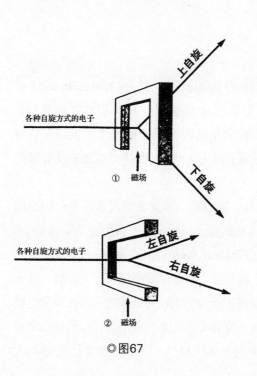

◎图67

向上或向下自旋。我们姑且说这个粒子出来以后是向上自旋。这就是说，这样一来另一个电子就是向下自旋了。我们不必再测量这个电子，因为我们知道，这个电子和它的双胞胎自旋相反但相等。

这个实验整个情形如下（图68）：

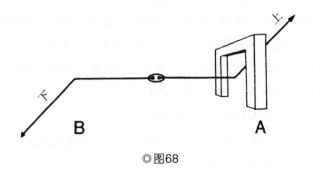

◎图68

双粒子零自旋系统位于中间。双粒子之一飞向 A 区，在 A 区通过一部斯特恩－盖拉赫器，出来以后是向上自旋。既然如此，我们不必测量就知道另一个飞向 B 区的粒子是向下自旋的。

EPR思想实验

这是爱因斯坦、波多斯基（Boris Podolsky）、罗森（Nathan Rosen）45年以前构想的实验（简称 EPR 思想实验）。但是这个 EPR 思想实验事实上只是一个翻版。最先构想这个实验的是伦敦大学的物理学家大卫·玻姆（DavidBohm）。EPR 思想实验通常是用来显示 EPR 效应。（原始论文处理的是位置与动量的问题。）

1935 年，爱因斯坦、波多斯基、罗森在一篇论文里发表了他们的思想实验。这篇论文题目叫作《物理实相的量子力学描述可视为完整吗?》（*Can QuantumMechanical Description of Physical Reality be Considered Complete?*）（注二）。当时，玻尔、海森伯等赞成量子力学哥本哈根解释的人都说，量子论虽然对于与我们的观察相离的世界未能提出明白的图像，可是的确是完整的理论。可是爱因斯坦、波多斯基、罗森等人却想向他们的同行传达一个信息，那就是，实相一些重要的面象虽然未经观察，可是在物理上依然真实。

但是量子论并没有描述这些重要的面象，所以不是"完整的"理论。可是，他们的同行收到的信息却完全不一样。他们收到的信息是，EPR思想实验里的粒子联结的方式，不论如何都使它超越了平常的因果观念。

譬如说，如果改变斯特恩－盖拉赫器的轴心，使粒子的自旋由向上或向下变为向左或向右，整个实验就会变成这个样子（图69）：

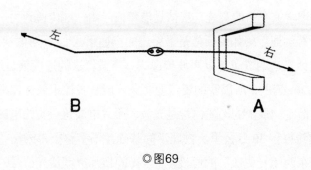

◎图69

A区的粒子不再是向上自旋，而是向右自旋。这就表示B区的粒子不是向下自旋而是向左自旋，两者的自旋相反但相等。

现在我们假设一种状况，那就是，粒子还在飞的时候，斯特恩－盖拉赫器的轴心变了。由于在B区前进的粒子不论如何都"知道"它的双胞胎在A区是向右自旋，而非向上自旋，所以它自己就向左自旋，而不向下自旋。换句话说，我们在A区的所作所为（改变磁场的轴心），会影响B区内的粒子。这种奇怪的现象，就叫作EPR效应。

爱因斯坦、波式斯基、罗森三人的思想实验是现代物理学的潘多拉的盒子。这个实验不知不觉中显示了两地粒子间无法解释的关联。B区的粒子似乎"立刻"知道A区粒子的自旋状态。[①]事实上，空间式的移转只有从特殊的参考架构看才是同时的。因为有这种关联，一地（A区）的实验才会影响到另一地（B区）一个系统的情况。

"这令人很不舒服。"薛定谔讲到这种情形时说。

---

① 这是从特定的坐标系来说的。"立刻"这种字眼我们必须非常小心。爱因斯坦的广义相对论告诉我们，一个事件是发生在另一事件之前、同时还是之后，要看是从什么参考架构观察而定。粒子间的这种沟通叫作"空间式的"。空间式的移转看起来不会一直是同时的。

实验者虽然无由接近一个系统，可是量子论竟然容许他随意将这个系统导向这种状态或那种状态。（注三）

物理学家一旦明白了这种特异的状况，立刻就产生一个重大的问题："两件东西的沟通为什么会这么快？"

根据物理学家平常的观念，资信是借着信号由一地传递到另一地，没有传递者就没有沟通。譬如说话就是最普遍的沟通形式。（面对面谈话的时候）我们想用说话表达的资讯是以声波传递的。声波行进的速度就是这么快（大约每小时 1126 公里），所以我的资讯要多久才能从我这里到达你那里，要看你离我多远而定。最快的沟通信号是光波、无线电波这一类的电磁波。这种波的速度大约每秒 30 万公里。物理学的基础差不多整个都放在"宇宙间再也没有任何东西比光更快"的假设上。[①] 光的超凡速度使光信号的沟通看起来"立即可通"。譬如你向我点头的时候，我马上就看到你点头。但这只是似乎，光信号的沟通并非立即可通。我的资讯通过光信号多久会到达你那里，要看你离我多远而定。大部分的情况所耗时间甚短，短到测不出来，可是无线电信号从地球到月球再折回来就需要几秒钟。

现在假设 A 区和 B 区相距甚远，光信号从 A 区到达 B 区需要一点时间。如果 A 区和 B 区实在相距甚远，光信号就没有办法把 A 区发生的事情和 B 区发生的事情连在一起。所以，根据物理学一般的观念，B 区的事件绝不可能知道 A 区的事件。这种情形被物理学家称之为"空间式的"隔离。（如果光信号的时间不足以联系两地的事件，这两个事件的隔离即是空间式的。）可是，两个空间式隔离的事件却违反了物理学最基本的假设，EPR 思想实验就是想呈现这一点。A 区和 B 区虽然有空间式的隔离，可是 B 区的粒子状态却是依 A 区的观测者想观测什么（将磁场定在什么方向）而定。

----

① 相对论容许一种叫作超光速粒子的假想粒子存在。这种粒子存在，可是速度超过光速。超光速粒子在狭义相对论的严格形式里有一个假想的静止质量。不幸的是，没有人知道所谓"假想的静止质量"在物理学名词里是什么意思，超光速粒子和具有真正质量的一般粒子之间又会有什么交互作用力。

超光速沟通

换句话说，EPR 效应显示，资讯的沟通可以是超光速的。可是这却违反了一般物理学家接受的观点。EPR 思想实验的两个粒子不论如何总是由一个信号联系起来了，所以这个信号的速度一定比光速快。爱、波、罗三人创造了科学上第一个超光速联系的例子。

可是爱因斯坦本人却否定这个结论。他说，我们既然将此地定为测量仪器的地点，就不可能影响他处的事情。在 EPR 思想实验之后 11 年写的自传里，他说：

……就我的看法，我们绝对应该坚持一种假设，那就是，实验的情形是，S2 系统（B 区的粒子）独立于我们在 S1 系统（A 区的粒子）的所作所为。后者与前者在空间上隔离。（注四）

局部因果原理

这种看法实际上即是局部因果原理。局部因果原理是说，一个地区的事情并不看另一个空间式隔离的遥远地区由实验者控制的变数而定。局部因果原理是一种常识、一个实验，在一个与我们有空间式隔离的、遥远的地方进行，它的结果不会看我们在这里决定做什么或决定不做什么而定。（女儿在远地开车出事，同时母亲会在家惊醒这种情形除外。宏观世界似乎也是由局部现象构成的。）

爱因斯坦说，由于现象在本质上是局部的，所以量子论有一个严重的缺陷。根据量子论所说，改变 A 区的测量仪器就会改变描述 B 区粒子的波函数。可是，根据爱因斯坦的看法，描述 B 区粒子的波函数虽然改变，可是"S2 系统独立于 S1 系统的所作所为"这个实际的情形却没有改变。

所以，如果照量子论所说，B 区的这个"实际的情形"就会有两个波函数。每一个各为 A 区里测量仪器的一个位置而定。可是，这是一个缺陷，因为，"两种不同的波函数不可能附属于一个实际情形 S2"。（注五）

这一种情形可以用另一种方式来看。B 区的实际情形既然独立于 A 区的所作所为，那么 B 区必然有一个明确的上自旋或下自旋，以及左自旋或右自旋同时存在。因为，若非如此，将 A 区的斯特恩－盖拉赫器定为水平或垂直所得的结果就无从解释。因为量子论无法描述 B 区的这种情形，所以"不完整"。①

然而，爱因斯坦另外悄悄说了一些令人难以置信的话：

> 要想免于（量子论不完整）这个结论，只有两个方法。一个是，假设 Sl 的测量行为（遥相感应的）改变了 S2 的实际情形；另一个是，否定这一类的情况独立于空间上彼此隔离的事物。可是对我而言，两者都难以接受。（注六）

这两种方式虽然爱因斯坦都无法接受，可是今天的物理学家却在非常认真地考虑。相信遥相感应的物理学家不多，可是的确有几个认为，在一个基本的、深刻的层次上，过去曾经相互作用，而现在空间上相互隔离的事物，没有所谓的"独立的真实状况"。若非如此，改变 A 区的测量仪器确实改变了 B 区的"实际的情况"。

这就为我们带来了贝尔定理。

贝尔定理

贝尔定理是一个数学证明，这个数学证明"证明"的是，如果量子论的统计式预测是正确的，我们对于这个世界的常识有一些观念就错得离谱。

所谓我们的常识对于世界的观念不足到底是怎么一回事，贝尔定理并没有说得很清楚。可能的情形有好几个。每一个各有一些物理学家拥护，他们

---

① 爱、波、罗三人认为量子论不完整的论据，在于他们认为一个地区的实际情形，不可能看实验者在另一个遥远地区的所作所为而定（局部因果原理）。

他们三人指出，我们可以在 A 区把磁场的轴心放在垂直位置或水平位置，并因此观察到明确的结果——垂直位置时得到向上或向下自旋，水平时得到向左或向右自旋。他们又认为，我们在 A 区所作所为（测量或观察），不会影响到 B 区的实际情形。所以他们得到一个结论说，B 区必然"同时"存在一个明确的上自旋或下自旋，以及一个左自旋或右自旋——非如此不足以解释我们在 A 区将磁场这样定向或那样定向以后所有可能的结果。

量子论没有办法描述这种情形，所以爱、波、罗等人才下结论说量子论提出的描述是不完整的。量子论的描述不足以代表完整说明 B 区系统的情况（不同自旋状态并存）时所需的资讯。

都很熟悉贝尔定理。不过，不管我们赞成的是贝尔定理的哪一个含义，它总是达到一个结论，那就是，如果量子论的统计式预测是正确的，那么我们的常识对于世界的观念就非常不足。

可是，这可真是个好结论。因为，量子力学的统计式预测向来就很正确。量子力学这个理论确实是个理论。从亚原子粒子到晶体管，到行星能量等，这一切它无不能解释。它从未失败，毫无敌手。

20世纪20年代时量子物理学家就已经知道我们常识上的观念不足以描述亚原子现象。但是到了贝尔定理，则又进一步表明我们常识上的观念，就是连宏观事件都不足以描述，连日常生活的事件都不足以描述！

斯塔普说：

关于贝尔定理，重要的是，它把量子现象加之于我们身上的疑难放到了宏观现象的领域里……（贝尔定理）告诉我们，对于这个世界，我们平常的观念，连在宏观的层次上，不论如何都深深的不足。（注七）

贝尔定理自从1964年发表以来，已历经多方面的修订。不过不论如何修订，它都已经把亚原子的"无理性"面投射到宏观领域。贝尔定理说，事件的行为方式不但在极小领域与我们常识上的世界观极度违离，就是在高速公路、赛车等这种一般世界上，也与我们常识上的观点极度违离。这种说法令人难以置信，可是我们却不能斥之为幻想。因为，这种说法正是根据量子论本身已经证明的高度精确而来的。

克劳赛弗里曼实验

贝尔定理的依据在于类似EPR思想实验所假设的那种对偶粒子的关系。①譬如说，气体用电激荡以后会放光（例如霓虹灯）。这时，气体里面激荡的原子会放出对偶光子，每一对光子彼此向相反的方向飞去。每一对光子除了前进方向不同，皆是相同的双胞胎。如果其中有一个是垂直偏振，另一个必然

----

① 原版的贝尔定理涉及1/2自旋粒子。以下克劳赛与弗里曼的实验则涉及光子。

也是垂直偏振；有一个是水平偏振，另一个必然也是水平偏振。不论偏振的角度多大，一对光子必然在相同的平面偏振。

所以，我们只要知道两个粒子之一的偏振状态，就必然知道另一个的偏振状态。这种情形和 EPR 思想实验很像。可是有一点不同，EPR 思想实验讨论的是自旋状态，我们讨论的是偏振状态。

想证明一对光子在同一平面偏振，只要使它们通过偏光镜就可以了。下面是这个程序概念上的简图（图 70）：

图中，位于中间的光源放出一对光子。光源两边位于光子通过的路径上各放置一面偏光镜。偏光镜后面各放置一个光放大管，每当检测到一个光子时，就嘀嗒一声响一下。

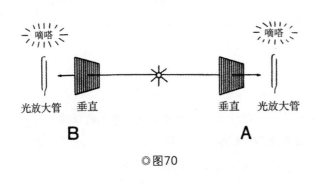

◎图70

每次 A 区的光放大管响起一声嘀嗒时，B 区的光放大管就同时响起一声嘀嗒。这是因为，一对对偶光子的两个光子都在相同的平面偏振，并且两面偏光镜排列的方向都一样（这次的例子里是垂直方向）。这里面只有计算嘀嗒次数，其他没有什么理论好说的。我们在这个实验中知道并且证实，当两面偏光镜依同方向排列时，两边光放大管嘀嗒的次数就一样多。A 区的嘀嗒声和 B 区的嘀嗒声有关系。在我们这个例子里，这个关系是"一"。一个光放大管嘀嗒一声，另一个光放大管就嘀嗒一声。

现在把两面偏光镜互成 90 度放置。如下图（图 71）：

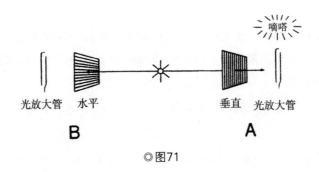

◎图71

一面偏光镜仍然垂直放置，另一方面现在改为水平放置。我们知道水平偏光镜会把通过垂直偏光镜的光波挡下来，反之亦然。所以，两面偏光镜互成直角时，A 区的嘀嗒声之后绝对不会有 B 区的嘀嗒声跟随。这时，A 区的嘀嗒声和 B 区的嘀嗒声依然有一种关系，可是这一次这种关系为"零"。一个光放大管嘀嗒出声时，另一个光放大管绝不出声。

两面偏光镜的位置当然还有各种组合。每一种组合都有一种关系。量子论就能够预测这种统计式的关系。在偏光镜位置的每一种组合中，一区的嘀嗒次数与另一区的嘀嗒次数关系都是一定的。

贝尔发现，不论偏光镜如何放置，A 区的嘀嗒次数都和 B 区有很密切的关系，所以不能用纯粹的偶然来解释。两者不论如何就是有一种关系。可是，这样一来局部因果原理就成了一种幻象了！换句话说，贝尔定理告诉我们，局部因果原理听起来不论多么合理，在数学上却与"量子论的统计式预测成立"（至少在这个实验和 EPR 思想实验里成立）这个设定不兼容！ ① 贝尔应用的这层关系在当时是已经经过计算的一种预测，却未经考验。1964 年时这个实验还是一个假设的建构，可是到了 1972 年，劳伦斯伯克利国家实验室的克劳赛和弗里曼便做出了这个实验（注八）。他们发现贝尔据以建立其定理的设计式预测是正确的。

其实，贝尔定理不但只是说这个世界表面上看来是这样，但其实不是这样，而且还要求世界其实不是这样。这里面没有什么问题，只是发生了令人激奋的事情罢了。物理学家已经理性地"证明"我们对于自己所住的世界的

① 对于量子论的不完整，爱、波、罗三人的论据在于局部因果的假定。对于大部分物理学家，这项假设是值得鼓掌的；因为，他们都怀疑 EPR 思想实验里一个区的实际情况，是否真的受到远处另一区观测者行为的影响。他们的怀疑来自一项事实，那就是，由上、下两相等部分组成的量子状态，和左、右两相等部分组成的量子状态完全一样。在实验上，这两种组合完全无可分别。所以远处观测者的行为在此处是否有效应，亦无从观察。因此我们就不清楚此处的实际情况是否（因而）受到了改变。

贝尔在 1964 年推翻了爱、波、罗的论据（和局部因果原理）。贝尔告诉我们，爱、波、罗论据里隐含的几个假设就已经带有 B 区发生什么事情，必然依 A 区实验者做什么事而定的意思。反之亦然。这里有几个充分的假设：（一）两区的实验者都可以将本区的磁场随意定在两种方向之一；（二）有几种特别的实验虽然不广为人知，可是结果却可以认为是在这四种实验状况里的一种产生的；（三）这四种实验状况里，量子论的统计式预测都成立（姑且说是 3% 吧）。贝尔的论据用简单的算术告诉我们，这三个假设隐含的意思是，两区之一的实验结果必然依另一区的观测者想观测什么（亦即将斯特恩－盖拉赫器定在什么方向）而定。这个结论和爱、波、罗论据的局部假设矛盾。

理性观念极度不足。

1975 年，斯塔普在由美国能源研究发展委员会赞助的一篇著作里说：

贝尔定理是科学发现的最深奥的东西。（注九）

由克劳赛弗里曼实验的结果推演出超光速沟通是以一个重大的假设为依据的，那就是，光子到达 A 区和 B 区，测量仪器是什么状态并不重要。这个假设不论如何都是合理的。因为，我们平常就可以说，进行测量之前测量仪器的状态和测量当时所得的结果毫无关系。实验结果依据的，当然是测量仪器检测到光子那一刻的状态，而不是之前的状态。可是如果没有假设，我们就无法由克劳赛弗里曼实验推演出超光速沟通。光子在飞行途中不能够透过光信号交换信息（因为两者以光速互相离开），但是 A 区和 B 区的测量仪器是实验之前就建立的，所以能够以传统方式（透过时空内传导的光信号）交换信息。换句话说，在克劳赛弗里曼实验里，两区有足够的时间对实验仪器的设定状态以光速或低于光速互相交换信息，在这以后光子才到达。

阿斯派克特实验

1982 年，法国欧赛的巴黎大学光学研究所的阿连·阿斯派克特（Alain Aspect）做了一次相同的实验，其中只有一项不同，那就是，测量仪器的设定状态可以在最后一分钟（准确说应该是最后百万分之一秒）改变（注十）。最后一分钟改变测量仪器的设定状态，使这些信息没有足够的时间在光子到达之前完成交换。① 换句话说，阿斯派克特实际上完成了玻姆的思想实验。

阿斯派克特的实验和克劳赛弗里曼实验一样，证明了量子力学统计式预测的正确（注十一）。然而，他的实验满足了一些条件（A 区和 B 区有时空式的隔离），使物理学家可以合乎逻辑地推演出信息超光速移转现象，所以物理学家现在单单依据他的实验结果，就可以推演出这种现象。斯塔普早在五

---

① 以我们现在所说的这些情形来说，非常重要的是，偏振检测器要定在什么方向，其选择的根源是决定性地来自过去。不过这里阿斯派克特却心照不宣地做了一个假设，那就是，选择偏振检测器方向的，可以是一个随机的量子过程（譬如辐射线衰变），也可以是实验者的自由意志。这些都不是根源于过去。

年前得到的结论因之获得了可靠的凭证。斯塔普说：

> 量子现象对"信息进行的方式与古典观念不合"这一点提出了充分的证据。准此，"信息以超光速移转"的观念，就不是不可理解的了。
>
> 自然的基本过程存在于时空之外……可是却产生位于时空之内的事件。这个观念，凡是我们对于自然所知的一切无不与之相容。本论文的定理支持这种自然观。这个定理告诉我们，信息的超光速移转是必然的，其间排除了某些比较不合理的可能性。不错，玻尔的合理的哲学立场应该导向其他可能性的排除，并且由此经过推论，再得到结论说，信息的超光速移转乃是必要的。（注十二）

如此这般，从普朗克提出量子假说以后 82 年，物理学家便不得不在种种可能性之间，认真考虑其中的一个，那就是，空间式隔离的事件与事件之间信息的超光速移转，可能是我们的物理实相不可或缺的一面。[①]

贝尔定理告诉我们，如果不是量子论的统计式预测错误，就是局部因果原理错误。它只说不会两者都对，没有说是哪一个错。后来等到克劳赛弗里曼实验证明量子论的统计式预测正确，我们就再也无法避免那惊人的结论，就是说，局部因果原理错了！可是，如果局部因果原理错了，这个世界也不是它看起来的样子，那么我们的世界真正的本质到底是什么？

说到这个问题，答案可能有几个，可是都互相排斥。其中第一个可能是，我们的世界与表面所见相反，并没有"分出来自立的部分"这种东西（用物理学家的"方言"说就是，"局部"失败了）。这一点我们前面也讨论过。在这种情形下，如果还说事件是自动发生就是一种幻觉了。不论"分出来自立的部分"是什么，只要过去彼此有过交互作用的，都可以这么说。这些"分出来自立的部分"交互作用时,（它们的波函数）就会〔经由传统信号（力）〕关联起来。除非这一层关系受到外力的干扰，否则代表这些"分离出来自立

---

① "信息的超光速移转"说的是一个自然的基本现象，可是这个现象却是无法控制的。这就是说，我们无法控制这个现象以传递信息。萨法提在 1975 年提出用超光速信息移转传递符码信息的可能性。可是，斯塔普和赫伯特都指出，依据海森伯（1929 年）和玻姆（1951 年）的看法，不论什么现象，只要是用量子论可以充分描述的，就不能用来以超光速传递信息。空间式隔离的事件与事件之间的超光速移转现象可能与荣格的"同步"概念有关。

的部分"的波函数就永远相关联。① 因为有这些互相关联的"分离出来自立的部分",所以,实验者在这一区的所作所为,必然会影响另一个空间式隔离的、遥远的地区的实验结果。既然如此,这个可能性又招来了一种快于光速的沟通,而这种沟通是传统的物理学无法解释的。

这里面的情形是,宇宙中此地发生的事和另一地发生的事有紧密而即时的关联。而这另一地的事又和另一地的事有紧密而即时的关联。之所以如此,原因无他,不过是宇宙这些"分出来自立的部分"实际上并非分出来自立的部分而已。

玻姆说:

> 看起来有密切的关联。在这层关联里面,它们的动态关系,以一种再也无可化约的方式,依靠整个体系(以及更广大的,最后延伸为整个宇宙的体系)而存在。这样,就把我们导向一个"不可分割的整体"的观念。这个观念否定了"这个世界可以解析为每个隔离而独立存在的部分"的古典观念……(注十三)

若是根据量子力学,一个个事件都是纯粹偶然的。譬如说,我们能够计算正 K 粒子自动衰变时产生一个反 μ 介子和一个微中子的可能性为 63%,产生一个正 π 介子和中性 π 介子的可能性是 21%,产生两个正 π 介子和一个负 π 介子的可能性是 5.5%,产生一个正电子、一个微中子、一个中性 π 介子的可能性是 4.8%,产生一个反 μ 介子、一个微中子、一个中性 π 介子的可能性是 3.4%,依此类推。可是,量子力学没有办法预测哪一种衰变会产生哪一种结果。根据量子力学,事件的发生纯属是随机的。

换一种方式说就是,描述这个 K 粒子自动衰变的波函数已经包含了所有这些可能的结果。衰变发生时,这些可能性里面一个便转变为真。但是,这些可能性虽然算得出来,但是衰变的那一刻是哪一个可能性要变为真则依机会而定。

但是,贝尔定理就有一个意思说,某时发生某个衰变反应并非纯粹的偶

---

① 如果大爆炸理论正确的话,整个宇宙从一开始就互有关联了。

然。衰变反应和任何事情一样，都与他处发生的事情相辅相成。[1]用斯塔普的话说：

……可能性转变为真实不能够在局部现成信息的基础上进行。对于信息在时间与空间里如何传导，如果我们接受一般的观念，那么贝尔定理告诉我们的是，事物的宏观式反应不可能独立于远处的原因之外。这个问题无从解决，亦不能用这种反应是纯粹的偶然这种说法来缓解。贝尔定理准确地证明了一点，那就是，宏观的反应绝对不是"偶然"的；至少还容许这种反应在某种程度上与远处的原因相辅相成。（注十四）

至少从表面上看来，超光速量子关联对于某些灵异现象可能是一种解释。譬如心电感应。此地与他地的心电感应如果没有比较快，至少也是同时。物理学家从牛顿时代以来就很鄙视灵异现象。事实上，大部分物理学家都不相信真有灵异现象。[2]

就这一点而言，贝尔定理可能是一匹特洛伊木马，如今闯进了物理学家的营地。首先是因为贝尔定理证明了量子论需要类似心灵感应的沟通才行；第二，严肃的物理学家(所有的物理学家都很严肃)原本不相信这类现象，可是贝尔定理却提出了一个数学架构，使他们能够讨论这种现象。

局部因果原理的失败并不意味超光速关联必然存在。因为，局部因果原理的失败，用别的方式还是解释得通。譬如说，局部因果原理依据的是两个

---

① 贝尔定理指出的自然界的非局部面象，经由所谓波函数崩塌的调解以后，容纳在量子论里面。这种波函数崩塌是一个体系的波函数顿然整体改变，发生的时间在于这个体系的任何部分受到观察的时候。这就是说，当我们在一个地区观察这个体系时，它的波函数不仅在这个地区立即改变，而且在远处也立即改变。对于一个描述概率的函数而言，这种行为是完全自然的；因为，概率依据的是我们对这个体系知道什么而定。所以，认识作为观察的结果一旦改变，概率函数亦应跟着改变。准此，即使是在古典物理学里，远处的概率函数的改变也是很正常的。这一点反映了一个事实，那就是，这个体系的每个部分彼此是相关的，所以，此地信息的增加随之而来的即是他处有关这个体系的信息增加。可是，在量子论里，在某些情形之下，这种波函数崩塌的情况是远处要发生什么事必须看此地的观测者选择什么观测而定。你在那里会看到什么，要看我在此地做什么而定。这种非局部效应就完全不是古典的了。

② 不过有一些例外相当值得注意。其中主要的是普索夫（Harold Puthoff）和达格（Russell Targ）。他们有一本书讨论到他们在斯坦福研究所对千里眼现象所做的实验。书名《灵通》（*Mind-Reach*），1977年出版。

未曾明言的假设，这两个假设因为太明白了，所以我们很容易忽略。

首先，局部因果原理假设，对于如何进行实验我们有所选择。假设我们正在做克劳赛弗里曼光子实验。我们前面有一个开关。这个开关可以控制偏光镜的位置。开在上面，偏光镜互成平行；开在下面，偏光镜互成直角。假设这次实验我们是开在上面，通常我们都认为，只要我们想做，我们只要将开关开在下面，偏光镜就会互成直角。换句话说，我们认为实验开始的时候，我们可以自由决定开关是开在上面还是下面。我们掌握的各种材料是在实验者的控制之下，并且，实验要如何进行悉听我们的自由意志。这是局部因果的第一个阶段。

第二个假设比第一个假设还要容易被忽略。这个假设是说，如果我们换另一种方式做实验，我们仍然会得到明确的结果。这两个假设，斯塔普谓之"非事实的明确"。

这个例子的事实是，我们决定将开关放在上面来进行实验。但我们从这个事实做了一个相反的（非事实的）假设。我们认为，如果把开关放在下面的位置，我们仍然能够进行实验。由于开关放在上面时我们得到了明确的结果，所以我们认为，如果我们把开关放在下面，我们仍然会得到明确的结果。（但我们并不必然就能够计算出什么结果。）但是，有些物理理论却不假定"如果……就会……"可能产生明确的结果。这一点有点古怪，不过我们后面将会讨论。

贝尔定理告诉我们，如果量子论成立的话，局部因果原理就不正确。并且，对于局部因果原理的失败，如果我们不接受原因在于超光速关联的话，我们就不得不面对一个可能性，那就是，我们所假设的非事实的明确错误。如果是这样的话，因为非事实的明确分为两个部分，所以它的失败也有两种方式。

超决定论

第一种是，自由意志是一种幻觉（非事实性失败）。没有"如果如何就会如何"这种事，有的只是本来的事。如果是这种情形，我们就得出了超决定论。超决定论是远远超越一般的决定论。一般的决定论是说，一个系统的初始状况如果已经决定，那么，因为这个系统不可避免地要按照因果律发展，所以它的未来也就随之确定。这种决定论是宇宙"大机器"观的基础。根据这个观点，一个系统（譬如宇宙）的初始状况如果改变，它的未来就跟着改变。

但是，如果根据超决定论，那么就连宇宙的初始状况都是不可改变的。事情本来是怎样就是怎样，不可能有别的样子。但是还不只这样。宇宙只有它向来的样子。我们不管在什么时候做一件事，这件事都是当时我们唯一能做的一件事。以上是非事实的明确失败的一种方法。

多重世界理论

另一种方式是，因为非事实的明确里的"明确"失败，所以就有了非事实的明确失败。如果是这种情形，我们对于实验进行的方式就有所选择。可是这种选择（"如果如何就会如何"）不会产生任何明确的结果。这种情形说起来奇怪，可是和量子力学多重世界解释的结果却不谋而合。根据多重世界理论，在宇宙间，只要在两个可能事件中有所选择，宇宙立刻分裂成不同的分支。

譬如说，在我们前面假设的实验里，我们决定将开关开在上面，这时我们得到了一个明确的结果。可是多重世界理论告诉我们，在我们将开关定在上面那一刻时，宇宙便分成了两支。其中一支以实验开关在上面进行，另一支以开关在下面进行。

那么，是谁在另一个分支做实验呢？答案是我们自己！宇宙的每一个分支都有一个我们的版本！每一个版本都认为他那个分支就是全体的实在界。

在第二个分支里，将开关开在下面的实验也会产生明确的结果。然而，这个结果当然不在我们这个宇宙的分支，而是在另一个分支。所以，就我们是在宇宙的这个分支而言，"如果如何就会如何……"的情形确实发生，并且确实产生了明确的结果。但这一切都是在宇宙的另一个分支里，永远超越我们的经验的实在界外。①

----

① 选择结果也会产生分支，这一点由爱、波、罗实验可以看出来。譬如说，假设在原来的分支里，磁场的轴心定在垂直位置，所以结果是上自旋或下自旋。这时的结果就分成了（转下页）（接上页）两个小支。一个小支是上自旋，一个是下自旋。同理，磁场轴心放在水平位置的实验里，结果也是分成了两小支。一支是右自旋，一支是左自旋。准此，任何分支的小分支都

下面（图 72）是贝尔定理的逻辑涵蕴的图解。这张图解是根据劳伦斯伯克利国家实验室基本物理学会非正式的讨论，在伊丽莎白·罗舍（Elizabeth Rauscher）博士的指导与赞助下画出来的。反过来，这项讨论主要又是依据斯塔普的著作进行的。

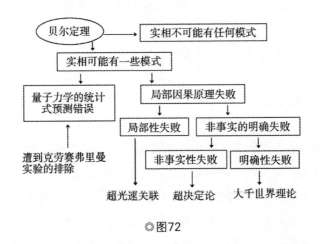

◎图72

简单来说，1964 年贝尔定理告诉我们的是，量子论的统计式预测或局部因果原理两者有一项是错的。到了 1972 年，克劳赛弗里曼实验证明了相关的量子论的统计式预测成立。既然如此，根据贝尔定理，就是局部因果原理错了。

局部因果原理说，一个地区发生的事情并不依实验者在另外一个时空式隔离的地区所控制的变数而定。这样说，就是解释局部因果原理失败最简单的讲法。如果这个解释正确，那么我们生活的就是一个非局部（"局部性失败"）的宇宙。在这个宇宙里面，所有表面上看来"互相隔离的部分"实际上都有超光速的关联。

局部因果原理的失败还有其他方式。试看，局部因果原理依据的是两个心照不宣的假设，一个是我们有能力决定我们的行为。这就是说，我们有自由意志。[1] 另一个是，一件事情如果我们想换一个地方做，"如果如何就会如

有明确的结果。所以，"如果实验者选择了另一个分支就会如何"的观念根本没有意义。因为，两种结果（上或下，以及左或右）都发生了，只不过是发生在不同的分支罢了。

[1] 为了精确起见，物理学家常常使用哲学词汇。例如"自由意志"，在这个实验状况里自由

何"仍会产生明确的结果。这两个假设被斯塔普称之为非事实的明确。

如果第一个假设(非事实性)不成立,那么我们就导出了一个超决定论。这个超决定论先行于"其他可能性"此一观念。这样,根据这种决定论,这个世界除了它向来的情形,不可能有别的情形。

如果第二个假设(明确)不成立,我们便导出了多重世界理论。这个理论是说,这个世界一直在分裂成互相隔离,彼此无法进入的分支。每一个分支都包含同一行为者的一个版本,在同一时间,在不同的舞台,演出不同的行为。

要了解局部因果原理的失败可以有种种方法。不过,光是局部因果原理必然不成立这个事实,就已经意味着这个世界必然在某种样态上与我们平常对它的观念有很大的不同。(或许我们真的活在一个黑暗的洞窟里。)

回头看图72。图72所谓的"无任何模式"事实上即是量子力学哥本哈根解释。1927年,历史上最有名的一次物理学家的集会说,我们永远不可能建构一个实相的形态,也就是说,我们永远无法解释"情景后面"事物真正的情形。40年来种种物理学"知识"波涛汹涌,可是基本物理学家与半世纪前哥本哈根那些物理学家一样,不得不承认我们不可能建构实相的模式。这种承认不只是认识到理论的限度而已,而且也是西方人认识了知识本身就是有限的。换另一种方式说,这种认识就是认识到知识与智能的不同。①

古典物理学是以"每个分离的部分合并成物理实相"的假设开始的。打从一开始,古典物理学关心的就是这些相离部分之间有什么关系。

牛顿的伟大的作品告诉我们,统御地球、月亮、行星的法则与苹果坠落的法则是一样的。法国数学家笛卡儿发明了一种方法,将时间与距离的种种

意志的定义是,"位于A区的实验者和位于B区的实验者,两者都能够在两个可能的观察(实验)之间有所选择"。就此一双粒子系统的观察而言,这两种选择在整个研究的脉络里即视为"自由变数"。

① 事实上,大部分物理学家都认为思考这种问题没有什么价值。科学界的主干都接受量子论的哥本哈根解释。而哥本哈根解释追求的是一个数学架构,用以组织并扩展我们的经验,而不是追求经验之后的实相。这就是说,对于寻找实相的模式是不是有用这个问题,大部分物理学家都比较倾向玻尔的观点,不太赞成爱因斯坦的观点。就哥本哈根的观点而言,量子论已经令人满意,进一步地"了解"对科学并没有什么好处,想进一步了解反而造成一些类似我们刚刚讨论过的问题。对大部分物理学家而言,这些问题是哲学问题,而非物理学问题。这也就是在图72上面大部分物理学才选择"无任何模式"的原因。

测量数字之间的关系画成图画。这就是解析几何。解析几何是一种神奇的工具，可以将许多散漫的数据组织成有意义的形态。这就是西方科学的力量。它把看来毫不相关种种经验的轨迹组成一个观念很简单的理性架构，譬如运动定律即是。这种程序的起点是一种精神态度，认为物理世界是种种片段的经验，逻辑上没有任何关系。牛顿的科学就是要寻找这些早先存在时就已经"分离的部分"之间的关系。

在认识论上，量子力学根据的刚好是一种相反的假设。所以，牛顿力学和量子论之间差别就很大。其中最大的差异是，量子力学依据的是观察（测量）。没有测量数字的地方，量子力学就是哑巴。除了测量数字，量子力学就什么都不说。用海森伯的话说就是，"'发生'这个词汇只限于观察之上"（注十五）。这句话很重要。因为，这句话构成了一种前所未有的科学哲学。

譬如，通常我们说，我们在 A 点和 B 点检测到电子。但严格说来，这是不对的。因为，根据量子论，并没有什么电子从 A 点进行到 B 点，有的只是我们在 A 点和 B 点所做的测量数字。

量子力学与哲学

量子论不只和哲学有紧密的关系，而且——越来越清楚地——与知觉理论也有紧密的关系。纽曼早在 1932 年就在他的测量理论里探讨过这层关系。（与一粒子相关的波函数到底是什么时候崩塌的？粒子是什么时候撞击照相图版的？照相图版是什么时候冲洗出来的？冲洗出来的照相图版的光线是什么时候撞击我们的视网膜的？视网膜的神经冲动又是何时到达我们的大脑的？）

玻尔的互补原理也表达了物理学和意识之间这一层潜在的关系。一个现象的两种面象（波或粒子）是互相排斥的。实验者选择什么实验便决定了哪一个面象要表现出来。同理，海森伯的不确定原理告诉我们，我们观察一个现象时不可能不改变这个现象。我们不只在心理上用我们的知觉罗织我们观察到的"物"的世界的物理属性，就是在本体论上也一样用我们的知觉罗织我们观察到的"物"的世界的属性。

牛顿物理学与量子论第二个基本的差异是，牛顿物理学预测的是事件，量子论预测的是事件的概率。根据量子力学的看法，事件与事件之间唯一可决定的关系是统计式的——亦即是概率。

玻姆说，量子物理学事实上是因为知觉到一种秩序而成立的。根据他的看法，"我们必须将物理学转向。我们不该再从部分开始，企图表达各个部分如何合起来运作。我们应该从整体开始"。(注十六)

玻姆的理论与贝尔定理是相通的。贝尔定理有一个含义是，这个宇宙所有看来"互相分离的部分"在深刻而根本的层次上其实是紧密相关的。玻姆认为，这个最根本的层次是一个无可分解的整体。这个无可分解的整体，用他的话来说就是如如。万事万物，包括时间、空间、物质等，都是如如的形式。宇宙的过程中隐藏着一个秩序，但这个秩序并非轻易可见。

假设现在有一个空心圆柱体，里面再放一个比较小的圆柱体，两个圆柱体之间注满清洁的、半流体的甘油。现在我们向甘油滴一滴墨水。由于甘油的性质使然，所以墨水不会散掉，仍然是一滴墨水，浮在甘油上面。(图73)

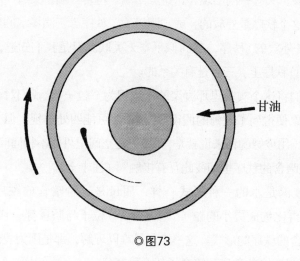

甘油

◎图73

现在我们转动其中一个圆柱体，姑且是顺时针方向好了。这时墨水滴会开始向逆时针方向流去，越来越细小，终至于完全消失。墨水现在已经完全被"嵌"进甘油里。可是，事实上墨水滴还在。试看，如果我们将圆柱体逆时针方向旋转，墨水滴就会重新出现。起先是一条明确的线，越来越粗，然后终于变成单独的一点。

只要顺时针方向转动圆柱体，情形便一如前述；逆时针方向，情形亦复如是。不管我们转多少次，情形永远一样。

暗含的秩序

假设要使墨水完全消失必须转动一圈，要使墨水完全复原也必须转动一圈，那么，这样使墨水消失或再现的转动圈数叫作"内嵌秩序"。这种内嵌秩序，玻姆谓之为"暗含的秩序"（implicate order，亦译为隐秩序），意谓两者相同。

假设我们滴一滴墨水进甘油，转动一圈，这一滴墨水便完全消失。再滴一滴，转动一圈，这滴墨水又消失。再滴一滴，再转动一圈，这滴墨水又消失。现在这三滴墨水都已经嵌进甘油里面，三者都看不到了。可是我们却知道在这个暗含的秩序里面，它们在哪里。

现在我们将圆柱体反方向旋转回来，于是就有一滴墨水出现，这是第三滴。再转一圈，又有一滴出现，这是第二滴。再转一圈，又有一滴出现，这是第一滴。这个秩序是外放的，或"明显的"秩序。三滴墨水的出现是依照一个明显的(外放的)秩序，其间似乎毫无关联。但是我们知道，在一个暗含的(内嵌的)秩序上，三者是有关系的。

如果我们将这个实验里那凝聚的墨水视为"粒子"，我们对看起来随机的亚原子现象便得到了玻姆的假设。"粒子"可能四处出现，但其中却暗含了一个秩序。用玻姆的话来说就是，"粒子在空间里可能不相闻问(外显的秩序)，但是在暗含的秩序里却彼此互有接触"。(注十七)。

"好比漩涡是水的一种形式一样，质量是这种暗含的秩序的一种形式——无法再化约成更小的粒子。"(注十八)粒子与质量等一切东西一样，都是此一暗含的秩序的形式。这一点如果难以理解，那是因为我们的心总想知道："这个'暗含的秩序'暗含了什么秩序？"

这个暗含的秩序暗含的是如如的秩序。然而，如如本身即是这个暗含的秩序。这种世界观与我们平常拥有的世界观太不一样了，所以——正如玻姆所说："所描述的与我们真正想说的完全不合。"(注十九)之所以不合，是因为我们向来都是依据古希腊的一种思考方式来思考的。根据这种思考方式，只有存有才算存有，非存有即非存有。处理这个世界的事物时，这种思考方式给了我们很实用的工具。可是这种思考方式并不曾说明事情的真相。因为，实际上非存有亦是存有，存有与非存有皆是如如。不论什么东西，即便是"空"，亦是如如，无物非如如。

这种看待实相的方式在观测者的意识上引发了一些问题。我们的心总是想知道："这个暗含的秩序暗含了什么秩序？"我们的文化一直只教我们认识外显的秩序（笛卡儿的观点）。"事物"对我们而言本来即是互相分离的。

玻姆的物理学，用他的话来说，要求的是一种新的"思想工具"。要了解玻姆的物理学就必须有这种思想工具。但是这种思想工具却将彻底改变观测者的意识，将观测者的意识重新定向，使之朝向一种"不可分的整体"去认知。在这个"不可分的整体"里，一切一切皆是形式。

但是，这样认知内在的秩序，却不会使我们看不到外在的秩序。因为玻姆的物理学本身就包含了一个相当于爱因斯坦理论的相对元素。这个相对论元素就是说，秩序（或自然界秩序）的内在性或外在性是依观测者的透视而定的。问题在于，我们目前的观点一直受限于外在秩序的透视。但是从内在秩序的透视看，则外在秩序那些看来"互相分离的元素"却是紧密相关的。即便我们现在讲的所谓"元素"，所谓"紧密的相关"，也都暗含了实际上并不存在的笛卡儿式的"分离"。但实际上，在如如的根本层次上，那些"在暗含的秩序里紧密相关"的"互相分离元素"即是暗含的秩序本身。

玻姆的物理学需要一种新的思想方式为基础。一开始的时候，这种需求好像是一种障碍。但是现在知道其实不然。在那"不可分的整体"的基础上，现在已经存在了一种思想工具。此外，从两千年之久的冥思与实修之中也汲取了一些深奥的心理学。这些心理学只有一个目的，那就是，发展一种思想工具。

东方心理学

这种心理学就是我们平常所说的"东方宗教"。东方的宗教与宗教之间本身差异就很大。譬如说：比起印度教或佛教与西方宗教的差异，印度教与佛教彼此当然比较相像。但是，如果将印度教与佛教等同视之则又错误。可是，凡是东方宗教（心理学），都在一种极根本的情况下与玻姆的物理学与哲学不谋而合。所有的东方宗教都以一种纯粹的、绝无分化的实相经验为基础；而这一实相即是如如。

当然，过分高估玻姆的物理学与东方哲学之间的相像固属天真，但是忽略了亦属愚蠢。试看下列的几段文字：

"reality"（实相）一词是由"thing"（res）和"think"（revi）这两个字根衍生而来。"reality"意指"凡是思考得到的一切"。而"凡是思考得到的一切"就不是如如。就如如的意义而言，人的观念都无法掌握其中的"真相"。

终极的知觉虽然需要一个物质结构来彰显，但终极的知觉绝非源生自大脑或什么物质结构。理解真相的机制非常巧妙，绝非源自大脑。

思想与物质之间有一种类似。所有的物质，包括我们自己在内，皆由"信息"决定。而时间与空间即是由"信息"决定。

如果不看上下文，我们便没有一种绝对的方法知道这几段文字到底是玻姆教授说的，还是某一个佛教徒说的。事实上这几段文字是从玻姆1977年4月的两次演讲摘录出来的。这两次演讲头一次是针对物理学学生，后一次是针对劳伦斯伯克利国家实验室的一群物理学家。这三段文字里有两段摘自后一场演讲。

讽刺的是，当大部分物理学家对玻姆的理论还持以一种怀疑态度的时候，我们的文化里却有数以千计的人立即接受了他。这些人因为要追寻终极实相，已经开始离开科学。

如果玻姆的物理学或类似的物理学未来会异军突起，成为物理学的主力，那么东方与西方的舞蹈将会融合得很和谐。21世纪的物理学课程将包括打坐在内。

东方宗教（心理学）的机能在于使我们的心脱离符号的桎梏。从他们的观点看，一切事物无非都是符号。文字、概念是符号，人、东西亦是符号。但是如如，那个纯粹的知觉，那个实相"如是"的经验，却是在符号之外。

可是，话说回来，每一种东方宗教也都运用符号来挣脱符号的领域，只是有的宗教用得多，有的宗教用得少罢了。于是，这就产生了问题。如果我们认为纯粹的知觉与知觉的内容有别，那么知觉的内容是怎样使纯粹的知觉完成的？什么样的知觉内容会使心灵向前跃进？什么东西使心灵耕耘自我圆满的能力来提升自己？

这种问题很难回答。不论你提出什么答案，这个答案都只是一个观点而已。观点本身就是有限的，所谓"了解"一件事就是采信一个观点而放弃其他的观点。这无疑是说，心灵是以有限的形式处理事物。可是，知觉的内容确实与心灵自我提升的能力有关。

"实相"被我们视之为真。我们视之为真的，就是我们相信的。我们相信的是以我们的认知为基础，我们的认知是以我们寻找的事物为基础，我们寻找什么是以我们想什么为基础。我们想什么是以我们感觉到什么为基础，我们感觉到什么决定我们相信什么，我们相信什么决定我们视什么为真。我们视之为真的，即是我们的实相。

不论如何，这个过程的焦点在于"我们想什么"。我们至少可以说，专注于一种开放的象征（基督、佛陀、克里希那所说的"无限变化的性质"）似乎会打开我们的心灵，而开放的心灵往往是悟的第一步。

从20世纪以来，物理学的心理形态已经转变为极端开放了。19世纪中叶，牛顿力学如日中天。所有现象，似乎无一不可用力学模式解释。而所有的力学模式的原理又都是早已确立。所以哈佛的物理学系主任才会劝学生不要研究物理；因为，物理学里面，凡是重要的题目，很少有还没解决的。(注二十)

1900年，开尔文爵士在一场皇家研究院的演讲当中回溯物理学。他说，物理学地平线上只剩下两片黑云，一个是黑体辐射线的问题，一个是迈克耳孙—莫雷实验(注二一)。而开尔文说，毫无疑问，这两片黑云不久就会散去。可是他错了，他的两片黑云象征的，其实是原本由伽利略和牛顿开始的时代行将结束。其中黑体辐射线问题使普朗克发现量子现象。此后30年之内，牛顿物理学整个改变为一种新发展的量子论。迈克耳孙—莫雷实验则是爱因斯坦相对论的预告。到了1927年，量子力学和相对论这两个新物理学的基础已经确立。

今天的物理学家与开尔文的时代不一样。今天的物理学家崇尚的是一种开放的象征。诺贝尔奖得主暨哥伦比亚大学物理学系退休名誉系主任拉比1975年说：

> 我认为物理学不会有结束的一天。我认为，自然界这样的新颖，所以变化亦是无穷的——不只是形式变化无穷，认识之深刻与观念之新亦将无穷……（注二二）

斯塔普 1971 年说：

……人类会一直探索下去，终至于发现新的、重大的真理。（注二三）

今天的物理学家所想的（"我们想什么"）是，自然的物理学就跟人的经验一样，变化无穷。

东方宗教不曾说过物理学什么，可是却说过很多人的经验。印度神话里面，圣母迦利（Kali）象征变化无穷的经验。她代表整个自然界。她是生命的戏剧、悲剧、幽默、悲伤。她是兄，是父，是姊妹、母亲、爱人、朋友。她是妖魔、鬼怪、野兽、残酷之人。她是太阳，又是海洋。她是草，是露。她是我们的成就感，我们的价值感。我们发现新事物时的战栗是她手镯上的宝石。我们的喜悦是她脸颊上的绯红。我们的重要感是她脚趾上的铃铛。

这个丰满的、诱人的、恐怖而又神奇的地母总是有东西给我们。印度人都知道，想引诱她、征服她都不可能，爱她或恨她都是徒然。所以，他们只做一件事，那就是颂扬她，他们也只能做这件事。

有一个故事说，圣母迦利即是上帝之妻西塔。上帝叫篮姆。篮姆之弟是拉克撒曼。有一次他们在丛林小径上走路。篮姆在前，西塔居间，拉克撒曼殿后。因为小径很窄，所以大部分时候拉克撒曼都只能看到西塔。可是，因为小径弯来弯去，所以他常常还是可以看到上帝篮姆。

这是一个非常深刻的隐喻，正好可以用来比喻物理学的发展。大部分物理学家（在职业上）都不耐烦隐喻，可是物理学本身如今却已经变成了一个深奥的隐喻。20 世纪的物理学是一个故事，讲的是，虽然有一些物理学家仍然维持那种"证明给我看"的保守特性，但是人类的知识基本上是一个从防御到开放的历程。物理学绝不会有不再有新发现的一天。了解这一点，使物理学家和看物理学故事的人都步上了一个肥沃的高原。了解了这一点，虽然使知识分子冒着失去霸权的危险，但也会向前跃进。

所有的物理师傅都知道，物理学家不只是"发现自然界无穷的变化"，物理学家也是在与印度神话中的圣母喀立共舞。

佛教是一种哲学，又是一种实践（修行）。佛教哲学丰富而深奥。佛教的实践法叫作檀特罗（Tantra）。檀特罗是梵文，意思是"编织"。对檀特罗可言说的极少。檀特罗强调实修（做）。

佛教哲学的发展在公元 2 世纪以后达到巅峰，这以后再也没有人能够增美。佛教哲学与檀特罗有明确的区别。佛教哲学可以诉诸思考，檀特罗不行。佛教哲学是理性心智的一种机能，檀特罗则超越理性。印度文明里面，最深刻的思想家发现，文字与概念只能带他们到一个地步。过了此一地步之外，只有修行，而这种经验是不可说的。不可说并不曾使他们无法将修行方法改良成复杂而有效的技巧，但是的确使他们无法描述这些技巧产生的经验。

檀特罗的修行并不意味理性思想的结束。檀特罗的修行意味的是依据符号进行的思想整合到一个较大的知觉光谱里。（不过悟道的人还是会记得自己的邮递区号。）

无相道

佛教在印度的发展告诉我们，人类智力对实相终极本质深刻的探索将要达到一个高峰，或者至少要布置一个舞台。这个高峰，或者这个舞台演出的，将是超越理性的量子跃迁。事实上，在一个个别的层次上，这就是一条悟的道路。这在中国西藏密宗被称为无相道，或灵修。无相道是为理智气质的人而开，物理科学差不多就是这样的一条路。

由于 20 世纪物理学这样的发展，凡是涉及的人，意识都完全改变。互补原理、不确定原理、量子场论、量子力学哥本哈根解释，凡此种种所产生的实相本质的认识，与东方哲学产生的都非常接近。21 世纪一些深刻的物理学家已经越来越知觉到，他们面临的事物是不可说的。

量子力学之父普朗克说：

> 科学……意指不断地努力，不断地向一个目标发展。这个目标，诗的直觉可以了解，但是理智绝对无法充分掌握。（注二四）

科学行将结束。所谓"科学的结束"并不是说物理理论不再"不断地努力，不断地向一个目标发展"。事实上，准确而有效的理论越来越多。（悟道的物理学家一样也会记得自己的邮递区号。）"科学的结束"意思是说，西方文明依照自己的时间、自己的方式，已经到达人类经验的更高维度。

加州大学伯克利分校的物理系主任杰弗里·周谈到粒子物理学理论时说：

我们目前（在高等物理学的某些方面）的努力，可能只是饭前酒而已，后面的才是人类知识一种崭新的努力。这种努力将越出物理学之外，并且还不能说是"科学的"。（注二五）

我们不需要到印度或中国西藏朝圣。那里有很多东西可以学，可是，在我们自己家里，在最不可想象的地方，在加速器和电脑之间，我们的无相道已经出现。

太极拳师傅黄忠良曾说："……只要是用来说的，我们早晚要走到一条死路。"（注二六）但是，因为绕圈子也是一条死路，所以他大可以说，只要是用来说的，我们早晚都要开始绕圈子。

我们在伊莎兰的小屋谈到深夜。我们的新朋友芬克斯坦轻声说：

如果我们说粒子是一种实体，涉入这个理论（量子拓扑学）所说的最原始的事件里，我认为那将是一种误导。因为，粒子不在时间和空间运动，不带质量，没有电荷，没有我们通常所说的能量。

问：这样的话，在那个层次里又是什么东西造成那些事件？
答：你说谁是舞者？什么又是舞蹈？除了舞蹈，两者别无属性。
问：这"两者"又是什么？
答：是跳舞的东西，是舞者。我的天！我们回到书名上了。①（注二七）

---

① 英文原书名为 *The Dancing Wu Li Masters*——编注

后 记

　　我无法充分表达我对下列诸位人士的感激。在本书的写作过程中，我发现，不论是刚毕业，或者已经是诺贝尔奖得主，物理学家实在是一群亲切的人，平易近人，乐于助人，做事专心。我向来对他们都有一个刻板印象，以为他们冷酷、"客观"。但是我的发现打破了这个印象。光是为了这一点，我就很感激这些人士。

　　物理暨意识研究会的会长萨法提是一个核心人物。没有他，我就不可能与下列诸位认识。太极拳师傅黄忠良提供的是那完美的隐喻"Wu Li"（物理、无理、吾理、悟理）、灵感以及美丽的书法。佐治亚理工学院物理学校校长大卫·芬克斯坦是我的第一个私学老师。他们都是本书的教父。

　　除了萨法提、芬克斯坦之外，剑桥大学物理教授约瑟夫森、以色列巴伊兰大学物理教授杰默（Max Jammer）审读了全部的原稿。我特别感谢他们。（但这并不说他们，或者任何一个在这本书上协助我的思想家都同意我写的每一页，也不是说他们要为本书的任何错误负责。）

　　我也感激劳伦斯伯克利国家实验室的斯塔普以及劳伦斯伯克利国家实验室基本物理学会的创始人与赞助人罗舍。前者审读了部分原稿，后者一直鼓励非物理学家参加每周一次的物理学会议。这个会议本来一直只吸引物理学家参加。除了斯塔普、萨法提，这个学会还包括克劳泽（Iohn Clauser, Ph. D.）、埃伯哈德（Philippe Eberhard, Ph. D.）、魏斯曼（George Weissman, Ph. D.）、沃尔夫（Fred Wolf, Ph. D.）、卡普拉（Fritjof Capra, Ph. D.）等人。

加州大学伯克利分校物理学教授杰弗里斯（Carson Jefferies）支持并审读了部分原稿，我很感谢；伦敦大学柏贝克学院的物理系教授玻姆阅读了部分原稿，我很感谢。西拉格（Saul Paul Sirag）经常协助我。劳伦斯伯克利国家实验室粒子资料群的诸位物理学家，协助我收集书后的稳定粒子表。加州州立索诺马大学（Sonoma State University）的心理学教授克丽丝威尔（Eleanor Criswell）给了我很有价值的支持。堪萨斯州立大学数学教授麦卡兰（Gin McCollum）协助我，又很有耐心地照顾我。C 生命研究所（C-life Institute）院长赫伯特提供他有关贝尔定理的精彩论文给我，并且允许我采用他一篇论文的题目"超越两者"作为本书一章的题目。我非常感激他们。

本书的插图全部由罗宾孙（Thomas Linden Robinson）绘制。

加州大学伯克利分校物理学系退休名誉教授暨劳伦斯科学院院长怀特（Harvey White），个人提供了他著名的概率分布模拟图照片给我。电子散射的照片是劳伦斯伯克利国家实验室的格罗斯（Ronald Gronsky Ph. D.）提供的。我从加州大学伯克利分校物理教授戴维（Summer David）那里学到了很多光谱学的东西。写这本书时，我想到了很多物理学家，但是另外还有很多人在我需要帮助时，给了我他们的时间与知识，我深深地感激他们。

1976 年的物理暨意识会议是由伊莎兰研究所（Esalen Institute）赞助的。如果没有他们的指导委员会的热心，没有墨菲（Michael Murphy）的热心，这一切都不可能产生。

注释

引 论

注一　Albert Einstein and Leopold Infeld, *The Evolution of Physics,* New York, Simon and Schuster, 1938, p. 27.

注二　Werner Heisenberg, *Physics and Philosophy,* Harper Torchbooks, New York, Harper & Row, 1958, p. 168.

注三　Erwin Schrödinger, *Science and Humanism,* Cambridge, England, Cambridge University Press, 1951, pp. 7–8.

第一章　大苏尔的大礼拜

注一　Al Chung-liang Huang, *Embrace Tiger, Return to Mountain,* Moab, Utah, Real People Press, 1973, p. 1.

注二　Albert Einstein and Leopold Infeld, *The Evolution of Physics,* New York, Simon and Schuster, 1938, p. 31.

注三　Isidor Rabi, "Profiles—Physicists, I," *The New Yorker Magazine,* October 13, 1975.

第二章　爱因斯坦不喜欢

注一　Albert Einstein and Leopold Infeld, *The Evolution of Physics,* New York, Simon and Schuster, 1961, p. 31.

注二 *Ibid.*, p. 152.

注三 Werner Heisenberg, *Across the Frontiers,* New York, Harper & Row, 1974, p. 114.

注四 Isaac Newton, *Philosophiae Naturalis Principia Mathematica* (trans. Andrew Motte), reprinted in *Sir Isaac Newton's Mathematical Principles of Natural Philosophy and His System of the World* (revised trans. Florian Cajori), Berkeley, University of California Press, 1946, p. 547.

注五 *Proceedings of the Royal Society of London,* vol. 54, 1893, p. 381, which refers to *Correspondence of R. Bentley,* vol. 1, p. 70. There is also a discussion of action-at-a-distance in a lecture of Clerk Maxwell in *Nature,* vol. VII, 1872, p. 325.

注六 Joseph Weizenbaum, *Computer Power and Human Reason,* San Francisco, Freeman, 1976.

注七 Niels Bohr, *Atomic Theory and Human Knowledge,* New York, John Wiley, 1958, p. 62.

注八 J. A. Wheeler, K. S. Thorne, and C. Misner, *Gravitation,* San Francisco, Freeman, p. 1273.

注九 Carl G. Jung, *Collected Works,* vol. 9, Bollingen Series XX, Princeton, Princeton University Press, 1969, pp. 70–71.

注十 Carl G. Jung and Wolfgang Pauli, *The Interpretation of Nature and the Psyche,* Bollingen Series LI, Princeton, Princeton University Press, 1955, p. 175.

注十一 Albert Einstein, "On Physical Reality," *Franklin Institute Journal,* 221, 1936, 349ff.

注十二 Henry Stapp, "The Copenhagen Interpretation and the Nature of Space-Time," *American Journal of Physics,* 40, 1972, 1098ff.

注十三 Robert Ornstein, ed., *The Nature of Human Consciousness,* New York, Viking, 1974, pp. 61–149.

第三章 活的?

注一 Victor Guillemin, *The Story of Quantum Mechanics,* New York, Scribner's, 1968, pp. 50–51.

注二 Max Planck, *The Philosophy of Physics,* New York, Norton, 1936, p. 59.

注三 Henry Stapp, "Are Superluminal Connections Necessary?" *Nuovo Cimento,* 40B, 1977, 191.

注四 Evan H. Walker, "The Nature of Consciousness," *Mathematical Biosciences,* 7, 1970, 175–76.

注五 Werner Heisenberg, *Physics and Philosophy,* New York, Harper & Row, 1958, p. 41.

第四章 事情是这样的

注一 Max Born and Albert Einstein, *The Born-Einstein Letters,* New York, Walker and Company, 1971, p. 91. (The precise wording of this statement varies somewhat from translation to translation. This is the version popularly attributed to Einstein.)

注二 Henry Stapp, "S-Matrix Interpretation of Quantum Theory," Lawrence Berkeley Laboratory preprint, June 22, 1970 (revised edition: *Physical Review,* D3, 1971, 1303ff).

注三 *Ibid.*

注四 *Ibid.*

注五 Werner Heisenberg, *Physics and Philosophy,* Harper Torchbooks, New York, Harper & Row, 1958, p. 41.

注六 Henry Stapp, "Mind, Matter, and Quantum Mechanics," unpublished paper.

注七 Hugh Everett III, " 'Relative State' Formulation of Quantum Mechanics," *Reviews of Modern Physics,* vol. 29, no. 3, 1957, pp. 452–62.

第五章 "我"的角色

注一 Niels Bohr, *Atomic Theory and the Description of Nature,* Cambridge, England, Cambridge University Press, 1934, p. 53.

注二 Werner Heisenberg, *Physics and Philosophy,* Harper Torchbooks, New York, Harper & Row, 1958, p. 42.

注三 Werner Heisenberg, *Across the Frontiers,* New York, Harper & Row, 1974, p. 75.

注四 Erwin Schrödinger, "Image of Matter," in *On Modern Physics,* with W. Heisenberg, M. Born, and P. Auger, New York, Clarkson Potter, 1961, p. 50.

注五 Max Born, *Atomic Physics,* New York, Hafner, 1957, p. 95.

注六 *Ibid.,* p. 96.

注七 *Ibid.,* p. 102.

注八 Werner Heisenberg, *Physics and Beyond,* New York, Harper & Row, 1971, p. 76.

注九 Niels Bohr, *Atomic Theory and Human Knowledge,* New York, John Wiley, 1958, p. 60.

注十 Born, *op. cit.,* p. 97.

注十一 Heisenberg, *Physics and Philosophy, op. cit.,* p. 58.

第六章　初心

注一 Shunryu Suzuki, *Zen Mind, Beginner's Mind,* New York, Weatherhill, 1970, pp. 13–14.

注二 Henry Miller, "Reflections on Writing," in *Wisdom of the Heart,* Norfolk, Connecticut, New Directions Press, 1941 (reprinted in *The Creative Process,* by B. Ghiselin (ed.), Berkeley, University of California Press, 1954, p. 186).

注三 KQED Television press conference, San Francisco, California, December 3, 1965.

注四 Werner Heisenberg, *Physics and Philosophy,* Harper Torchbooks, New York, Harper & Row, 1958, p. 33.

第七章　狭义无理

注一 Albert Einstein, "Aether und Relativitätstheorie," 1920, trans. W. Perret and G. B. Jeffery, *Side Lights on Relativity,* London, Methuen, 1922 (reprinted in *Physical Thought from the Presocratics to the Quantum Physicists* by Shmuel Sambursky, New York, Pica Press, 1975, p. 497).

注二 *Ibid.*

注三 *Ibid.*

注四 Albert Einstein, "Die Grundlage der Allgemeinen Relativitätstheorie," 1916, trans. W. Perret and G. B. Jeffery, *Side Lights on Relativity,* London, Methuen, 1922 (reprinted in *Physical Thought from the Presocratics to the Quantum Physicists* by Shmuel Sambursky, New York, Pica Press, 1975, p. 491).

注五 Einstein, "Aether und Relativitätstheorie," *op. cit.*, p. 496.

注六 J. Terrell, *Physical Review*, 116, 1959, 1041.

注七 Isaac Newton, *Philosophiae Naturalis Principia Mathematica* (trans. Andrew Motte), reprinted in *Sir Isaac Newton's Mathematical Principles of Natural Philosophy and His System of the World* (revised trans. Florian Cajori), Berkeley, University of California Press, 1946, p. 6.

注八 From "Space and Time," an address to the 80th Assembly of German Natural Scientists and Physicians, Cologne, Germany, September 21, 1908 (reprinted in *The Principles of Relativity*, by A. Lorentz, A. Einstein, H. Minkowski, and H. Weyle, New York, Dover, 1952, p. 75).

注九 Albert Einstein and Leopold Infeld, *The Evolution of Physics*, New York, Simon and Schuster, 1961, p. 197.

第八章　广义无理

注一 Albert Einstein and Leopold Infeld, *The Evolution of Physics*, New York, Simon and Schuster, 1961, p. 197.

注二 *Ibid.*, p. 219.

注三 *Ibid.*, pp. 33–34.

注四 David Finkelstein, "Past-Future Asymmetry of the Gravitational Field of a Point Particle," *Physical Review*, 110, 1958, 965.

第九章　粒子动物园

注一 Goethe, *Theory of Colours*, Pt. II (Historical), iv, 8 (trans. C. L. Eastlake, London, 1840; repr., M.I.T. Press, Cambridge, Massachusetts, 1970).

注二 Werner Heisenberg, *Across the Frontiers*, New York, Harper & Row, 1974, p. 162.

注三 Werner Heisenberg *et al.*, *On Modern Physics*, New York, Clarkson Potter, 1961, p. 13.

注四 David Bohm, *Causality and Chance in Modern Physics*, Philadelphia, University of Pennsylvania Press, 1957, p. 90.

注五 Werner Heisenberg, *Physics and Beyond*, New York, Harper & Row, 1971, p. 41.

注六　Werner Heisenberg *et al., On Modern Physics, op. cit.,* p. 34.

注七　Victor Guillemin, *The Story of Quantum Mechanics,* New York, Scribner's, 1968, p. 135.

注八　Max Born, *The Restless Universe,* New York, Dover, 1951, p. 206.

注九　*Ibid.*

注十　*Ibid.*

注十一　Kenneth Ford, *The World of Elementary Particles,* New York, Blaisdell, 1963, pp. 45–46.

第十章　这些舞蹈

注一　Louis de Broglie, "A General Survey of the Scientific Work of Albert Einstein," in *Albert Einstein, Philosopher-Scientist,* vol. 1, Paul Schilpp (ed.), Harper Torchbooks, New York, Harper & Row, 1949, p. 114.

注二　Richard Feynman, "Mathematical Formulation of the Quantum Theory of Electromagnetic Interaction," in Julian Schwinger (ed.) *Selected Papers on Quantum Electrodynamics* (Appendix B), New York, Dover, 1958, p. 272.

注三　Kenneth Ford, *The World of Elementary Particles,* New York, Blaisdell, 1963, p. 208 and cover.

注四　Sir Charles Eliot, *Japanese Buddhism,* New York, Barnes and Noble, 1969, pp. 109–10.

第十一章　超越两者

注一　John von Neumann, *The Mathematical Foundations of Quantum Mechanics* (trans. Robert T. Beyer), Princeton, Princeton University Press, 1955.

注二　*Ibid.,* p. 253.

注三　Werner Heisenberg, *Physics and Beyond,* New York, Harper & Row, 1971, p. 206.

注四　Max Born, *Atomic Physics,* New York, Hafner, 1957, p. 97.

注五　Transcribed from tapes recorded at the Esalen Conference on Physics and Consciousness, Big Sur, California, January 1976.

注六　Albert Einstein, Boris Podolsky, and Nathan Rosen, "Can Quantum-

Mechanical Description of Physical Reality Be Considered Complete?" *Physical Review*, 47, 1935, 777ff.

注七 Werner Heisenberg, *Across the Frontiers*, New York, Harper & Row, 1974, p. 72.

注八 Esalen Tapes, *op. cit.*

注九 Garrett Birkhoff and John von Neumann, "The Logic of Quantum Mechanics," *Annals of Mathematics*, vol. 37, 1936.

注十 Esalen Tapes, *op. cit.*

第十二章 科学的结束

注一 Longchenpa, "The Natural Freedom of Mind," trans. Herbert Guenther, *Crystal Mirror*, vol. 4, 1975, p. 125.

注二 Albert Einstein, Boris Podolsky, and Nathan Rosen, "Can Quantum-Mechanical Description of Physical Reality Be Considered Complete?" *Physical Review*, 47, 1935, 777ff.

注三 Erwin Schrödinger, "Discussions of Probability Relations between Separated Systems," *Proceedings of the Cambridge Philosophical Society*, 31, 1935, 555–62.

注四 Albert Einstein, "Autobiographical Notes," in Paul Schilpp (ed.), *Albert Einstein, Philosopher-Scientist*, Harper Torchbooks, New York, Harper & Row, 1949, p. 85.

注五 *Ibid.*, p. 87.

注六 *Ibid.*, p. 85.

注七 Henry Stapp, "S-Matrix Interpretation of Quantum Theory," Lawrence Berkeley Laboratory preprint, June 22, 1970 (revised edition: *Physical Review*, D3, 1971, 1303ff).

注八 Stuart Freedman and John Clauser, "Experimental Test of Local Hidden Variable Theories," *Physical Review Letters*, 28, 1972, 938ff.

注九 Henry Stapp, "Bell's Theorem and World Process," *Il Nuovo Cimento*, 29B, 1975, 271.

注十 Alain Aspect, Jean Dalibard, and Gérard Roger, "Experimental Test of Bell's Inequalities Using Time-Varying Analyzers," *Physical Review Letters*, vol. 49, no. 25, 1982, 1804.

注十一 John Clauser and Abner Shimony, "Bell's Theorem: Experimental

Tests and Implications," *Rep Prog Phys,* vol 41, 1978, 1881; Bernard d'Espagnat, "The Quantum Theory and Reality," *Scientific American,* Nov. 1979.

注十二 Henry Stapp, "Are Superluminal Connections Necessary?" *Il Nuovo Cimento,* 40B, 1977, 191.

注十三 David Bohm and B. Hiley, "On the Intuitive Understanding of Non-locality as Implied by Quantum Theory" (preprint, Birkbeck College, University of London, 1974).

注十四 Henry Stapp, "S-Matrix Interpretation," *op. cit.*

注十五 Werner Heisenberg, *Physics and Philosophy,* Harper Torchbooks, New York, Harper & Row, 1958, p. 52.

注十六 Lecture given April 6, 1977, University of California at Berkeley.

注十七 *Ibid.*

注十八 *Ibid.*

注十九 *Ibid.*

注二十 Victor Guillemin, *The Story of Quantum Mechanics,* New York, Scribner's, 1968, p. 19.

注二一 Lord Kelvin (Sir William Thompson), "Nineteenth-Century Clouds over the Dynamical Theory of Heat and Light," *Philosophical Magazine,* 2, 1901, 1–40.

注二二 Isidor Rabi, "Profiles—Physicist, II," *The New Yorker Magazine,* October 20, 1975.

注二三 Henry Stapp, "The Copenhagen Interpretation and the Nature of Space-Time," *American Journal of Physics,* 40, 1972, 1098.

注二四 Max Planck, *The Philosophy of Physics,* New York, Norton, 1936, p. 83.

注二五 This quotation was given to the Fundamental Physics Group, Lawrence Berkeley Laboratory, November 21, 1975, (during an informal discussion of the bootstrap theory), by Dr. Chew's colleague, F. Capra.

注二六 Al Chung-liang Huang, *Embrace Tiger, Return to Mountain,* Moab, Utah, Real People Press, 1973, p. 14.

注二七 Transcribed from tapes recorded at the Esalen Conference on Physics and Consciousness, Big Sur, California, January 1976.

STABLE PARTICLE

	PARTICLE NAME	SYMBOL	MASS	SPIN	CHARGE
	PHOTON	γ	0	1	NEUTRAL
	GRAVITON [3]	—	0	2	NEUTRAL
LEPTONS	ELECTRON NEUTRINO	ν_e	0	½	NEUTRAL
	ELECTRON	e^-	1	½	NEGATIVE
	MUON NEUTRINO	ν_μ	0	½	NEUTRAL
	MUON	μ^-	207	½	NEGATIVE
	TAU NEUTRINO [3]	ν_τ	—	½	NEUTRAL
	TAU	τ^-	3536	½	NEGATIVE
MESONS	PION	π^+	273	0	POSITIVE
		π^-	273	0	NEGATIVE
		π°	264	0	NEUTRAL
	KAON	K^+	996	0	POSITIVE
		K°	974	0	NEUTRAL
	ETA	η	1074	0	NEUTRAL
	D	D^+	3656	0	POSITIVE
		D°	3646	0	NEUTRAL
	F [3]	F^+	—	0	POSITIVE
BARYONS	PROTON	p	1836	½	POSITIVE
	NEUTRON	n	1837	½	NEUTRAL
	LAMBDA	Λ	2183	½	NEUTRAL
	SIGMA	Σ^+	2328	½	POSITIVE
		Σ°	2334	½	NEUTRAL
		Σ^-	2343	½	NEGATIVE
	XI	Ξ°	2573	½	NEUTRAL
		Ξ^-	2586	½	NEGATIVE
	OMEGA	Ω^-	3272	3/2	NEGATIVE
	LAMBDA [3]	Λ_c^+	—	—	POSITIVE

TABLE[1] （基本粒子表）

ANTI PARTICLE	TYPICAL MODE OF DECAY	AVERAGE LIFETIME [2]
SAME PARTICLE	STABLE	INFINITE
SAME PARTICLE	STABLE	INFINITE
$\bar{\nu}_e$	STABLE	INFINITE
e^+ (positron)	STABLE	INFINITE
$\bar{\nu}_\mu$	STABLE	INFINITE
μ^+	$\mu^- \longrightarrow e^- + \bar{\nu}_e + \nu_\mu$	2.2 MILLIONTHS OF A SECOND (2.2×10^{-6})
$\bar{\nu}_\tau$	————	————
τ^+	$\tau^- \longrightarrow e^- + \bar{\nu}_e + \nu_\tau$	————
π^- π^+ } SAME AS THE PARTICLES	$\pi^+ \longrightarrow \mu^+ + \nu_\mu$	26 BILLIONTHS OF A SECOND (26×10^{-9})
	$\pi^- \longrightarrow \mu^- + \bar{\nu}_\mu$	26 BILLIONTHS OF A SECOND (26×10^{-9})
SAME PARTICLE	$\pi^\circ \longrightarrow \gamma + \gamma$	80 QUINTILLIONTHS OF A SECOND (80×10^{-18})
K^-	$K^+ \longrightarrow \mu^+ + \nu_\mu$	12 BILLIONTHS OF A SECOND (12×10^{-9})
$\bar{K}^\circ$	$K^\circ_{SHORT} \longrightarrow \pi^+ + \pi^-$	90 TRILLIONTHS OF A SECOND (90×10^{-12})
	$K^\circ_{LONG} \longrightarrow \pi^+ + \pi^- + \pi^\circ$ [4]	52 BILLIONTHS OF A SECOND (52×10^{-9})
SAME PARTICLE	$\eta \longrightarrow \gamma + \gamma$	0.8 QUINTILLIONTH OF A SECOND (0.8×10^{-18})
D^-	$D^+ \longrightarrow K^- + \pi^+ + \pi^+$	————
$\bar{D}^\circ$	$D^\circ \longrightarrow K^- + \pi^+$	————
F^-	————	————
$\bar{p}$	STABLE	INFINITE
$\bar{n}$	$n \longrightarrow p + e^- + \bar{\nu}_e$	918 SECONDS
$\bar{\Lambda}$	$\Lambda \longrightarrow p + \pi^-$	0.3 BILLIONTHS OF A SECOND (0.3×10^{-9})
$\bar{\Sigma}^-$	$\Sigma^+ \longrightarrow p + \pi^\circ$	80 TRILLIONTHS OF A SECOND (80×10^{-12})
$\bar{\Sigma}^\circ$	$\Sigma^\circ \longrightarrow \Lambda + \gamma$	58 SEXTILLIONTHS OF A SECOND (58×10^{-21})
$\bar{\Sigma}^+$	$\Sigma^- \longrightarrow n + \pi^-$	0.2 BILLIONTH OF A SECOND (0.2×10^{-9})
$\bar{\Xi}^\circ$	$\Xi^\circ \longrightarrow \Lambda + \pi^\circ$	0.3 BILLIONTH OF A SECOND (0.3×10^{-9})
$\bar{\Xi}^+$	$\Xi^- \longrightarrow \Lambda + \pi^-$	0.2 BILLIONTH OF A SECOND (0.2×10^{-9})
$\bar{\Omega}^+$	$\Omega^- \longrightarrow \Xi^\circ + \pi^-$	0.1 BILLIONTH OF A SECOND (0.1×10^{-9})
$\bar{\Lambda}_c^-$	————	————